JN208241

基礎学習

改訂新版

AI データサイエンスリテラシー入門

吉岡剛志［編著］

森倉悠介＋小林領＋照屋健作［共著］

技術評論社

はじめに

現在、科学技術が発展し、ビッグデータとそれを分析するAI(人工知能)によって社会が大きく変化しています。そこで、AIやデータを利活用し、新たな価値を創造できる人材の育成が求められています。このような状況を受けて、政府は2019年のAI戦略2019において、「数理・データサイエンス・AI」を、デジタル社会の「読み・書き・そろばん」的な素養であるとして全ての国民が育むべきとしました。そして、小学校では2020年度にプログラミング教育が導入され、高等学校では2022年度に情報Ⅰの授業が必修化されました。大学・高等専門学校においては、文系・理系を問わず全ての大学・高専生が、初級レベルの「数理・データサイエンス・AI」を習得することが目標として掲げられました。

このような流れを受けて、数理・データサイエンス教育強化拠点コンソーシアム(大学等における数理・データサイエンス・AI教育推進の中心となっている団体)が、2020年にモデルカリキュラムを策定し、発表しました。さらに、各大学等の「数理・データサイエンス・AI」の体系的な教育プログラムを文部科学大臣が認定及び選定して奨励する制度(数理・データサイエンス・AI教育プログラム認定制度)が創設されました。

本書は、数理・データサイエンス・AI教育プログラム認定制度のリテラシーレベルに準拠し、モデルカリキュラムの「選択：オプション」を除く、「導入：社会におけるデータ・AI利活用」、「基礎：データリテラシー」、「心得：データ・AI利活用における留意事項」を体系的に学習する入門書です。AIやデータが社会の様々な分野で利活用され、社会が大きく変化していることを理解するだけでなく、Excelの基本的操作方法を学習しながら実データを用いた実践的な演習を行い、データサイエンスを体験できるような内容となっています。

本書を学習することにより、AIに関する知識を教養として身に付けるだけでなく、Excelの基本的スキルを習得し、データを扱う実用的なリテラシーを習得する足掛かりになれば幸いです。

2022年8月

改訂版に寄せて

初版が発行されてから2年間で、小中学校でのプログラミング教育の定着、高等学校での情報教育の浸透、そして生成AIの急速な発展等が進み、数理・データサイエンス・AI教育と、社会におけるその重要性はますます高まっています。これに伴って、2024年2月に数理・データサイエンス・AI教育強化拠点コンソーシアムによって、モデルカリキュラムが改訂されました。

本書の改訂版では、これらの背景を踏まえ、最新のカリキュラムに対応した内容にしました。また、ChatGPTを用いて本文の一部を校正し、より初学者にも分かりやすい表現を心がけています。本書が、読者の皆様の学びの礎となることを願っています。

2024年8月

著者一同

Contents

第1章 [導入]
社会におけるデータ・AI利活用

第2章 [基礎]
データリテラシー

第3章 [心得]

データ・AI 利活用における留意事項

本書サポートページについて

本書ではサポートページを用意し、第2章で気象庁のWebサイトからダウンロードして使用する3つのファイル、第2章の総合演習問題とExcel 2016の場合の手順を提供しています。

URL https://gihyo.jp/book/2024/978-4-297-14409-8/support

■ 第2章で気象庁のWebサイトからダウンロードするデータ

第2章で気象庁のWebサイトからデータをダウンロードして実習を行います。授業等で多人数が同時にデータをダウンロードしようとすると制限がかかる場合があります。事前にダウンロードしたファイルを保管しておりますので、必要に応じてご使用ください。

ファイル名	使用している第2章の節
3地点2021月別.csv	2-2、2-3、2-4、2-7
5地点5年分.csv	2-5、2-6、2-7、2-8
5年分の天気と日別平均気温.csv	2-9

※ 気象庁 Webサイト「https://www.jma.go.jp」よりダウンロード

■ 第2章の総合演習

第2章で学習する内容の総合演習問題です。講義の演習等としてご利用ください。

■ Excel 2016の場合の手順

第2章のExcelを用いた実習は、2022年6月時点のWindows 11、及びExcel 2016・2019・2021・Office 365に対応するように記載されています。Excel 2016では一部手順が異なりますので、サポートページを参照してください。

本書の使い方

本書は、数理・データサイエンス・AI教育プログラム認定制度のリテラシーレベルに準拠し、次のように認定制度のモデルカリキュラムに対応した構成になっています(「選択:オプション」を除く)。なお、モデルカリキュラムについての詳細は、数理・データサイエンス・AI教育強化拠点コンソーシアムのWebサイト(http://www.mi.u-tokyo.ac.jp/consortium/)を参照してください。

第1章「導入:社会におけるデータ・AI利活用」
第2章「基礎:データリテラシー」
第3章「心得:データ・AI利活用における留意事項」

第1章と第3章は、講義中心の内容となっていますが、グループワークやディスカッションと記載している箇所を中心に、アクティブ・ラーニングを行いながら学習できる構成となっています。

また、第2章はExcelを用いた実習中心の内容となっています。気象庁のWebサイトから気温等の天気に関するデータをダウンロードし、実データをExcelで扱いながらデータサイエンスの基礎的なリテラシーを学習します。この第2章の実習を進めることにより、モデルカリキュラムの「データを読む」、「データを説明する」、「データを扱う」ことを学習できる内容となっています。データサイエンスを体験しながら、Excelの基本的な操作方法も習得できる実用的なExcelの演習書にもなっています。

本書を大学等の授業で使用する場合は、例えば以下のように、講義とExcelを用いた実習をバランスよく織り交ぜた授業計画を立てると良いでしょう。

	講義(第1章と第3章)	Excelを用いた実習(第2章)
1	1-1　社会で起きている変化①	
2	1-1　社会で起きている変化②	2-1　Excelの基本的な操作方法①
3	1-2　社会で活用されているデータ①	2-1　Excelの基本的な操作方法②
4	1-2　社会で活用されているデータ②	2-2　時系列データの可視化①
5	1-3　データ・AIの活用領域	2-2　時系列データの可視化②
6	1-4　データ・AI利活用のための技術①	2-3　平均の算出とその可視化
7	1-4　データ・AI利活用のための技術②	2-4　標準偏差の算出とその可視化
8	1-5　データ・AI利活用の現場①	2-5　大量のデータを扱う方法①
9	1-5　データ・AI利活用の現場②	2-5　大量のデータを扱う方法②
10	1-5　データ・AI利活用の現場③	2-6　基本統計量の算出と箱ひげ図①
11	1-6　データ・AI利活用の最新動向	2-6　基本統計量の算出と箱ひげ図②
12	3-1　データ・AIを扱う上での留意事項①	2-7　度数分布表とヒストグラムの作成
13	3-1　データ・AIを扱う上での留意事項②	2-8　散布図の作成と相関係数の算出
14	3-2　データを守る上での留意事項	2-9　定性データの扱い方とクロス集計
15		総合演習(サポートページに掲載)

※ご注意
本書で紹介したアプリケーションやWebサービスなどは、その後、画面や表記、内容が変更されたり、無くなっている可能性があります。

第1章［導入］

社会における データ・AI利活用

現在、データやAIによって、大きく社会が変化しています。ビッグデータと呼ばれる膨大なデータをAIが分析することにより、様々な課題を解決することができるようになってきているのです。社会や日常生活において、データ・AIの利活用により生じている変化を理解することは重要です。

第1章では、データ・AIによって社会で起きている変化やSociety 5.0が目指す社会を理解し、社会で活用されているデータの種類について学習します。さらに、データ・AIが利活用されている現場の事例や最新の技術等について確認し、データ・AIを活用する目的や方法についても学習します。

1-1 社会で起きている変化

本節ではデータやAIの活用によって起きている社会や環境の変化について学びます。

1-1-1 IoTとビッグデータ

IoT

IoT(Internet of Things)は「モノのインターネット」と訳され、モノがインターネットを経由して通信することを意味します。これまでは、コンピュータやその関連機器だけがインターネットに接続されていましたが、今ではスマートフォンはもちろんのこと、テレビ・冷蔵庫・洗濯機等の家電、そして自動車や住宅までもがインターネットに接続される世の中になってきています。**5G**※1時代の到来と共に、あらゆるモノと人がインターネットで繋がり、様々な情報(データ)が共有される社会が到来すると考えられています。

※1 用語解説

5G(第5世代移動通信システム)
「高速大容量」・「低遅延」・「多数同時接続」を特徴に持つ無線通信システムのことです。

ワンポイント

ビッグデータの特徴
ビッグデータの特徴として、データの量(Volume)・データの種類(Variety)・データの更新頻度(Velocity)の3Vの要素が挙げられます。

ビッグデータ

あらゆるモノがインターネットに接続されることにより、膨大なデータが収集され蓄積されるようになりました。これを**ビッグデータ**と呼んでいます。ビッグデータには、文書や数値のデータだけではなく、画像や音声・動画等、様々なデータがあります。例えば、スマートフォンには位置情報を取得するセンサーが付いており、いつ、どこに行ったのかという情報(データ)が記録されています。そして、世界中の人々の膨大なデータがビッグデータとして蓄積されているのです。

そして、蓄積されたビッグデータは**AI**※2によって分析され、人々の生活に役立てられます。例えば、過去のスマートフォンの位置情報を分析することにより、混雑状況を予測することができるのです。

※2 用語解説

AI(Artificial Intelligence)
日本語では「人工知能」と訳されます。人工知能が何であるかを一言では説明できませんが、ここでは「人間と同じような知的なことができる機械(コンピュータ)」というイメージを持ってください。

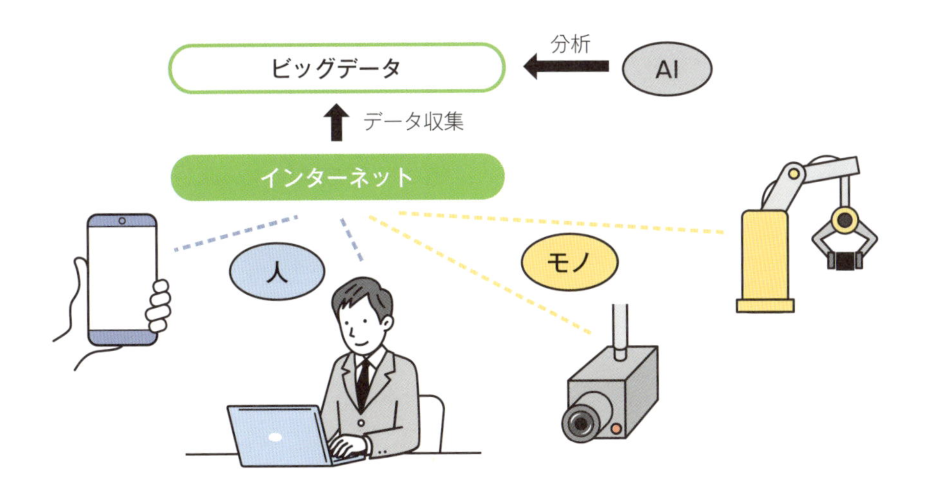

AI研究の歴史

AIは、コンピュータ（計算機）とともに発展してきました。コンピュータの処理性能の向上についてはムーアの法則というものがあり、2年間で倍の性能になっていくと言われています。これは、20年間続くと性能が約1000倍になるという凄まじい発展です。このような処理能力の大幅な向上により、ビッグデータ時代にも膨大なデータを処理できるようになりました。この技術的進歩は、AIの発展に欠かせないものであり、AIはより複雑な問題を解決できる能力を身につけることができました。コンピュータの処理能力の向上とデータ量の増加は相互に影響し合い、AI技術の飛躍的な進展を支えています。

AIの最初の研究目的は、人間の知能を模倣したものをつくることにありました。模倣できたかどうかを判定する方法として、数学者アラン・チューリングが1950年に発表した考え方を基にしたテストが有名です。このテストでは審判員である人々が人間か人工知能か分からない状態で5分間会話をして、どちらであるかを判定します。3割以上の審判員に人間と判断させたら合格というテストです。

AIという言葉は、1956年にアメリカ東部で開催されたダートマス会議で初めて提案された言葉です。その後、1950年代後半から1960年代にかけてゲームでの探索による課題解決で盛り上り、第1次AIブームが巻き起こりました。次に、膨大な知識を蓄えてコンピュータに知識を入れる試みや医療等特定の分野に絞って研究するエキスパートシステムの出現等に

ワンポイント

AIとロボットの違い
AIの研究は、よくロボットの研究と同じとみなされることがありますが、別のものです。AIの研究は脳の研究をするイメージであるのに対して、ロボットの研究は身体を研究するイメージです。

ワンポイント

AIの技術や分類については、1-4-4（p.25）にて詳しく解説します。

より、1980年代の第2次AIブームが巻き起こりました。現在、第3次AIブームが巻き起こっており、コンピュータの処理性能の大幅な向上とともに、ビッグデータの活用技術が飛躍的に進化しています。特に、AI技術が進歩しており新たな情報を生成・創造する**生成AI**※3が注目されています。このようにAIの進化の歴史には3つの大きなブームがあり、AIは非連続的に進化を遂げてきました。

> ※3 用語解説
>
> **生成AI**
> AIを用いて文章・画像/動画・音声/音楽等、情報を新しく生成・創造する技術です。元々は人間が得意としてきた情報の生成・創造をAIが行えるという点で注目されています。

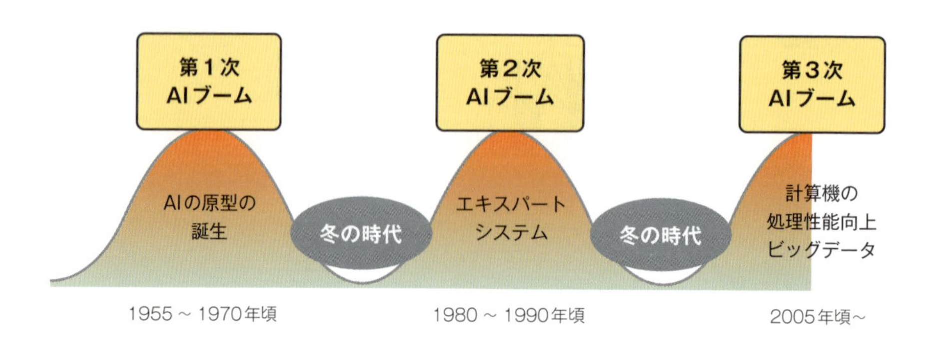

1-1-2 第4次産業革命とSociety 5.0

社会は、狩猟社会(Society 1.0)、農耕社会(Society 2.0)、工業社会(Society 3.0)、情報社会(Society 4.0)を経て、現在は**第4次産業革命**※4によって**Society 5.0**の実現を目指しています。**Society 5.0**とは、IoTやAIを用いて人々が豊かに快適に生活を送ることができる社会のことです。

> ※4 用語解説
>
> **第4次産業革命**
> IoTやAIを使うことにより起こる、製造業の革新のことです。

> ワンポイント
>
> **超スマート社会**
> Society 5.0が目指す社会のことを超スマート社会と呼ぶことがあります。

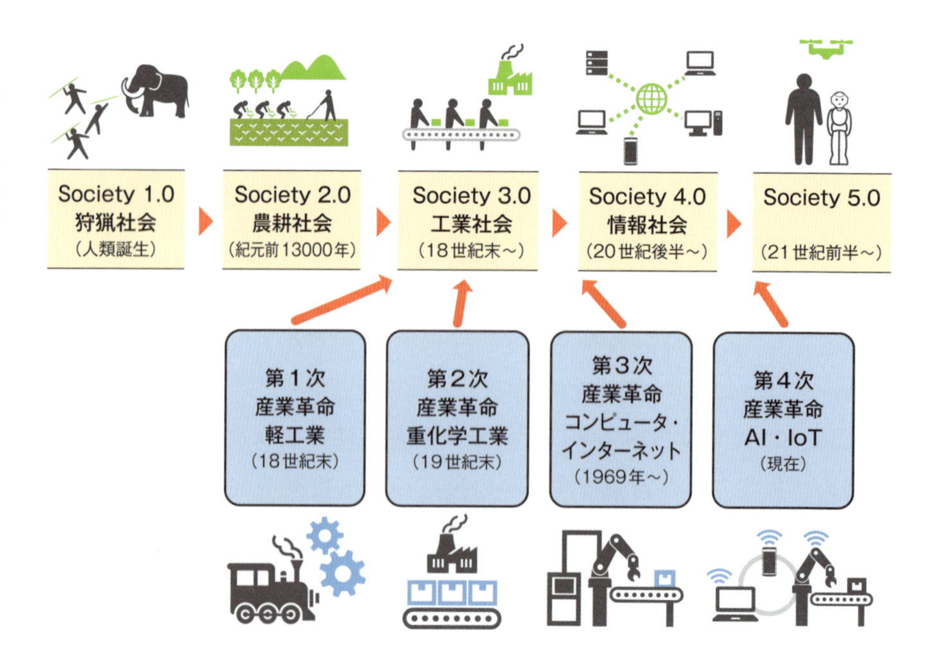

1-1-3 Society 5.0が目指す社会

Society 5.0では、Society 4.0における様々な課題を解決し、人々の生活を豊かにすることを目標としています。そのために、**サイバー空間**※5 **(仮想空間)** と**フィジカル空間**※6 **(現実空間)** の融合を目指しています。これまでのSociety 4.0(情報社会)では、フィジカル空間にいる人がサイバー空間から情報(データ)を手動で入手して分析し、フィジカル空間に還元して活用していました。それに対してSociety 5.0 では、フィジカル空間で自動的に収集されたビッグデータを、AIがサイバー空間で自動的に分析し、フィジカル空間に還元して活用される社会を目指しているのです。

Society 4.0

サイバー空間

手動で分析して還元

手動でアクセスしてデータを収集

人主導

フィジカル空間

例 人がカーナビを見て運転

Society 5.0

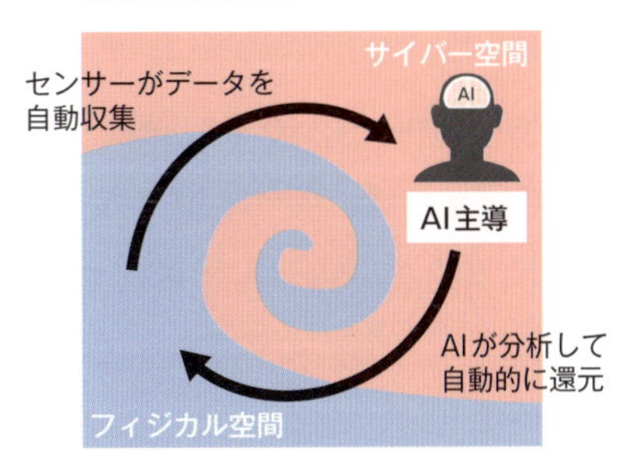

例 AIによる自動運転

サイバー空間とフィジカル空間の融合を目指すSociety 5.0を支える技術として、**AR**※7や**VR**※8と呼ばれる技術があります。例えば、いくつかのゲームでは、現実の徒歩や電車等での移動距離を取り込んだりしたもの等があります。

サイバー空間とフィジカル空間を融合させることにより、Society 4.0における様々な課題を解決し、制約から解放されて自由で豊かな社会を実現できるようになります。例えば、必要な情報が職場で共有できていない問題、情報が多すぎて必要な情報を探して利用することが困難な問題、少子高齢化や地方の過疎化の問題、年齢や障がいによる行動に制約がある問題等を解決することが期待されています。

※5 用語解説

サイバー空間
コンピュータとネットワークにより構築された仮想的な空間のことです。データの保存・管理・分析をする空間です。

※6 用語解説

フィジカル空間
人間が生活する現実社会が形成されている空間のことです。データが収集される空間です。

※7 用語解説

AR
拡張現実(Augmented Reality)と呼ばれ、実際の世界(現実)を基にして、仮想的な情報を追加します。

※8 用語解説

VR
仮想現実(Virtual Reality)と呼ばれ、仮想空間で現実に近い世界を実現します。

関連用語

DX（デジタルトランスフォーメーション）
進化したデジタル技術を用いて、人々の日常を豊かにすることです。

	これまでの社会		Society 5.0
情報過多問題	情報があふれ、必要な情報を見つけ、分析する作業に困難や負担が生じる	▶	AIにより、多くの情報を分析する等の面倒な作業から解放される社会
少子高齢化問題	少子高齢化、地方の過疎化等の課題に十分に対応することが困難	▶	少子高齢化、地方の過疎化等の課題をイノベーションにより克服する社会

※内閣府のWebサイト「https://www8.cao.go.jp/cstp/society5_0/」を参考に作成

SDGs（持続可能な開発目標）

Society 5.0は、日本の実現すべき未来の社会像ですが、併せて国際的な視点での目標も理解し、貢献していく必要があります。国際的な取り組みとしては、2015年の国連サミットにおいて、**SDGs（Sustainable Development Goals：持続可能な開発目標）**が全会一致で採択されました。SDGsでは、誰一人取り残さない未来に向けて2030年を年限とする17個の国際的な目標が掲げられています。Society 5.0の実現は、多様な問題の解決に寄与し、SDGsの目標達成にも貢献できます。

出典：外務省Webサイト「https://www.mofa.go.jp/mofaj/gaiko/oda/sdgs/」

関連用語

Society 5.0 for SDGs
日本経済団体連合会（経団連）が提案するSociety 5.0の実現を通じたSDGs達成のコンセプトのことです。17の目標それぞれについて達成するために、各企業が行っている取り組みの事例が紹介されています。
https://www.keidanrensdgs.com/innovationforsdgs/

グループワーク

SDGsの達成に向けてどのような取り組みが成されているのかを調べ、発表しましょう。
外務省のWebサイトにSDGsへの取り組みについて紹介されています。参考にしましょう。

人間の知的活動とAIの関係性

Society 5.0では、AI技術等を活用して理想的な社会を目指していますが、全てをAIに頼るというわけではありません。人間とAIはお互いに補完しあう関係にあり、人間の創造性や感情とAIのデータ処理能力を組み合わせることで、新しい発見や問題解決が可能になります。つまり、人間とAIが一緒に働くことで、より多くのことを成し遂げられるのです。そのためには、AIが得意とする**データを起点としたものの見方**※9と、**人間の知的活動を起点としたものの見方**※10を、バランス良く両立させることが大切です。理想的なSociety 5.0を実現するためには、このAIと人間のバランスや第3章で学習する「人間中心のAI社会原則」等を踏まえる必要があります。

1-1-4 データ駆動型社会

データ駆動型社会とは、IoT化によって得られる膨大なデータを分析し、その結果を基に計画を立てたり意思決定を行ったりする社会のことを指します。このような社会では、**複数の技術を組み合わせたAIサービス**が、人間の働き方や生活様式を根本から変える可能性を秘めています。フィジカル空間のさまざまな分野で、カメラやセンサー等を用いて情報が収集されます。次に、これらの情報がサイバー空間でAIによって分析されます。その結果がフィジカル空間に還元されることで、これまで解決できなかった多くの問題が改善されます。ただし、データの収集と分析だけで直ちに解決される問題ばかりではありません。そのため、データ駆動型社会では、フィジカル空間でのデータ収集とサイバー空間での分析を継続的に繰り返し、問題解決に向けた意思決定を行っていく必要があります。

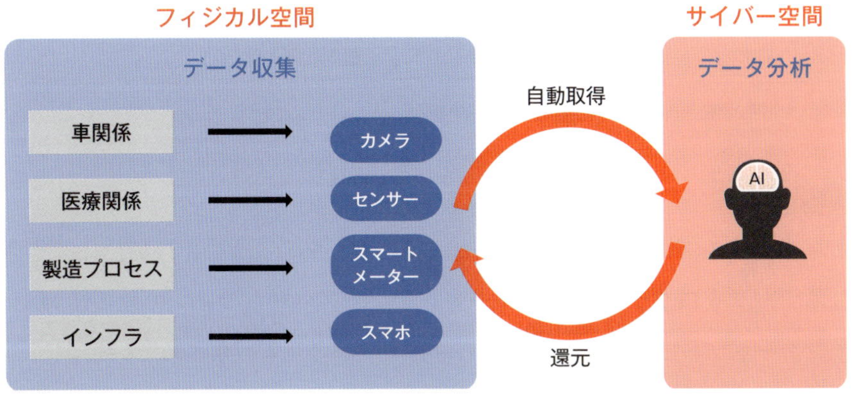

フィジカル空間
データ収集
車関係
医療関係
製造プロセス
インフラ
カメラ
センサー
スマート
メーター
スマホ
自動取得
還元
サイバー空間
データ分析
AI

※9 用語解説

データを起点としたものの見方
客観的なデータや情報を基にして問題を解決し、意思決定を行うアプローチのことです。データ分析を通じて、事実に基づいた合理的な判断を求める考え方です。

※10 用語解説

人間の知的活動を起点としたものの見方
人間の思考や感情、直感、経験を重視するアプローチのことです。人間の創造性や道徳的判断を活かし、より包括的で人間味のある解決策を目指す考え方です。

ワンポイント

データ駆動型社会に向けての取り組み
データ駆動型社会を作ることを目指して様々な試みをしていくという内容が、2015年に経済産業省から「中間取りまとめ～CPSによるデータ駆動型社会の到来を見据えた変革～」で発表されています。
https://www.meti.go.jp/shingikai/sankoshin/shomu_ryutsu/joho_keizai/20150521report.html

1-2 社会で活用されているデータ

本節では、社会で活用されるデータの種類や構造等について学習します。

1-2-1 様々な種類のデータ

データは、収集方法によって、調査データ・ログデータ・実験データ・観測データ等に分類されます。

調査データ

アンケート調査を行って収集したデータ等、何かの目的のために調査して集められたデータのことを**調査データ**と呼びます。例えば、**e-Stat**というWebサイトには、内閣府・総務省・文部科学省等の日本国政府が調査して収集した様々な調査データが公開されています。

グループワーク

e-StatのWebサイトにアクセスして、どのような調査データがあるのか調べ、発表しましょう。

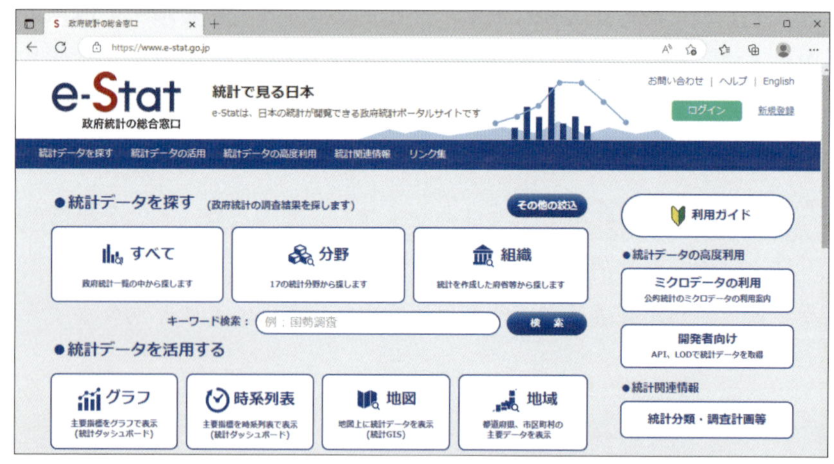

出典：e-Stat Webサイト「https://www.e-stat.go.jp」

ワンポイント

ログデータは、ウェブサイトの閲覧履歴、オンラインショッピングの購買履歴等のような**人の行動ログデータ**と、サーバーのシステムログ、工業ロボットの稼動記録等のような**機械の稼働ログデータ**に大きく分類できます。

ログデータ

車のドライブレコーダーや監視カメラのデータのように、自動的に収集されるデータを**ログデータ**と呼びます。また、スマートフォンの位置情報や、インターネットで検索した履歴等もログデータとして収集されています。

インターネットで検索した履歴のログデータは自動的に収集・分析されて

おり、利用者の好みに合わせた広告やコンテンツの表示に活用されています。サイバー空間での行動は、全てログデータとして記録されていると考えた方が良いでしょう。

実験データ

何が原因でそのような現象・状況が生じているのかを検証するために測定されたデータを、**実験データ**と呼びます。検証の対象とする原因以外の条件は、全て同じに設定して実験を実施し、データを収集する必要があります。

実験データは理科の実験だけで得られるのではありません。例えば、インターネット上では実験環境を比較的容易に整えることができるため、**A/Bテスト**※11と呼ばれる実験が行われます。

※11 用語解説

A/Bテスト
インターネット上の商品、広告およびサービス等を比較し最適化するために実施されるテストの1つです。例えば、異なる広告AとBを配信し、どちらの方が得られる収益が高くなるのかを実験してデータを収集し、その原因を検証します。

観測データ

気象や天体等を観測することによって得られたデータを、**観測データ**と呼びます。気象観測では、地球上の気象レーダーや地域気象観測システム（アメダス）だけでなく、静止気象衛星（ひまわり）等を用いて、様々な方法で様々な種類の観測データを収集しています。地震の観測データも気象観測データの1つです。

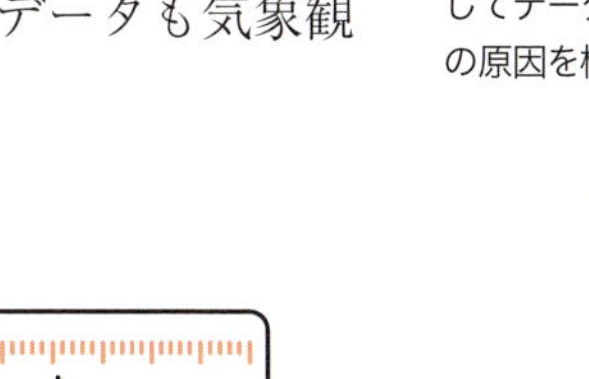

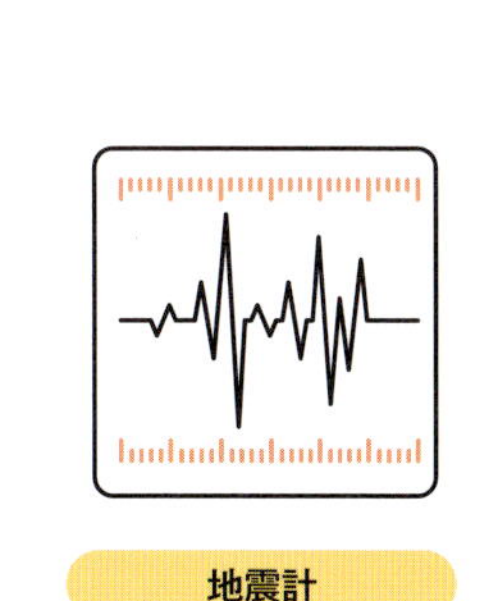

1-2-2 1次データ・2次データ・メタデータ

データは、以下のように1次データ・2次データ・メタデータ・オープンデータ等、用途に応じて様々な呼び方をします。

1次データ・2次データ

1次データとは、何らかの目的のために自分で新たに集めたオリジナルのデータのことです。必要なデータを目的に合わせて収集できるというメリットがある反面、データを収集するための労力や時間等のコストが高いというデメリットがあります。

2次データとは、他の目的のために他人が過去に集めたデータのことです。e-Statで公開されている政府の統計データ等が該当します。データ収集のためのコストが低いというメリットがある反面、必要なデータが目的に合わせて揃わないというデメリットがあります。

メタデータ

データを説明するためのデータのことを**メタデータ**と呼びます。具体的には、データがいつ・だれが・どこで・何の目的のために作成したか等、データに付随している情報のことです。写真ファイルの撮影日時や場所、カメラの機能や設定等がメタデータに該当します。なお、データに対してメタデータを付与することを**データのメタ化**と呼びます。データをメタ化することにより、データの理解、検索、管理、再利用が容易になります。

Webサイトを作るときには、**HTML**※12という**マークアップ言語**※13で情報を記述しますが、この中でページのタイトルや使用用途等をメタデータとして記述したりします。

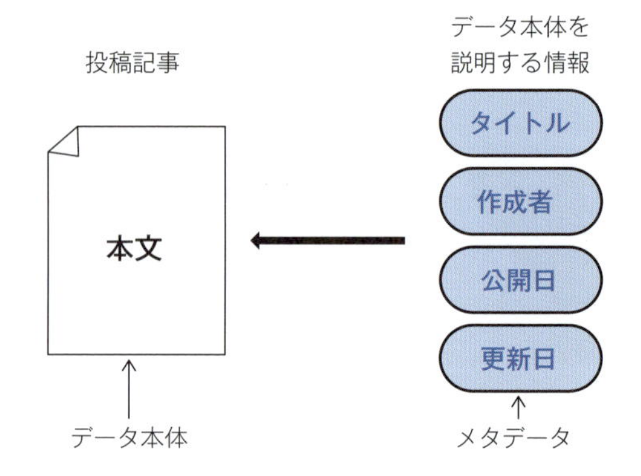

オープンデータ

データを公開し、誰でも自由にアクセスして利用できるようにすることを**データのオープン化**と呼びます。オープン化されたデータを**オープンデータ**と呼び、ルールの範囲内であれば誰でも加工・編集・再配布を行うことが認めれています。オープンデータは、データの共有や再利用を促進し、広く社会に利用されています。

※12 用語解説

HTML
Webサイトのテキスト、画像、リンク等の配置方法を記述するためのマークアップ言語です。

※13 用語解説

マークアップ言語
日本語や英語のように日常で使う言語に対して、人工的に造られた言語を人工言語と呼びます。コンピュータで使われるコンピュータ言語も人工言語の一種です。コンピュータ言語には、処理順序等のアルゴリズムをコンピュータに伝える言語(プログラミング言語)や、文書構造等をコンピュータに伝える言語(マークアップ言語)等があります。

ワンポイント

日本国政府が調査して収集した様々なデータが公開されているe-Statは、オープンデータの一例です。

1-2-3 構造化データと非構造化データ

数値や文字列が整理されて表形式となっているデータを**構造化データ**と呼びます。それに対して、文章、画像/動画、音声/音楽等のように、表形式で整理されていないようなデータを**非構造化データ**と呼びます。

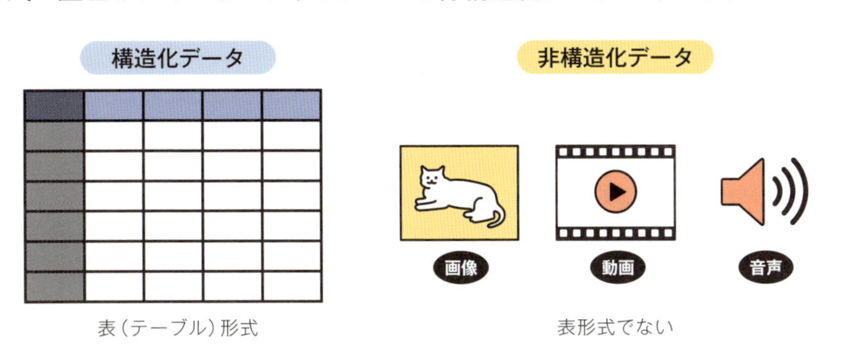

ワンポイント

構造化データは表形式となっているため、Excelのような表計算ソフトウェアで扱うことが可能です。一方、非構造化データは、基本的に表計算ソフトウェアで直接扱うことはできません。

アノテーション

非構造化データをコンピュータで扱う際に重要となる技術の1つとして、アノテーションがあります。**アノテーション**とは、文章や画像等に名称を「ラベル付け」することです。例えば、下図の画像に写っているものが「空」、「雲」、「サボテン」であることを指定する作業です。人間は文章や画像等のデータを見て、モノを認識・判別することができます。しかし、コンピュータ等の機械にとっては、容易ではありません。ビッグデータには画像や動画等のデータも含まれており、それらを分析するためには、モノを判別できることが重要になります。例えば、監視カメラのデータを使って特定の車が写っていないかを自動的に判別する必要がある場合、車の色・形・大きさの特徴とラベル(名称)をセットにして学習させておく必要があります。

1-3 データ・AIの活用領域

データ・AIが利活用される領域は広がっています。本節では、データ・AIの具体的な活用領域と、その活用目的について学習します。

1-3-1 データ・AI活用領域の広がり

本項では、データ・AIの活用領域がますます多様化している点に注目し、具体的にどのような領域で活用されているかを説明します。

文化保護

中国の万里の長城では、自然浸食と観光客の増加による損傷が問題になっています。これらを修復するために、AIを搭載したドローンによる損傷に関するデータ収集が行われています。このように世界遺産等の文化の保護活動においても、データ・AIが利活用されています。

研究開発

IT・製造・製薬等、様々な企業の研究開発の現場でもデータ・AIが利用されています。例えば、製薬分野では、医薬品に必要とされる分子をビッグデータから探し出しています。また、薬を投与した後に撮影した画像を解析してその効果や安全性を検証する等、人間が行っていた作業をAIが代わりに実施しています。

マーケティング

購買・販売・製造・物流・サービス等を含むマーケティングにおいては、**POSシステム**※14と呼ばれるシステムを用いた商品の在庫・売上の管理等が盛んに行われています。例えば、スーパーやコンビニエンスストアのレジでは、バーコードの読み取りが行われます。POSレジを用いると会計が素早くできるという利点があるだけではありません。店舗にあるコンピュータにデータが送られ、商品の在庫管理に使われます。さらに、各店舗から会社の本部に売上データが集約されることにより、本部で発注・配送作業等の一連の管理が可能となります。さらに、これらのデータをAIが分析し、消費者のニーズや販売・生産に関する動向を把握します。

※14 用語解説
POSシステム
POSとは、Point of Salesの略でリアルタイムに商品の販売情報を収集・管理するシステムです。

グループワーク
データ・AIがどのような領域で活用されているか調べ、発表しましょう。

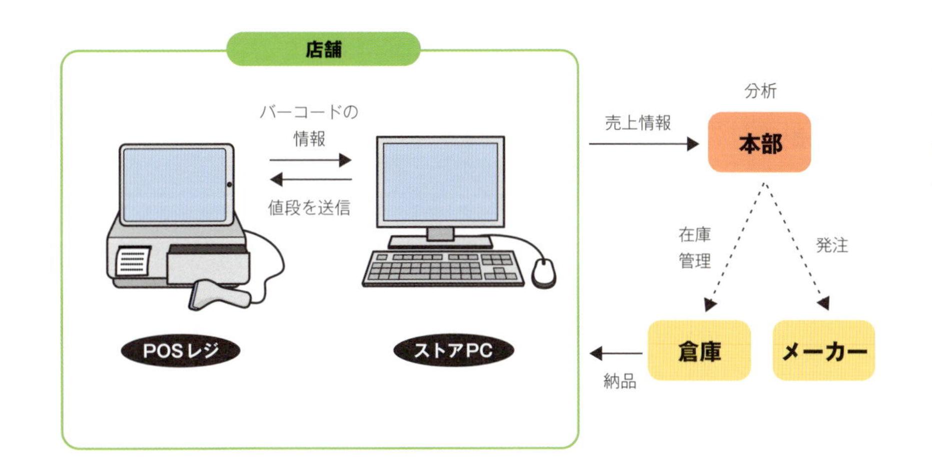

1-3-2 様々な活用目的

前項の通り、データ・AI技術の活用は、様々な領域に及びます。各領域で利活用の方法は異なりますが、データ・AIを活用することにより、**仮説検証**・**知識発見**・**原因究明**・**計画策定**・**判断支援**・**活動代替**・**新規生成**等を行うことができます。特に新規生成の分野では、近年の生成AIの飛躍的な進化によって、ビジネス・アート・教育・研究等の多岐にわたる領域で革命的な変化をもたらしています。

活用目的	説明
仮説検証	仮説に基づいた企画の立案と、その企画を実施した結果の検証を行い、改善点を次回の企画に活かすことができます。例えば、YouTubeで「ASMR※15を用いた動画は視聴回数が稼げる」という仮説を立て（Plan）、動画を作成・公開し（Do）、視聴回数を確認します（Check）。視聴回数が想定よりも少なかった場合、その原因を分析し（Action）、新たな仮説を立てます。このような試行錯誤の**PDCAサイクル**※16を回すことで、視聴回数を増やすという目的を達成するのです。
知識発見	コンビニエンスストアで学生向けのイベントを行ったとします。売上が思ったより伸びなかったので、顧客のデータを分析したところ、学生よりも社会人が多く買いにくることが判明しました。このようにデータを分析することにより、「顧客は学生より社会人が多い」という新しい知識を発見することができます。
原因究明	データを分析し、課題の原因を明らかにすることができます。例えば、携帯電話の業界等では顧客離れを防止するため、利用実績や対応履歴等を分析し、解約の原因となる状況や要因を明らかにします。
計画策定	データ解析とAI予測に基づいて、適切な計画を立てることができます。例えば、過去のタクシーの利用履歴・天気・電車の遅延等のデータから、タクシーの需要がある時間と場所を予測し、計画的なタクシーの配車をすることができます。
判断支援	AIのデータ解析を利用して、人間の判断を支援することができます。例えば、画像認識技術によって医用画像を解析するAIは病巣の有無を検出することが可能で、医師の診断や治療方針の決定を支援します。
活動代替	人が行う活動を代替することが可能です。農業の業界では、人の代わりに収穫を行ったり、ドローンを用いて害虫がいる場所に農薬を自動的に散布することができます。
新規生成	存在しないデータを新しく生成することができます。文章の執筆・翻訳・要約・画像・音声・動画等の新たなコンテンツの生成、プログラミング言語を用いたコーディング活動の支援等、様々な領域で生成AIの応用が進んでいます。例えば、有名画家や有名音楽家の作品をAIが学習することにより、似た作風の作品を作ることができます。また、映画やドラマ、スポーツ等の動画で特徴的な場面のみを自動的に抽出し、ダイジェスト映像を作成することができます。

※15 用語解説

ASMR
聴覚や視覚の刺激により心地良いと感じる感覚です。

※16 用語解説

PDCAサイクル
計画（Plan）、実行（Do）、評価（Check）、改善（Action）を繰り返すことで、継続的に効率化や品質向上を図る管理手法の一つです。

1-4 データ・AI利活用のための技術

本節では、収集したデータを活用するために、データを解析する方法や技術について学習します。実際のグラフの作成方法やデータの分析方法等は第2章で学習します。

1-4-1 データ解析の種類

実際にデータを利活用するためには、データの解析が必要です。データ解析の手法には、**予測**や**グルーピング**、**パターン発見**※17、**最適化**※18、**モデル化とシミュレーション**※19・**データ同化**※20等があります。本項では、予測とグルーピングについて学習します。

予測

収集したデータを分析して規則を発見し、未知のデータも同様の規則に従うことを仮定して、**予測**や分類を行うことができます。このアプローチの一例として単回帰分析があります。この分析は、収集したデータにできるだけ近い直線の傾きと切片を求め、その直線から未知のデータに対する予測をするものです。

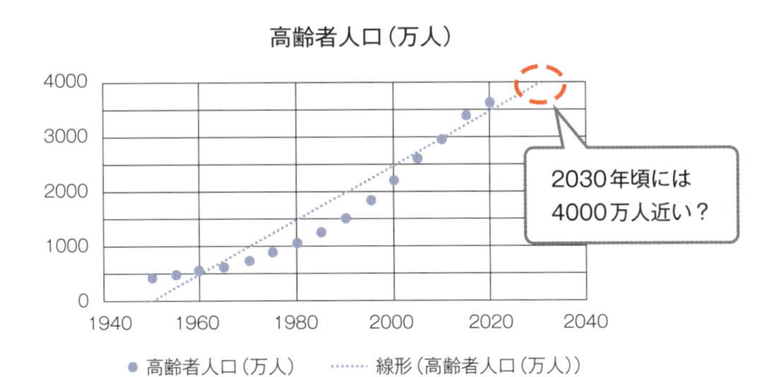

グルーピング

グルーピングはクラスタリングとも呼ばれ、同じ傾向を示すデータ同士をグループ化し、いくつかのまとまりに分割する分析手法です。例えば、ある

※17 用語解説
パターン発見
例えば、アンケートの回答を集計し、各質問項目の回答の関係性に関するパターンを見つける等のように、データの中に存在する規則性や傾向を明らかにする方法です。

※18 用語解説
最適化
あるルールや制限の中で、最も良い結果となる方法を見つけ出す数学の分野です。例えば、「予算は2000円まで」と「重さは5kgまで」という条件の下、購入可能な商品の組み合わせを求める問題が最適化の問題の一例です。

※19 用語解説
モデル化とシミュレーション
自然現象や社会現象を数学の式等で表現することをモデル化といいます。また、シミュレーションとは、モデル化した数式を使ってコンピュータで実際の現象を模倣し、予想や推測等を行うことです。

※20 用語解説
データ同化
実際の現象（データ）とシミュレーションの結果の誤差を補正し、シミュレーションの精度を向上することです。

クラスで数学と国語の試験を実施したとします。その試験結果をグラフにしたときに、数学と国語の点数毎に「数学も国語も得意」な学生、「国語は得意だが数学は苦手」な学生、「数学も国語も苦手」な学生にグループ化します。グループ毎に適した学習方法を提供することによって、学生は効率的な学習を行うことが可能になります。

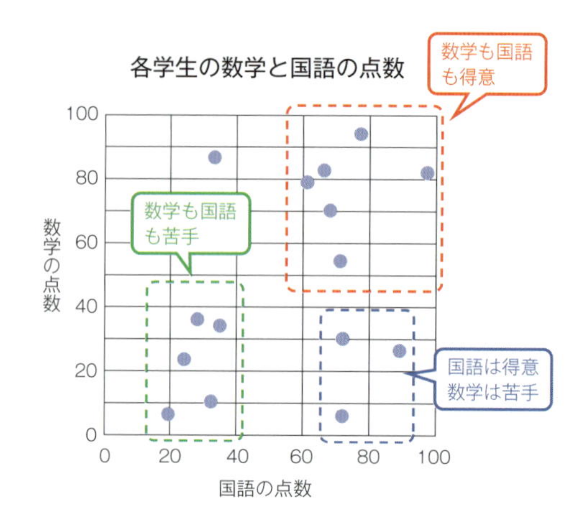

1-4-2 構造化データの可視化

収集したデータが数値のままだと、その特徴が分かりづらいことがあります。そのようなときには、データをグラフにすることで特徴がつかみやすくなります。このように、データの特徴を見た目で分かりやすくすることを**データの可視化**と呼びます。本項では、表形式に整理されている構造化データを可視化するための様々なグラフを学習します。

複合グラフ

種類の異なるグラフを組み合わせたグラフを**複合グラフ**と呼びます。単位の異なるデータを同時に比較する必要があるときには、右下図のように右軸と左軸の単位が異なる**2軸グラフ**を使用します。

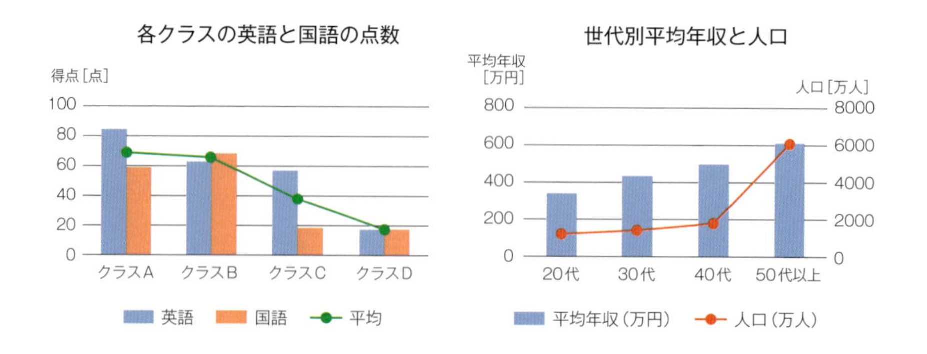

多次元の可視化・関係性の可視化

身長と体重の2種類（2次元）の関係性は、しばしば左下図のように**散布図**を用いて可視化します。また、3種類（3次元）のデータの関係性を、可視化する際は、右下図のように**バブルチャート**※21で可視化できます。

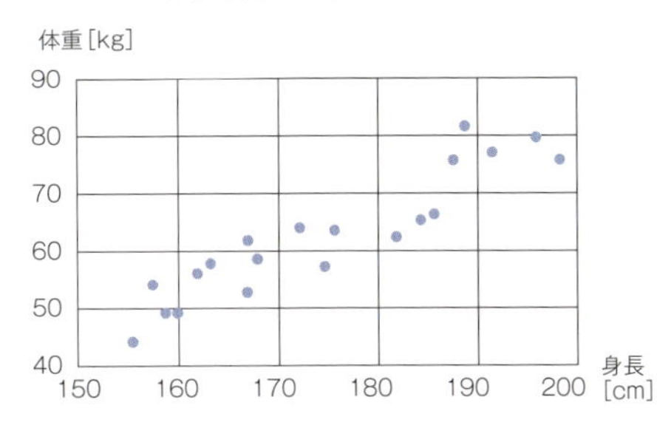

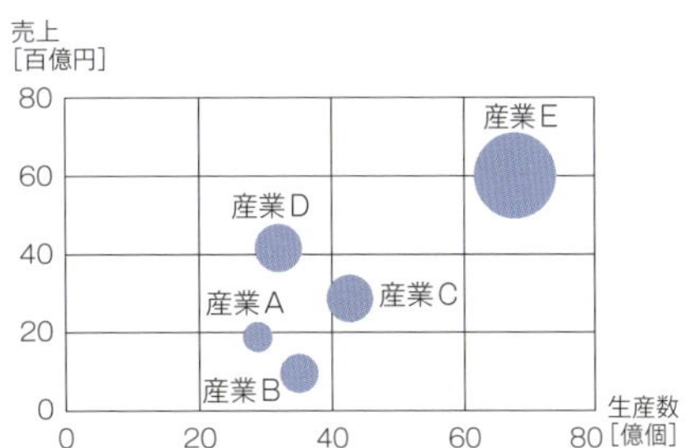

地図上の可視化

日本や世界等、地域毎に異なるデータを可視化する方法として、塗り分けマップがあります。

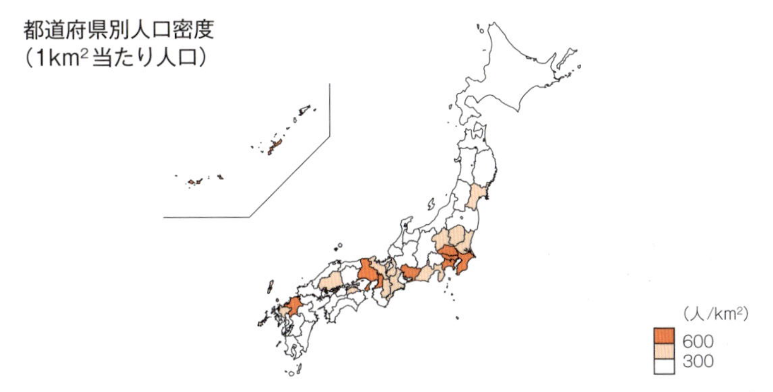

出典：総務省統計局 Webサイト「https://www.stat.go.jp/naruhodo/9_graph/jyokyu/map.html」

1-4-3 非構造化データの扱い方

本項では、表形式で整理されていない非構造化データの扱い方を学習します。

自然言語処理

自然言語※22をコンピュータで処理して扱う一連の技術のことを**自然言語処理**と呼びます。自然言語処理は、初めに与えられた文章の単語を分か

関連用語

相関関係
2つの変数の関係性を示すものです。正の相関がある場合、一方が増加すると他方も増加します。負の相関がある場合、一方が増加すると他方は減少します。

※21 用語解説

バブルチャート
3次元のデータを2次元で表すことのできるグラフです。値の大きさをバブルの大きさで表しています。

関連用語

挙動・軌跡の可視化
物体の動きや変化のような現象をグラフや画像等で視覚的に表現することです。

関連用語

リアルタイム可視化
データや情報が生成されると同時に、それをグラフィックや映像で即座に表示することです。

※22 用語解説

自然言語
人間が意思疎通をするために日常的に用いる「日本語」や「英語」、「ドイツ語」のような言語の総称のことです。対義語として、プログラミング言語等の「人工言語」があります。

ち書き、品詞を推定する形態素解析を行います。この解析では、品詞だけでなく時制等も判断します。次に、品詞の上位に存在する主部・述部・名詞句・動詞句等の構造を発見する構文解析を実施します。最後に、文内の主体や動作の対象は何かという意味を推定する意味解析を行います。

ワンポイント

自然言語処理の応用例
Windowsの「Copilot」、Googleの「Google Assistant」や「Gemini」、Amazonの「Alexa」、Appleの「Siri」が挙げられます。さらに、「Google翻訳」や「DeepL」等の機械翻訳にもこの技術が使われています。また、SNS等に投稿された文章を分析する**テキストマイニング**にも応用されています。

画像/動画処理

ディスプレイで画像を表現する場合、画像は画素(ピクセル)と呼ばれる縦横の細かいマス目状に分割して表現されています。縦横に分割した数を解像度と呼び、例えば1920×1080のように表し、画像やディスプレイの画質の尺度を表しています。各画素が色の情報を持つことで、全体として画像が表現されます。色の情報は、光の三原色であるR(赤)、G(緑)、B(青)の3色を、一般的には0～255の256段階で混ぜ合わせて表現しています。

光の三原色
各色を0～255で表現

ワンポイント

色の情報
ディスプレイの色の情報は、赤・緑・青の光の三原色を組み合わせて表現され、全てを混ぜると白色になるため、加法混色と呼びます。一方、プリンターの色は、シアン・マゼンタ・イエローの三原色で表現され、全てを混ぜると理論上黒に近い色が得られますが、実際にはより深い黒色を得るために黒インクが追加されます。インクを使わない部分は紙の色(通常は白)が現れるため、減法混色と呼びます。

動画は、例えば1秒間に60枚の画像を順番に表示することで動きがあるように見せています。多くの場合、連続する画像の差分(色の違い)は少ないので、データ量を圧縮するためにデータは最初の1枚だけ1つの画像データとして記憶し、残りは差分のみを記憶しています。

ワンポイント

画像の表現
画像をコンピュータで表す場合、ラスタ形式とベクタ形式の2つの形式があります。ラスタ形式は、画素毎に色情報を持ち、複雑な画像を表示するのに適した形式です。ベクタ形式は、基準となる座標と図形毎に色情報を持ち、拡大しても劣化しない形式です。

画像や動画の見た目を良くしたり、特別な効果を加えたりすることを、

画像/動画処理と呼びます。

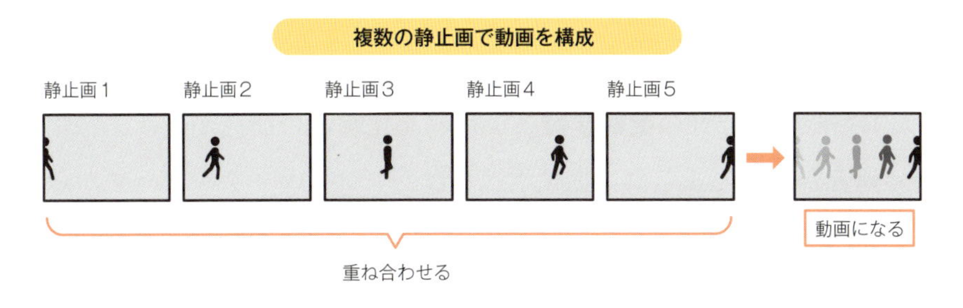

音声/音楽処理

音声や音楽等の自然に存在する音は、アナログ（振動する切れ目のない連続な）信号として表現されます。しかしコンピュータではこの連続な信号を扱いづらいため、**A/D変換**※23（アナログ・デジタル変換）と呼ばれる方法でデジタル（飛び飛びになった）信号に変換して記憶されます。

録音した声や音楽をクリアにしたり、特定の音を変えたりすることを**音声/音楽処理**と呼びます。

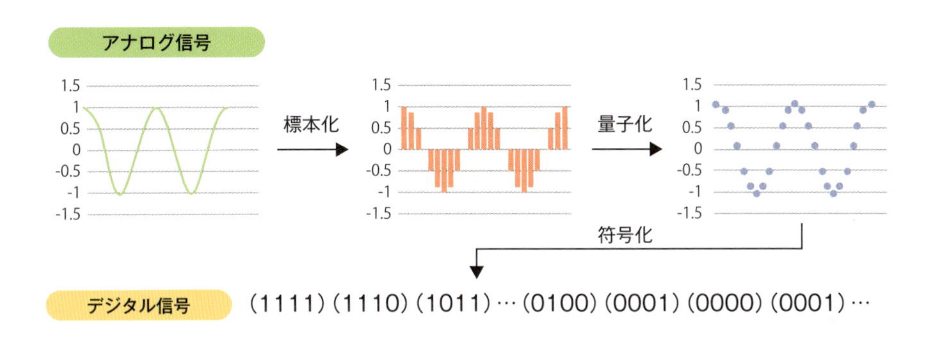

> **ワンポイント**
> フレームレートは、1秒間に表示される画像の枚数を示し、単位はfps (frames per second)です。このレートが高いほど動画はスムーズに見えますが、最適なフレームレートは用途により異なります。一般のテレビ放送は30fpsですが、4Kテレビは60fpsでより滑らかに表示されます。防犯カメラは通常10fps程度で記録効率を重視します。

> **※23 用語解説**
> **A/D変換**
> アナログからデジタルへの変換のことです。標本化、量子化、符号化という3つの処理で構成されます。コンピュータはデジタルデータしか扱うことができないため、アナログ信号をデジタル信号に変換して扱う必要があります。

> **ワンポイント**
> 画像/動画処理や音声/音楽処理は、データがデジタル形式であれば可能であり、様々な改良や創造的な効果を加えることができます。

1-4-4 AI（人工知能）

特化型AIと汎用AI

人間が持つ知能を人工的に実現することが難しいことが分かり、AI開発の中心は**特化型AI**となっています。特化型AIとは、例えば将棋を指すだけや画像の判別だけ等の特定の分野を対象としたAIのことです。そして、これらのAIは、その知識や技能を他のタスクに適用することはできません。一方、人間の知能のように万能で色々なことができるAIを、**汎用AI**と呼びます。汎用AIは、特化型AIと異なり新しいタスクに自律的に対応できる能力を持ちます。現時点では、汎用AIの研究は初期段階に

> **ワンポイント**
> **強いAIと弱いAI**
> 特化型AI・汎用AIは、用途や適用できる領域の広狭による尺度で分類されています。一方、問題解決能力や予測・推測能力、想像力等、思考する能力の尺度によって、強いAI・弱いAIという分類もされます。

あります。

機械学習

人工知能の一分野の**機械学習**とよばれる仕組みの研究が進み、特化型AIの研究が飛躍しました。機械学習とは、コンピュータがデータから学習し、ルールやパターンを発見する手法のことです。機械学習を行うことにより、未知のものを予測したり判断したりすることができます。

機械学習の中でも、予測性能の高い**深層学習(ディープラーニング)**が特に注目されています。深層学習が研究される以前の機械学習の手法では、データの特徴を人間が判断し、コンピュータに教えて学習をさせる必要がありました。しかし深層学習では、コンピュータ自身がデータの特徴を自動的に抽出できるようになりました。

ワンポイント

ニューラルネットワーク
人間の脳は、膨大な数の脳神経細胞(ニューロン)が結合して、情報を伝達・処理しています。これをコンピュータ上で模して作られたのが、ニューラルネットワークです。このネットワークを多く(深く)重ねたモデルを深層学習と呼びます。

ワンポイント

AIの利活用を支える3つの主要技術として、**認識技術**(AIが画像、音声、テキスト等のパターンを識別し理解する技術)、**ルールベース**(事前に定義された規則や条件に基づいて、AIが判断や操作を行う技術)、**自動化技術**(タスクを人の手を借りずに自動で行う技術)があります。これらはAIがデータを理解し、効率的に作業を行うための基盤を形成します。

今のAIに出来ること出来ないこと

人間の五感(視覚・聴覚・嗅覚・味覚・触覚)の中で、視覚と聴覚に関する画像/動画処理と音声/音楽処理はAIの得意分野です。一方で、嗅覚・味覚・触覚に関してはAIで処理することが現状では難しいため、それらに関しての手法は模索されている段階です。

また、音声アシスタント等のように、AIによって言語処理が可能になってきています。しかし、AIは言語を処理できてはいるものの、言語を理解するという点においては苦手としています。AIは意味を理解できなくても、決められたルールに従って処理はできるので、あたかも理解しているように見えているに過ぎないのです。

生成AIのモダリティと分類

生成AIは、入力データの種類(**モダリティ**※24)によって**ユニモーダル**(単一の種類)と**マルチモーダル**(複数の種類)に分類されます。例えば、ユニモーダルはテキストデータのみを、マルチモーダルはテキストと画像等、複数のデータを扱います。さらに、入出力データの組み合わせも多岐にわたり、テキストからテキスト、テキストから画像の生成等があります。特に、テキスト入力によってAIを操作し目的の出力を得る技術は、**プロンプトエンジニアリング**という手法で実現されます。

※24 用語解説

モダリティ
モダリティには、テキスト(自然言語/プログラミング言語)・画像・音声/音楽・動画等があります。

ワンポイント

プロンプト
AIに特定の処理を行わせるため、ユーザーが入力する命令のことです。画像生成AIでは画像の特徴やスタイルを説明するテキストがプロンプトとして機能します。

1-5 データ・AI利活用の現場

本節では、人がどのようにデータ・AIを利活用しているのかについて具体的な例を確認し、利活用の方法や可能性について学習します。

1-5-1 データサイエンスサイクル

データサイエンティスト※25は、医療、金融、マーケティング、製造業等、様々な分野において問題点を明らかにし、その問題に対して最適な解決策を見出すことが役割です。この役割を果たすために、データの取得・管理・分析等を実施します。データサイエンティストの仕事は下図のような4項目の**データサイエンスサイクル**に従って実施され、このサイクルを繰り返すことにより、データに付加価値を持たせることができます。各ステップは互いに密接に関連しており、継続的な改善を通して価値ある洞察を提供し、データを基にした意思決定をサポートします。

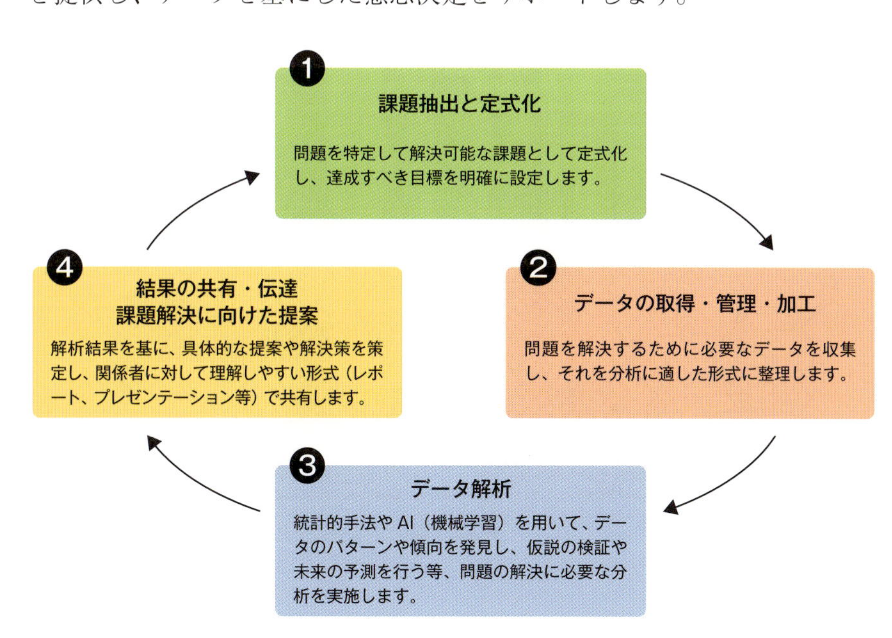

次項では、データサイエンスサイクルの各ステップで行われていることを、実例を用いて紹介します。

※25 用語解説

データサイエンティスト
データを扱う専門家です。データ分析をするだけでなく、経営等の意思決定のときに、具体的な案を提示する等、意思決定を支援します。

ワンポイント

データ解析は、①探索的データ解析、②データ解析と推論の2つのステップで実施されます。①**探索的データ解析**は、分析の方向性を決定するために、データの特性やパターンを基本統計量やグラフを用いてデータセットの全体像を把握することです。②**データ解析と推論**は、課題解決策を提案するために、科学的推論に基づいて探索的データ解析の洞察に基づき統計モデルや機械学習を用いて、課題解決策を提案することです。

関連用語

PPDACサイクル
データサイエンスサイクルやPDCAサイクルに似た用語に、PPDACサイクルがあります。PPDACサイクルは、Problem（問題）、Plan（計画）、Data（データ）、Analysis（分析）、Conclusion（結論）のフェーズからなる問題解決を効率的に行う手法の一つです。

1-5-2 データ・AI利活用例紹介

ワンポイント

本項の活用例1〜7は、内閣府の資料を参考にして紹介しています。より詳しい内容については、内閣府のSociety 5.0に関する資料の「新たな価値の事例」を参考にしましょう。
https://www8.cao.go.jp/cstp/society5_0/society5_0.pdf

様々な分野でデータ・AIが利用され、新たな価値が生み出されています。ここでは、交通、医療・介護、ものづくり、農業、食品、防災、エネルギー、芸術、教育の9つの事例を紹介します。データの分析方法や表現方法等については一旦置いておいて、ここでは各分野においてどのような課題があり、その課題に対してどのようなデータを収集・分析し、最終的にどのような課題の解決策が考えられるのかを中心に学習します。

データ・AI活用例1（交通）

移動や旅行には交通手段に関する課題があります。例えば、行先の選択やそこまで渋滞を避けて行くためのルート選択、雪や雨等の天候不安に対する備え等が挙げられます。それらの解決策を提案するため、天気の情報や交通情報、行先毎の様々な情報がリアルタイムにデータベースに蓄積されてビッグデータとなります。このようなデータを分析することによって、誰にとっても快適で好みに合った行先やスムーズなルート選択等の提案が可能となります。

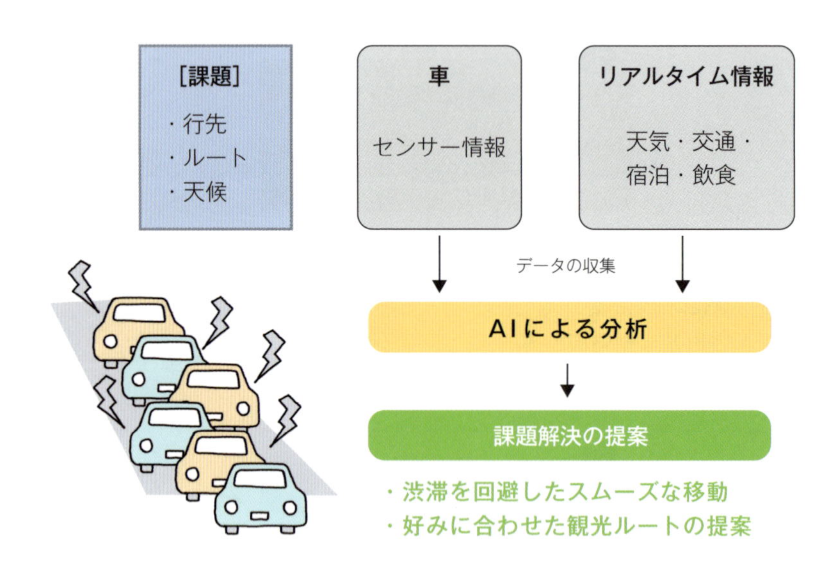

データ・AI活用例2（医療・介護）

医療・介護の分野においての課題には、病気の治療に対するもの、介護を社会で対応するためのもの等があります。分析するデータには、医療現場の情報、医療を取り巻く環境の情報、多岐にわたる医療の情報、リアルタイムな生理計測データ等があります。これらのデータの分析結果を利活用することにより、病気の早期発見や1人1人にあった適切な治療の提案、ロボットによる快適な生活を送るための支援や介護支援の方法等の提案が可能となります。

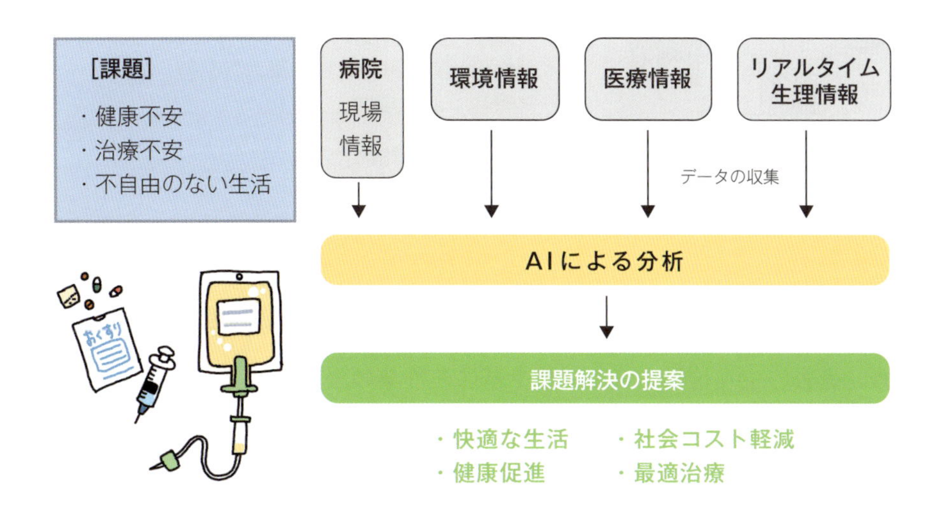

データ・AI活用例3（ものづくり）

製造業の現場では、原料の在庫調整、最適な生産計画、製品の配送体制等、一連のバリューチェーンを強化するために、設備投資や在庫管理・人材確保等が課題となります。これらの課題を解決するために、顧客が必要としているものや在庫情報、配送情報等のデータを分析することによって、顧客ニーズの分析や将来の需要を予測し、新たな商品の提案が可能になります。さらに、サプライヤー（原料の仕入先や供給元）の競争力強化や、工場の人手不足解消、物流における温室効果ガス排出削減、顧客満足度向上等につなげることが可能となります。

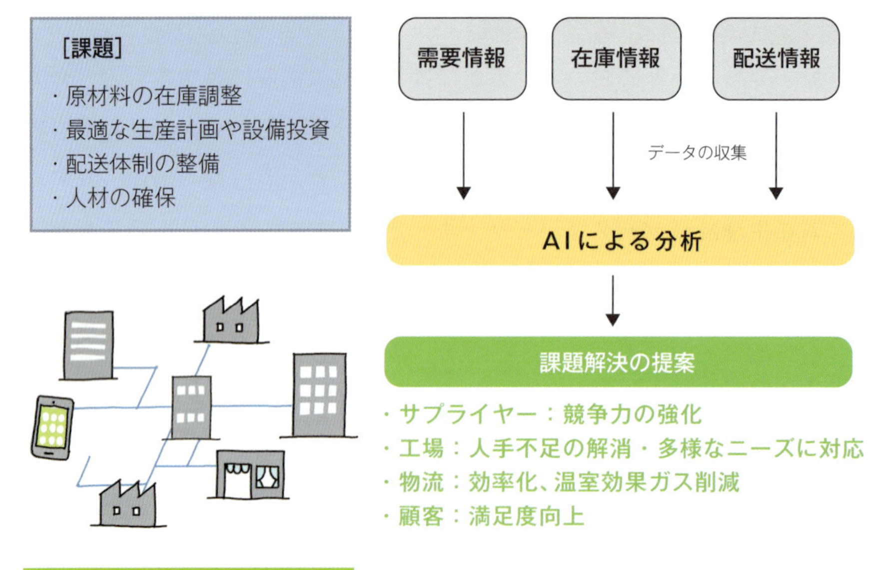

データ・AI活用例4（農業）

農業における課題は、高齢化と安定した生産性等です。農業従事者の高齢化により仕事の負担が増大しています。また、安定的な生産性を阻害する要因として天候や害虫等が挙げられます。これらの課題を解決するため、過去の生育情報や気象情報を基に農作業の分析を進め、また、市場情報や食のトレンドから消費者のニーズを分析することで、ニーズに合わせた収穫量の設定や販売先の拡大等につなげることが可能となります。このようなデータ分析による課題解決方法により、高齢者でも持続可能な省エネ農業や天候等に左右されない高い収益性を持った手法を導入することができ、最適な営農計画を立てることが可能となります。

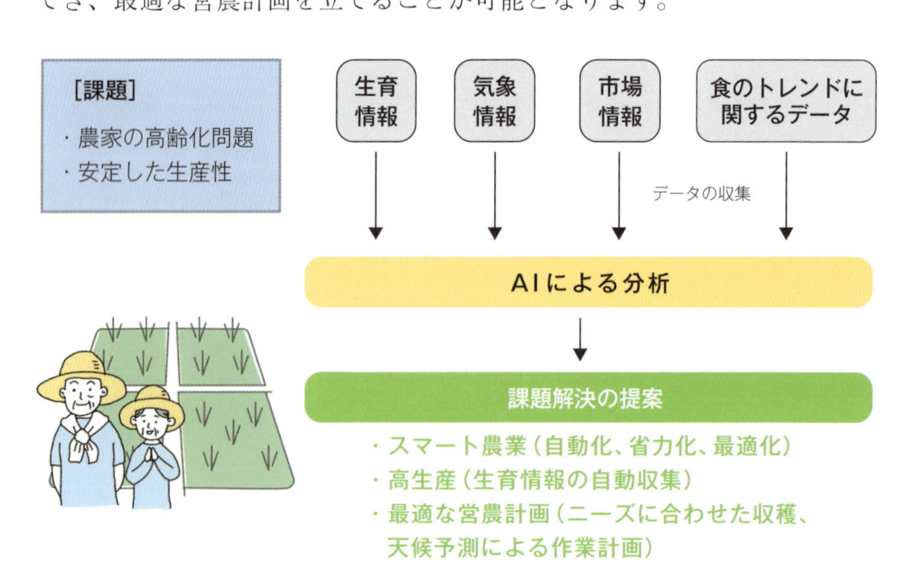

データ・AI活用例5（食品）

食品に関連する課題に、売れ残りや食べ残し、期限切れ等の食品ロス問題や、アレルギー物質等による健康への影響の問題等があります。アレルギーを引き起こす食品の情報、店舗の在庫の情報、マーケティングによる市場情報等を分析することにより、個人の嗜好やアレルギーを含む健康状態に合わせた商品や料理の提案をできるようになります。そして、個人や家族に合わせた利便性の向上や快適な食事、社会問題となっている食品ロスの削減、会社の経営改善における課題の解決につながります。

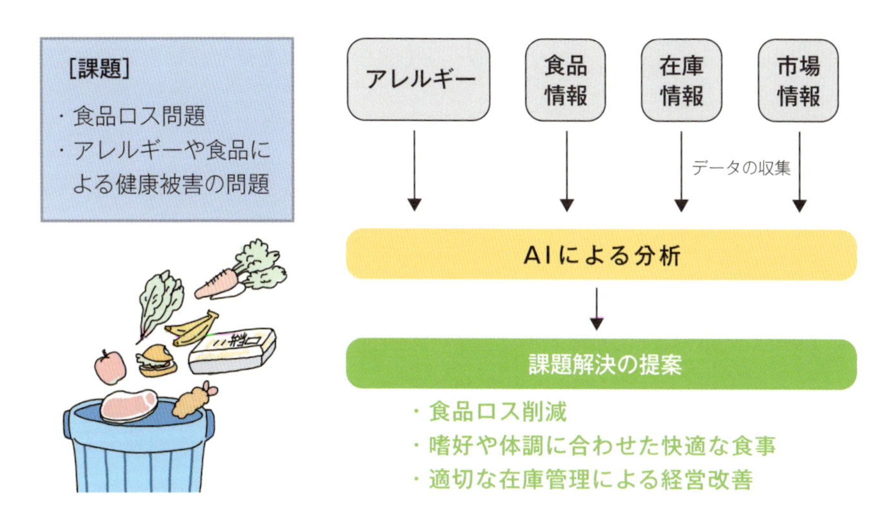

データ・AI活用例6（防災）

大規模な地震やゲリラ豪雨、豪雨に関連したがけ崩れ・川の氾濫等災害が頻発しており、それら災害の対策に関心が集まっています。防災では、被害にあわないための避難経路情報や災害にあった場合の迅速な救助対応、さらには避難した後のライフラインの確保のための支援物資の配布等が課題になります。人工衛星・地上の気象レーダー等の情報から予防対策を行ったり、地域のマップ情報から避難経路等を予め計画したりすることができます。また、データ分析による安全な避難や、被災地の情報から迅速な救助活動を行うことができ、物資が不足している避難所へ最適な救援物資の配送を可能にして、防災問題を解決することが期待されています。

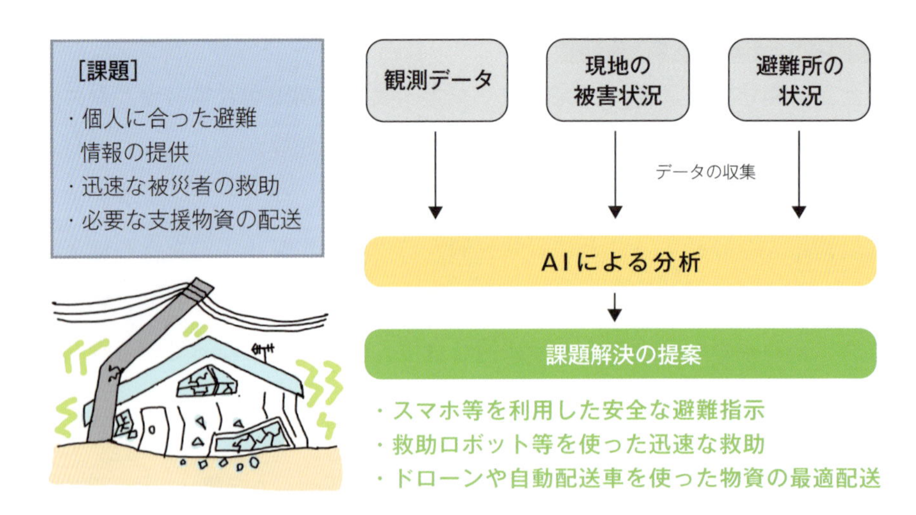

データ・AI活用例7（エネルギー）

エネルギーの分野では、エネルギー不足、エネルギーの安定供給、二酸化炭素に関連する環境問題等の課題があります。私たちは様々な電子機器を利用しており、これらは主に石油・石炭等の化石燃料から生成された電力で動いています。化石燃料の枯渇や火力発電による温暖化問題も深刻です。これに対し、気象情報や地域のエネルギー需要・供給情報を分析し、地域間でのエネルギー融通を行うことで、最適なエネルギー消費を目指します。また、地域で必要な分だけエネルギーを生産することが、将来のエネルギー不足解消につながります。

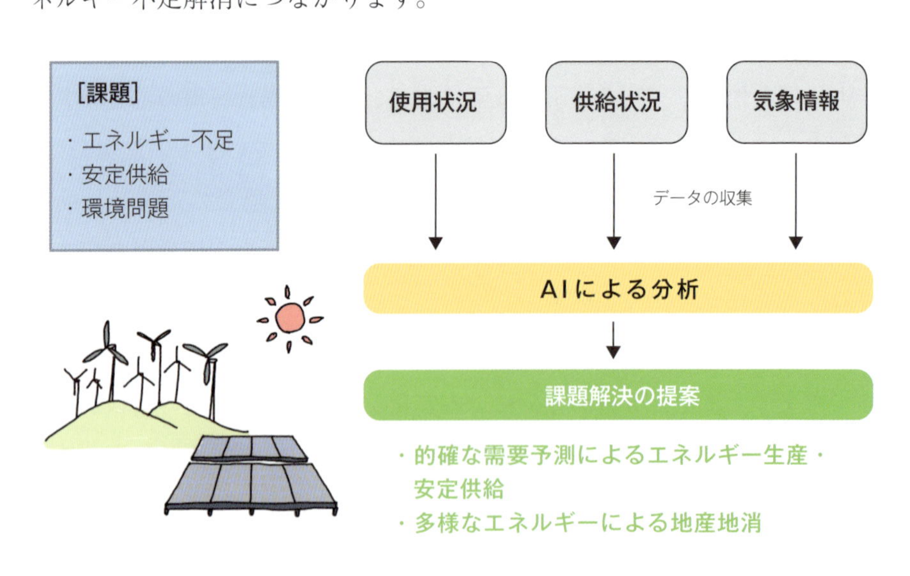

データ・AI活用例8（芸術）

生成AIを用いて、亡くなった漫画家の作品の続編を作成する試みがあります。AIは、対象の漫画家が描いた作品データを読み込み、物語の構成や世界観を学びます。映画監督や脚本家等のクリエーターが希望のテーマやジャンル・登場人物等を入力し、AIがストーリーを生成します。ストーリーが完成したら、年齢やポーズ・衣装等の様々な条件からAIがキャラクター画像を生成します。生成された画像を元に、担当のクリエーターが画像の細部を修正したり、背景やコマ割り等を決定したりします。

ワンポイント

活用例8は「"漫画の神様"に挑む AI ×人間 半年密着（NHK）」を参考にしています。
https://www3.nhk.or.jp/news/html/20231129/k10014270761000.html

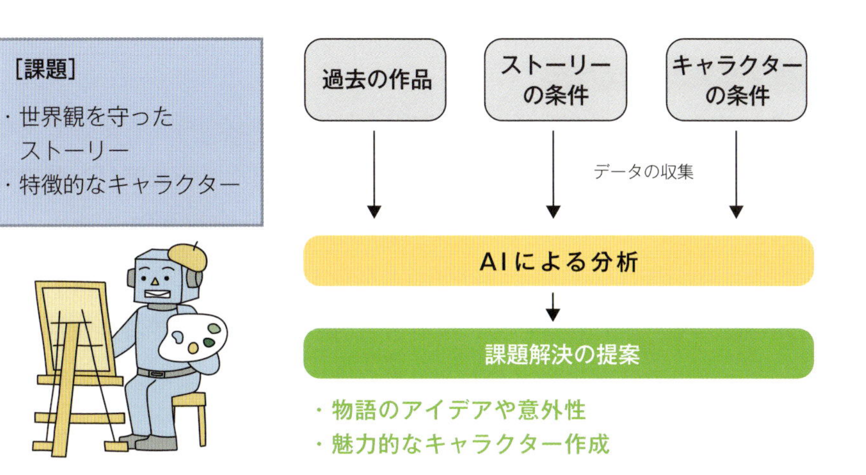

データ・AI活用例9（教育）

一部の大学では、24時間365日利用可能なICTヘルプデスクチャットボットが提供されており、このシステムには生成AIが内蔵されています。このチャットボットは、迅速かつ正確な情報提供を通じて問題解決を支援します。もちろん、問い合わせの際に収集されるデータは学内利用に限定される等、データのセキュリティとプライバシー保護が徹底されています。

ワンポイント

活用例9は「【武蔵野大学】国内大学で初！生成AI搭載のICTヘルプデスクチャットボットが誕生（PR TIMES）」を参考にしています。
https://prtimes.jp/main/html/rd/p/000000176.000067788.html

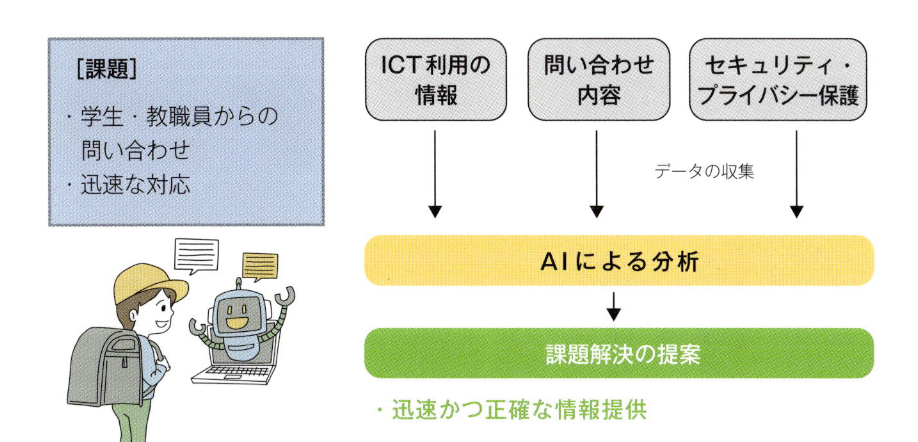

グループワーク

データ・AIがどのように活用されているか調べて、また将来的にどのように活用できれば良いか考えて、発表しましょう。

1-6 データ・AI利活用の最新動向

本節では、データ・AIが活用されている最新のビジネスモデルや用語、技術を学習します。

1-6-1 データ・AIを活用した最新のビジネスモデル

シェアリングエコノミー

個人が持つ部屋や自家用車等の遊休(使用していない)資産を、必要としている別の人に貸し出して共有する社会的な仕組みを**シェアリングエコノミー**と呼びます。例えば、平日の通勤に公共交通機関を利用して自家用車を使用しない人は、平日にだけ自動車を利用したい人に有料で貸し出すことが可能です。これによって、所有者(提供者)にも利用者にも便益が生まれることになります。モノのレンタルだけでなく、音楽や動画の編集作業を行う等、技術を提供するサービスも、シェアリングエコノミーに含まれます。

過去のデータからAIが、「いつ、どこで、どのようなものを共有(シェア)するニーズがあるのか」を分析することにより、シェアリングエコノミーの利用価格等が最適に管理されるのです。

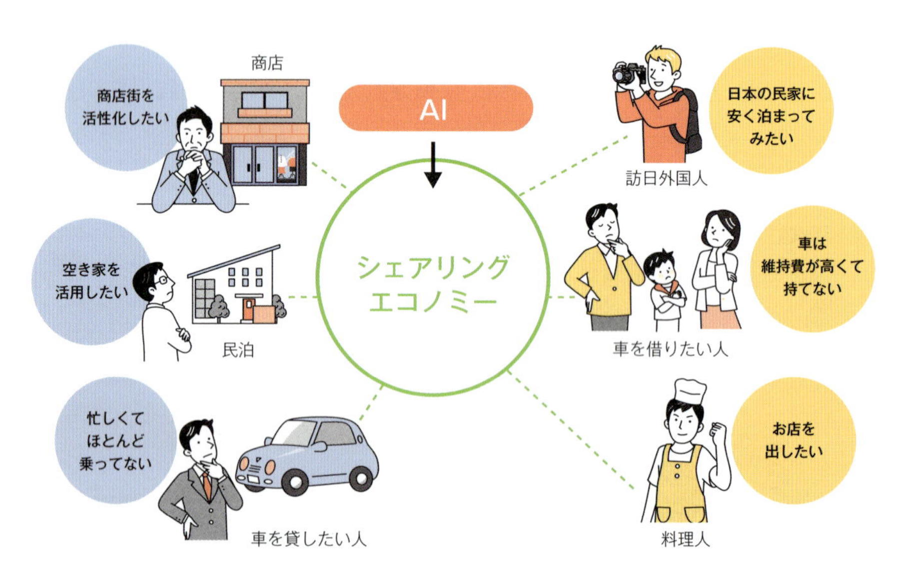

商品のレコメンデーション

ショッピングサイトやオークションサイト、フリマサイト等のECサイト※26で買い物や取引をしていると、おすすめの商品が表示されることがあります。これらは購入履歴や閲覧履歴等のデータから、AIが趣味・嗜好を分析して、自動的に顧客にあった商品やサービスをおすすめ（**レコメンデーション**）する仕組みになっています。

※26 用語解説
ECサイト
インターネットを通じて電子商取引(Electronic Commerce)、いわゆる通信販売を行うWebサイトのことです。楽天、Amazon、ZOZOTOWN等のECサイトが有名です。

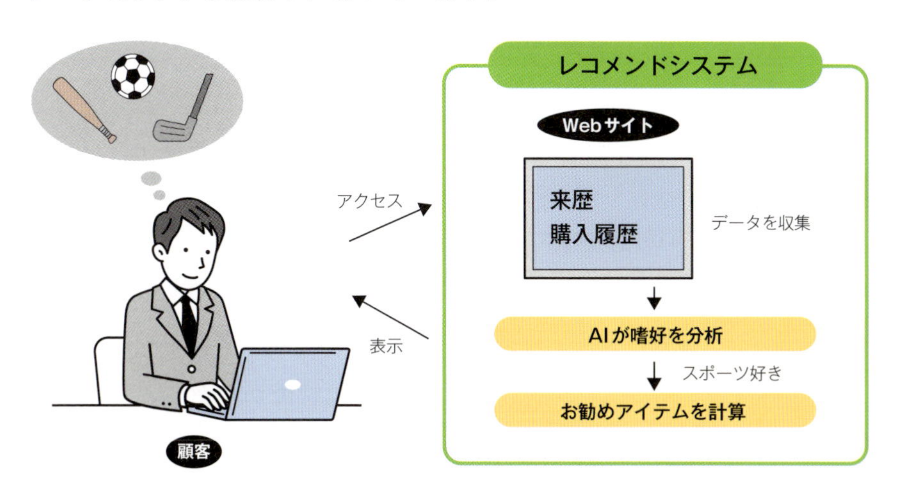

1-6-2 AIを活用した最新の技術や関連用語

強化学習と転移学習

AIがデータから学習してルールやパターンを発見する機械学習にも様々な種類があります。その中の一つ、**強化学習**は試行錯誤を繰り返し、得られる成果を最大化することを目的として判断の基準となるルールやパターンを改善し続ける手法です。例えば、ゲームプレイAIが自身のプレイを反復しながら最適な戦略を学習するのがこのタイプです。

また、別の領域で学習された知識を転用して、対象としている領域に適用する機械学習のことを**転移学習**と呼びます。次のページの例では、犬の画像を判別するAIの開発過程を紹介しています。従来の機械学習では、犬の画像データのみを用いて犬の画像を判別するAIを開発します。一方、転移学習では、猫の画像を判別する精度の高いAIを、犬の画像を判別するAIに転用し、犬の画像判別の精度を向上させることが可能です。

関連用語
教師あり学習
機械学習の一種で、コンピュータが正解のわかっているデータを用いて学習し、正解の特徴を学習することで、未知のデータに対する答えを予測する機械学習です。

関連用語
教師なし学習
機械学習の一種で、コンピュータがデータの特徴を自動的に抽出する機械学習です。

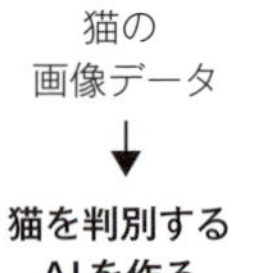

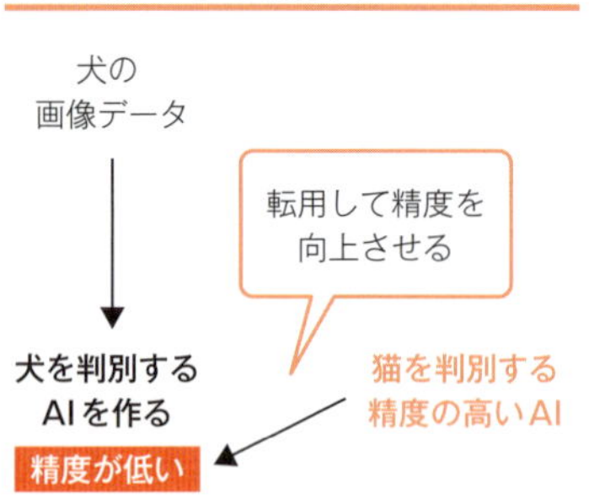

ワンポイント

深層生成モデルは、深層学習と生成モデルとを組み合わせたモデルです。生成モデルとは、元のデータの分布に従って、元データと同じようなデータを生成するモデルのことです。

ワンポイント

拡散モデルは、まずデータにノイズを段階的に加えて品質を下げ、次にそのノイズを少しずつ除去していきます。この過程でモデルはデータのパターンを学習し元のコンテンツに類似する画像を生成する能力を獲得します。

ワンポイント

大規模言語モデルは、最近ではマルチモーダルにも対応しており、テキストだけでなく、画像にも対応しています。

関連用語

基盤モデル
非常に大規模なデータセットを用いて開発されたAIモデルであり、多様なタスクやアプリケーションをカスタマイズすることが可能です。基盤モデルの利点は、既存の基盤モデルを活用することで、独自のAIモデルをゼロから作成するよりも、開発の時間的および経済的コストを大幅に削減できることにあります。例えば、ChatGPT等の大規模言語モデルも、このような基盤モデルを基に構築されています。

生成AI

生成AIは、AIの分野の中でも特に革新的な進歩を示している技術であり、新しいデータやコンテンツを生成する能力を持つAIの総称です。深層生成モデル、拡散モデル、大規模言語モデル等があります。

深層生成モデルは、大量のデータから学んだ特徴から新しい画像や音楽・動画を生成できます。例えば、多くの犬の画像をデータとして学習することにより、存在しない犬の画像を生成することができます。このモデルは、画像の創作、新しい音楽の作曲等、多岐にわたる分野で応用されています。

拡散モデルは、高品質なデータを生成する能力を持っており、非常にリアルで詳細な画像の生成に利用されています。アート作品の生成や科学的な画像の生成等、さまざまな用途で応用されています。

大規模言語モデルは、膨大なテキストデータから言語パターンを学習し、新たなテキストを生成することができます。会話応答、テキスト生成、要約、翻訳等、多岐にわたる言語処理タスクを処理できます。

コラム　数理とデータサイエンス・AIの関係

数理という言葉はデータサイエンス・AIとセットになって使われることもありますが、どのような関係があるのでしょうか。AIの一分野である機械学習にできることの1つに予測があります。例えば、AIがお店の売上を予測してくれます。そのためには、過去の売上のデータを数学的に分析する必要があります。但し、分析するには複雑な計算をしなければならないので、コンピュータの力を借ります。数学とコンピュータの力を借りる、つまりデータサイエンスの手法を機械学習は用いているのです。このように、数理とデータサイエンスとAIは密接に関係しています。そのため、「数理・データサイエンス・AI」というように3つの言葉はセットで使われることがあります。

第2章［基礎］

データリテラシー

- 2-1　Excel の基本的な操作方法
- 2-2　時系列データの可視化
- 2-3　平均の算出とその可視化
- 2-4　標準偏差の算出とその可視化
- 2-5　大量のデータを扱う方法
- 2-6　基本統計量の算出と箱ひげ図
- 2-7　度数分布表とヒストグラムの作成
- 2-8　散布図の作成と相関係数の算出
- 2-9　定性データの扱い方とクロス集計

第 2 章では、実データを入手し、整理・集計・分析を行ってデータサイエンスサイクルを体験します。これらの実習を通じて、データリテラシーである「データを読む」、「データを説明する」、「データを扱う」ことの意味を理解することが、この章の目標です。2-1 節では、カレンダーの作成やテストの得点のグラフを作成することを通じて Excel の基本的な操作方法を学習します。2-2 節以降は私たちに身近な天気についてのデータを用いて、実践的なデータ分析を行います。

この章の構成は、データ分析の基礎に必要な Excel の操作スキルをステップアップしながら学習できるようになっています。また、データを扱う際にはデータ管理が重要です。そのため、適切なフォルダーに、適切なファイル名でデータを保存し、データを適切に管理する習慣を身に付けることができる実習手順となっています。

2-1 Excelの基本的な操作方法

本節では、Excelを使ってカレンダー、テストの点数のグラフを作成し、Excelの基本的な操作方法について学習します。

2022年5月						
日	月	火	水	木	金	土
1	2	3	4	5	6	7
8	9	10	11	12	13	14
15	16	17	18	19	20	21
22	23	24	25	26	27	28
29	30	31				

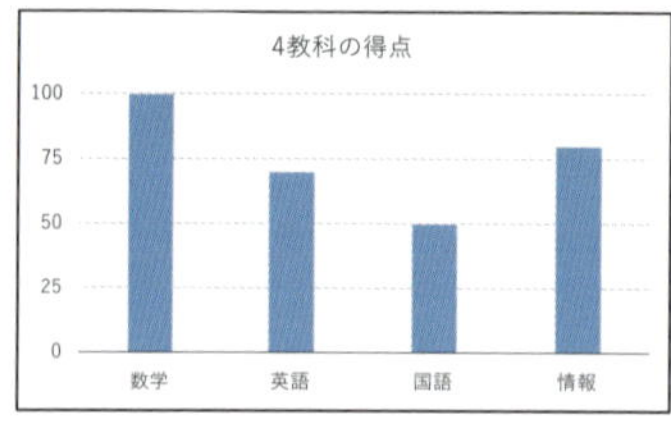

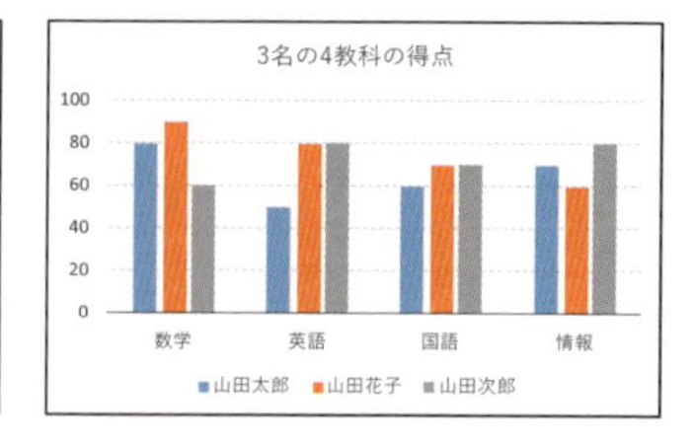

2-1-1 作業用フォルダーの作成

Step 1 作業用フォルダーの作成 1

本章で作成するファイルを保存するための「データサイエンス」フォルダーを、「ドキュメント」フォルダーの中に作成しましょう。タスクバーからエクスプローラーを選択します。

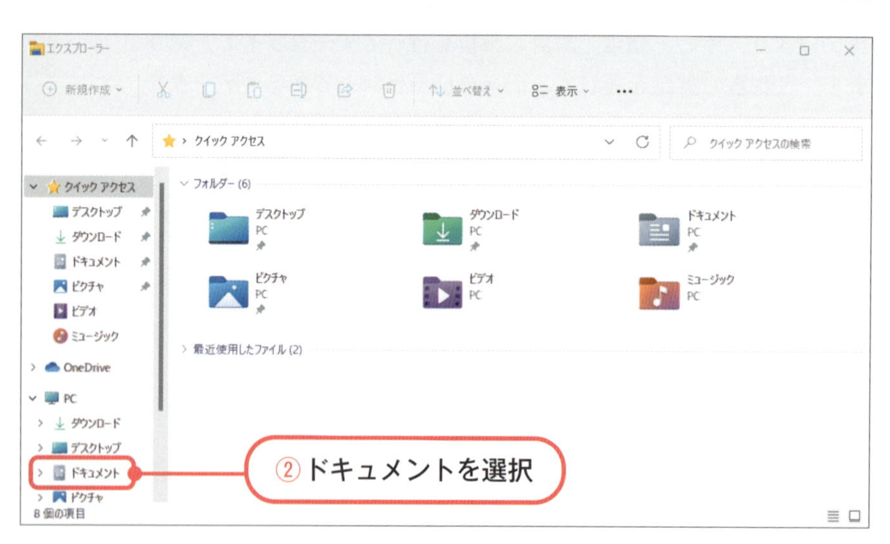

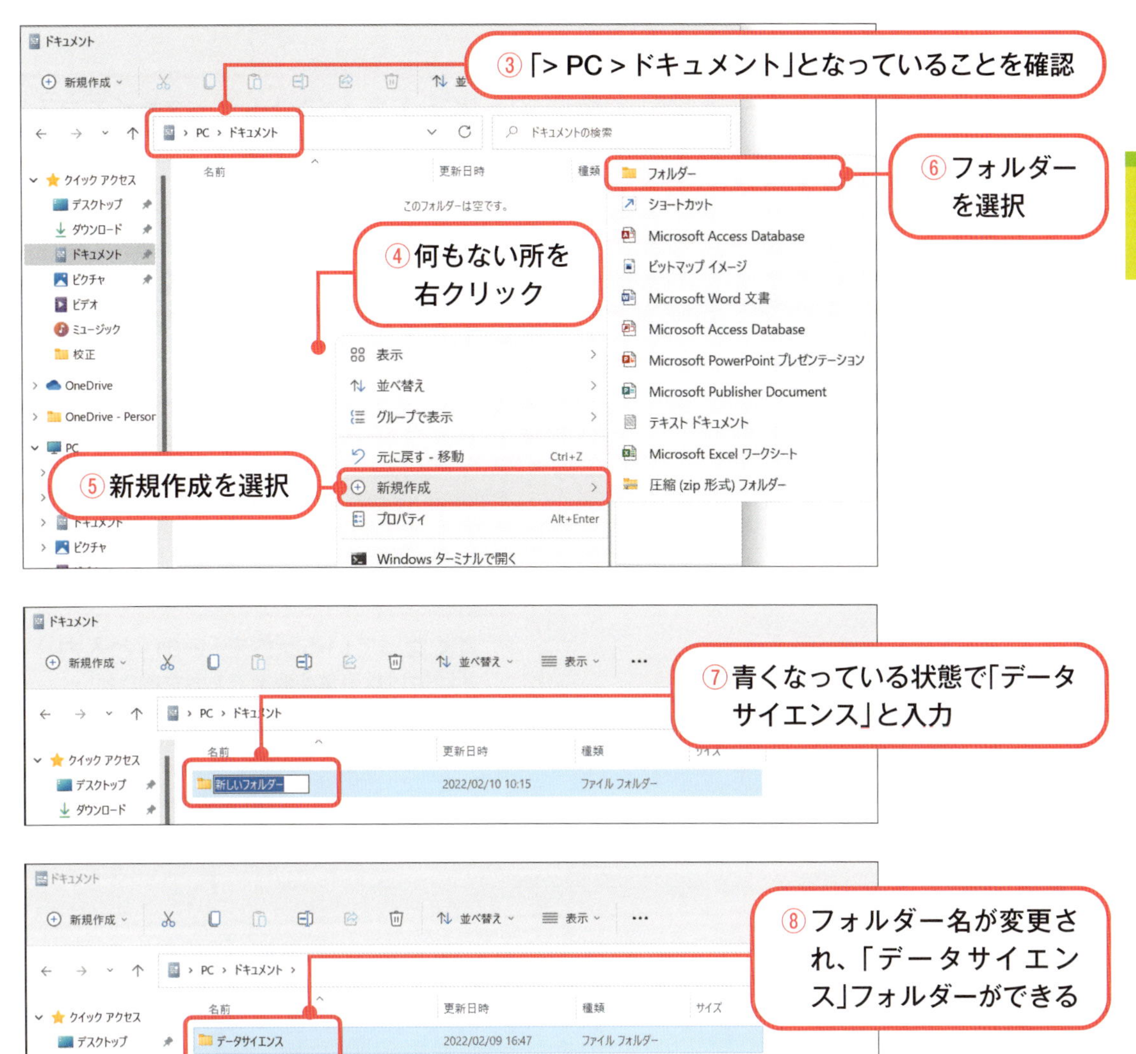

Step 2 作業用フォルダーの作成２

本節で学習するファイルを保存するための「2-01」フォルダーを、Step 1で作成した「データサイエンス」フォルダーの中に作成しましょう。

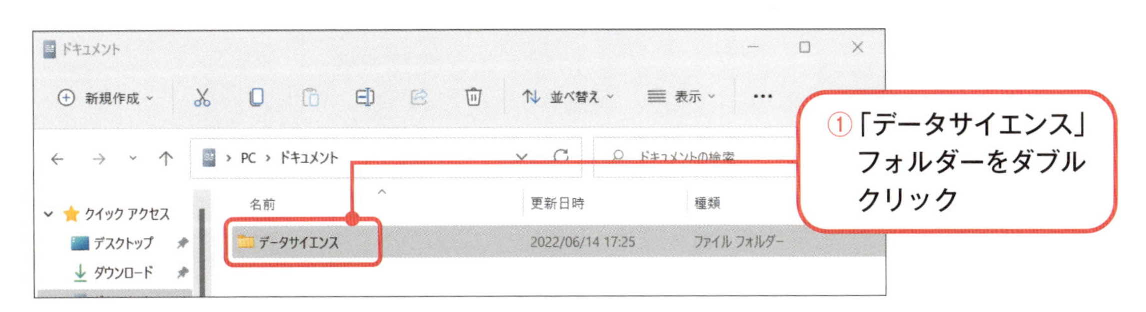

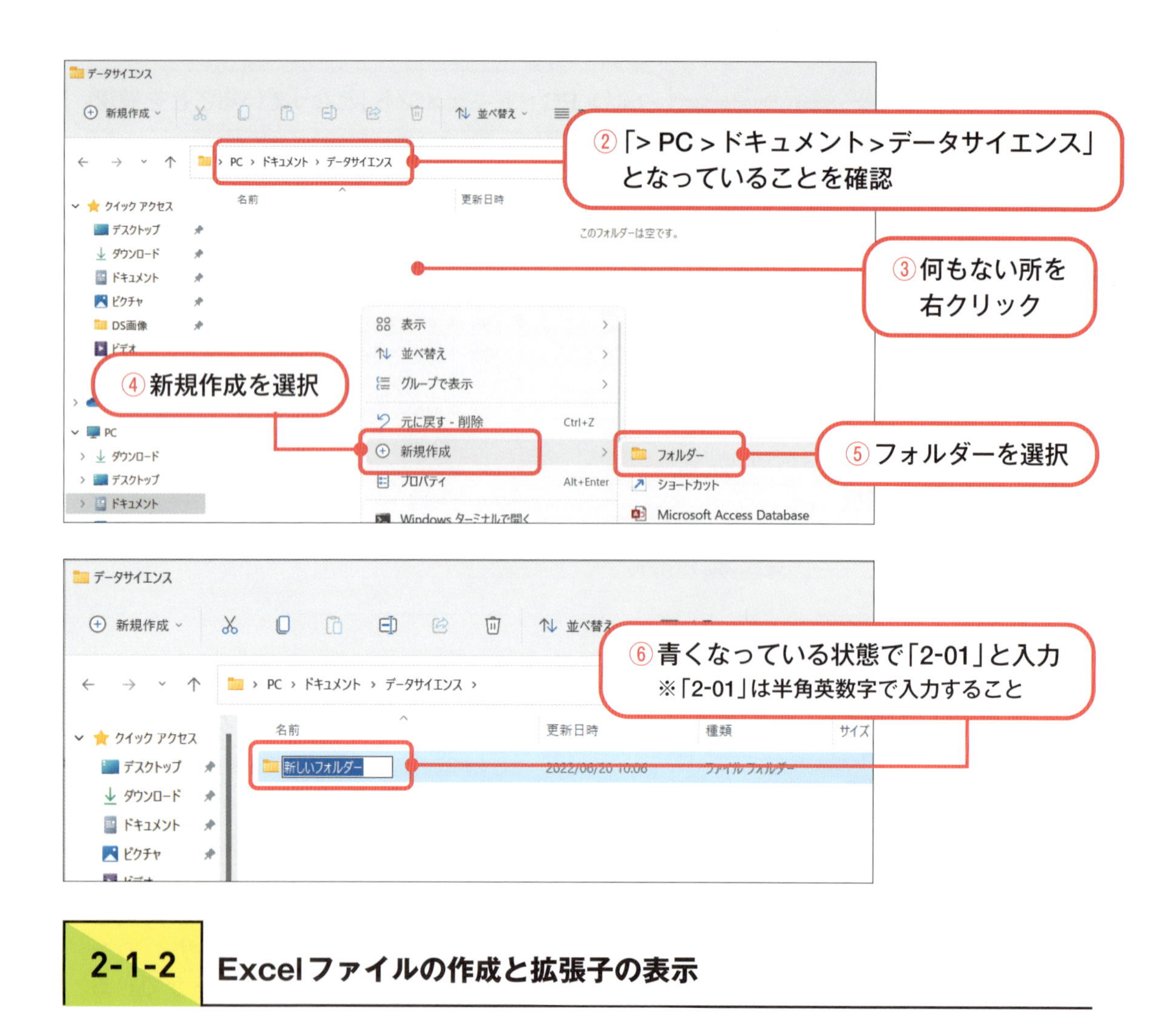

2-1-2 Excelファイルの作成と拡張子の表示

Step 1 Excelファイルの作成

「2-01」フォルダーの中にExcelファイルを作成しましょう。作成したExcelファイルを「2-01」に名前を変更しましょう。

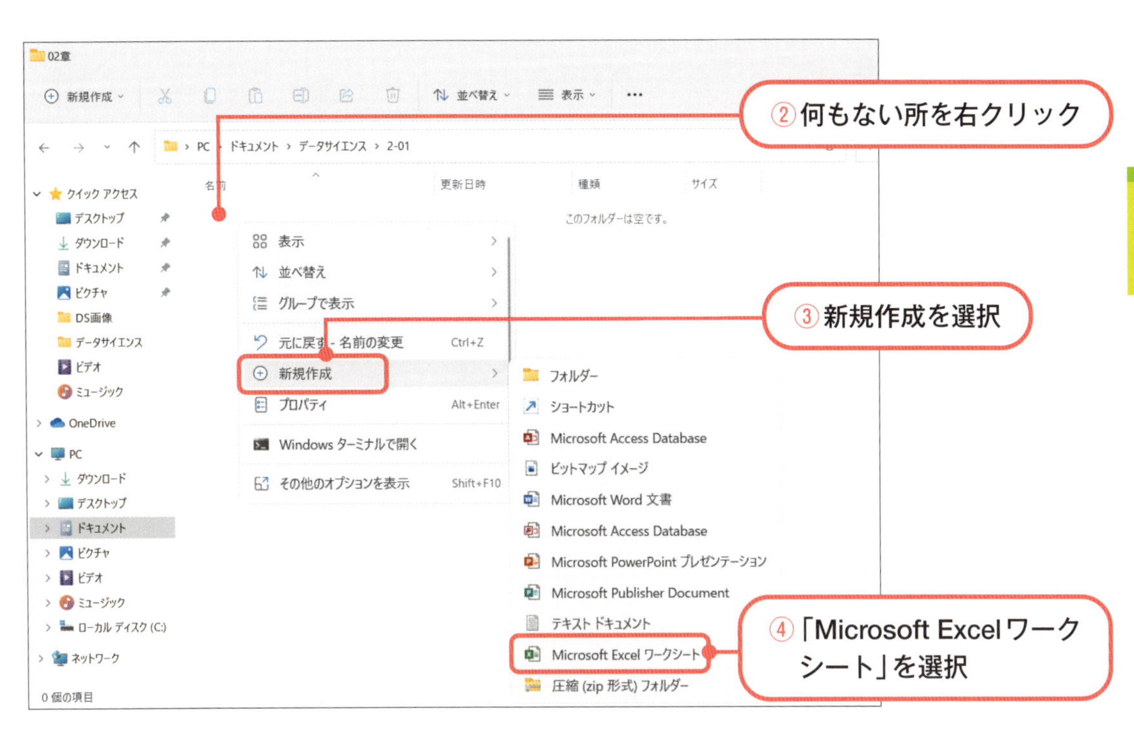

注意　特段の理由がなければ、アルファベット・数字・記号は半角で、ひらがな・カタカナ・漢字は全角で入力するようにしましょう。

Step 2 拡張子の表示

拡張子とは、どのアプリケーションでそのファイルを実行するかを、コンピュータが判断するためのものです。初期設定では、拡張子が非表示となっているので、表示するための設定をしましょう。

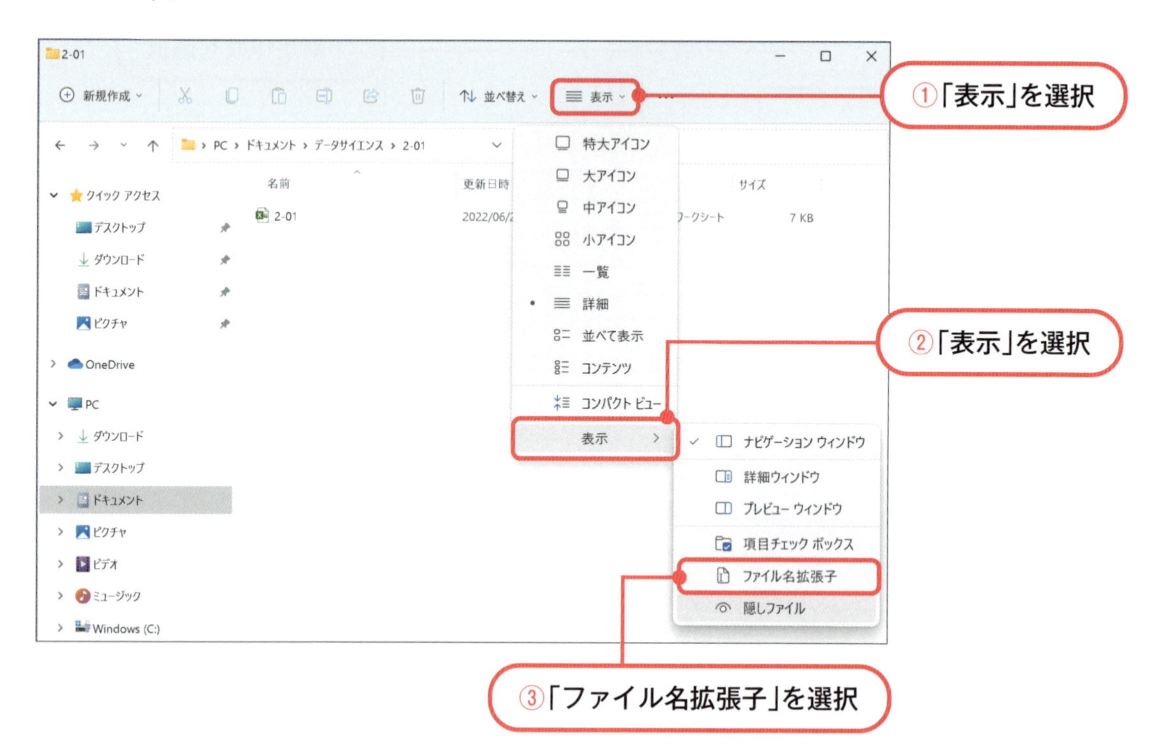

注意　ファイル名の「.（ドット）」の後ろにあるアルファベットが拡張子（かくちょうし）です。2-1-2で作成した「2-01.xlsx」ファイルの拡張子「xlsx」の場合、「このファイルはExcelというアプリケーションで実行する」とコンピュータが判断します。他にも、Wordファイルでは「docx」、PowerPointファイルでは「pptx」といった拡張子が付いています。拡張子を消したり1文字でも変更したりすると、コンピュータがどのアプリケーションを使用して実行するファイルなのか、分からなくなります。そのため、拡張子を消したり変更したりしないよう注意しましょう。

2-1-3 表の作成

カレンダーを作成し、Excelの基本的な操作方法を学習しましょう。

Step 1 表示倍率の変更

2-1-2で作成した「2-01.xlsx」をダブルクリックして開きましょう。ズームスライダーを使用すると表示倍率を変更することができます。ここでは、表示倍率を150%にして拡大して表示しましょう。

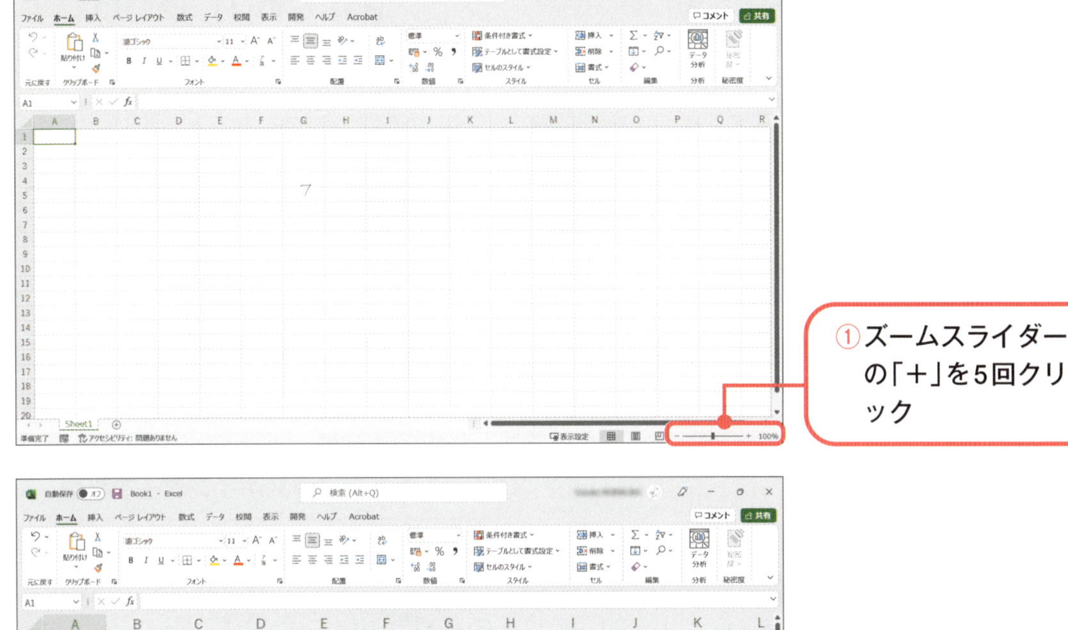

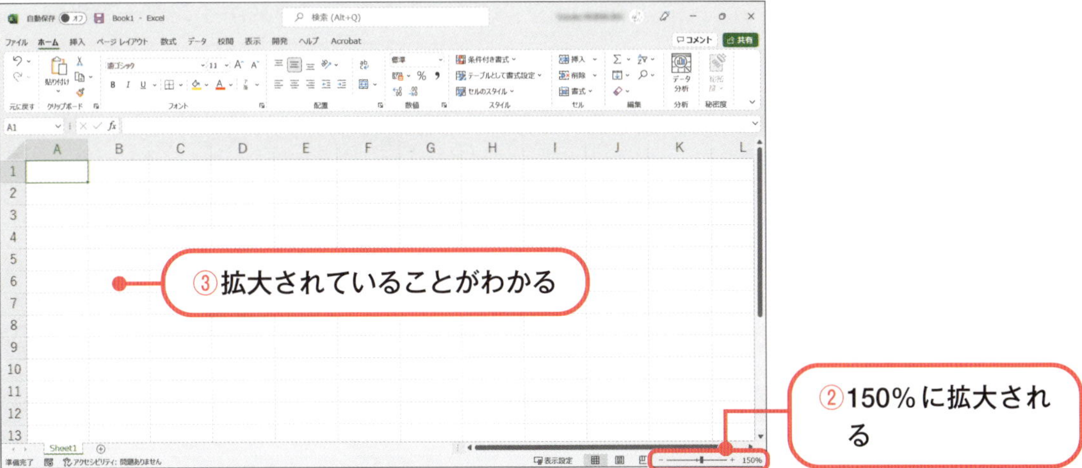

同様に、キーボード上の Ctrl を押したまま、マウスのホイールボタンを上下に動かすことによって表示倍率を変更することができます。今後、この変更はよく使用するので、覚えておきましょう。

Step 2 オートフィル

オートフィルを使用して連続データを入力し、カレンダーを作成しましょう。

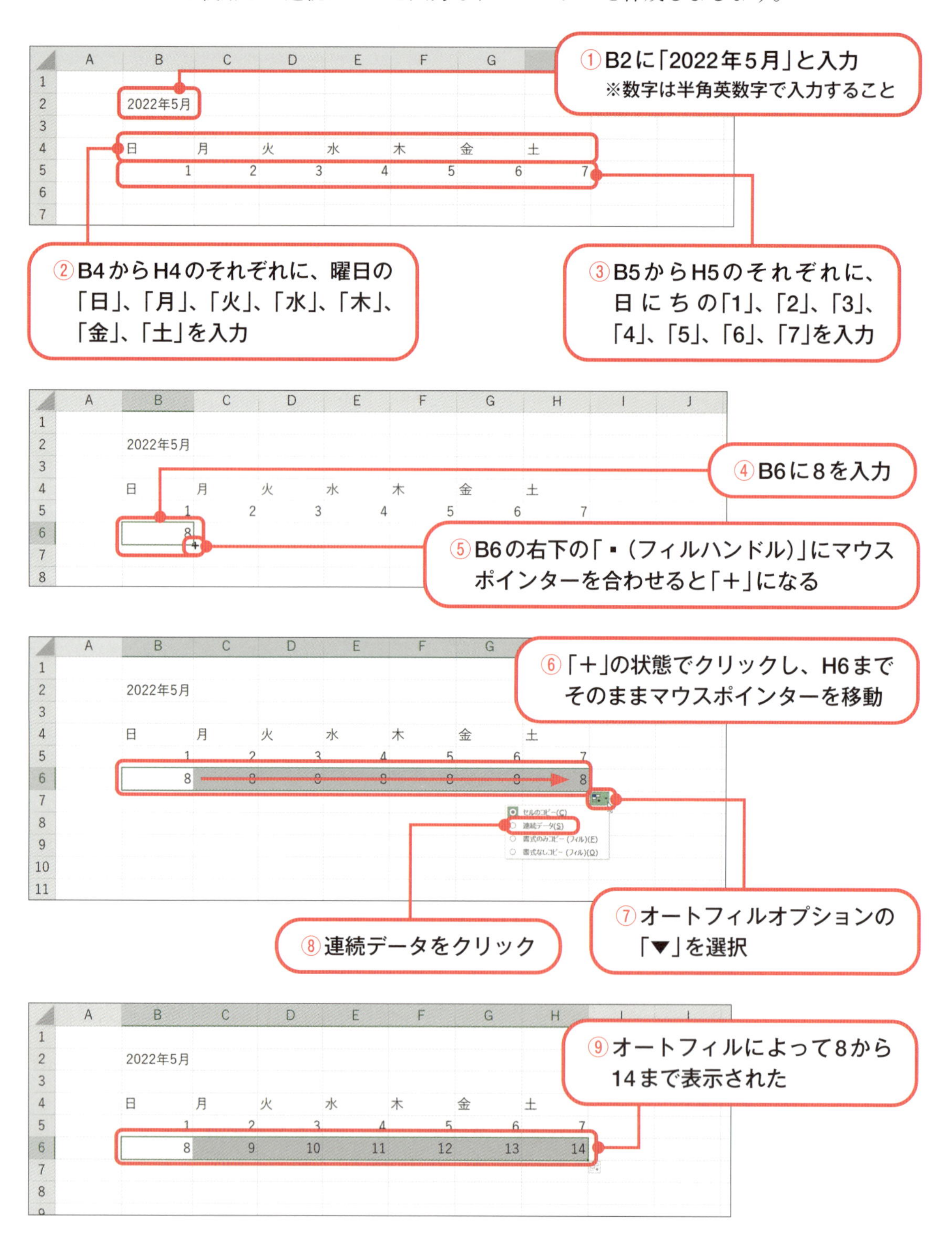

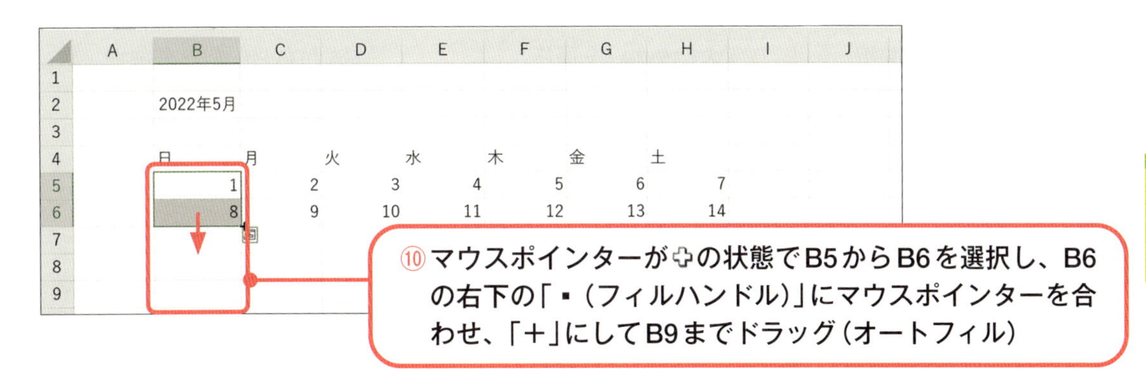

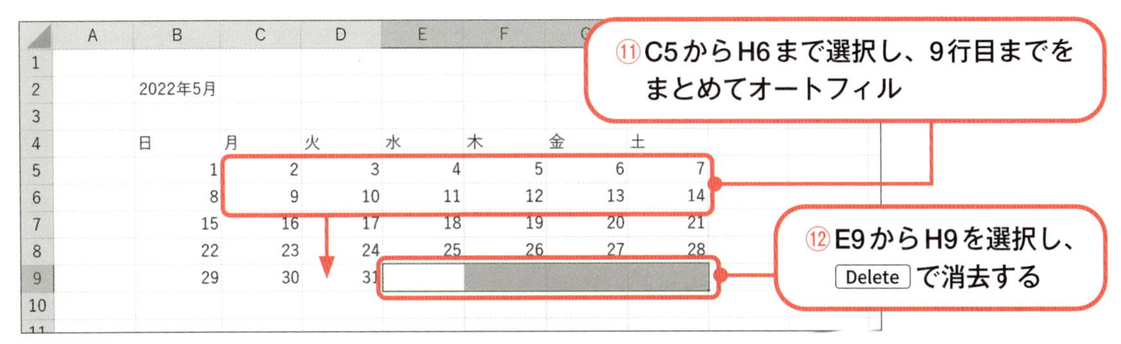

B4からH4に曜日を1つずつ入力しましたが、曜日もオートフィルで入力できます。試してみましょう。

Step 3 カレンダーの調整

フォント・色・罫線・配置等を調整して、カレンダーを整えましょう。

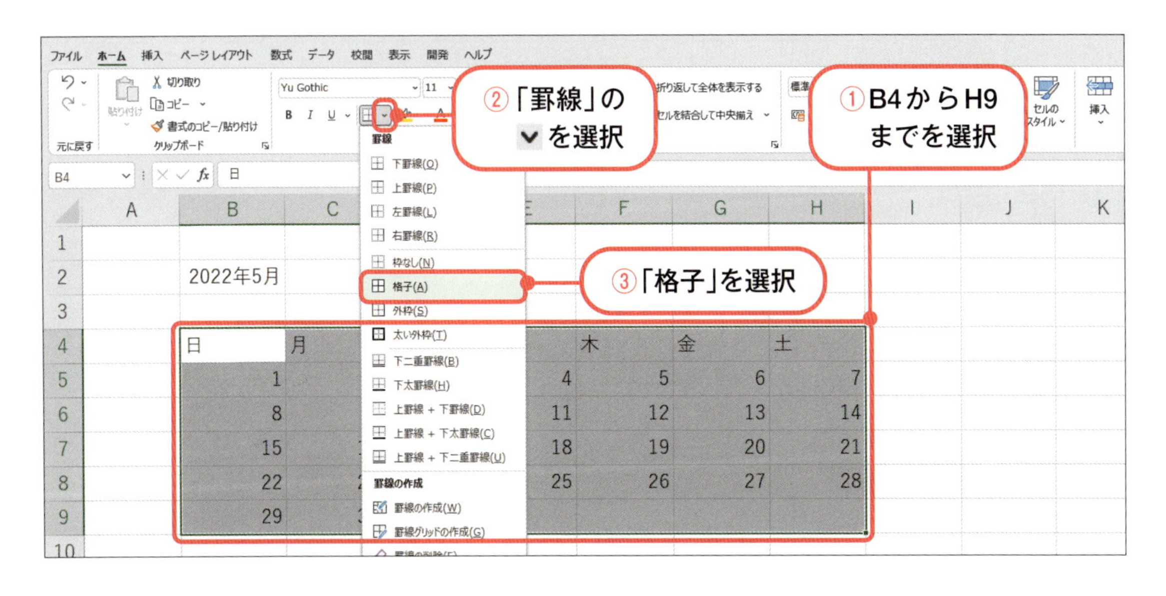

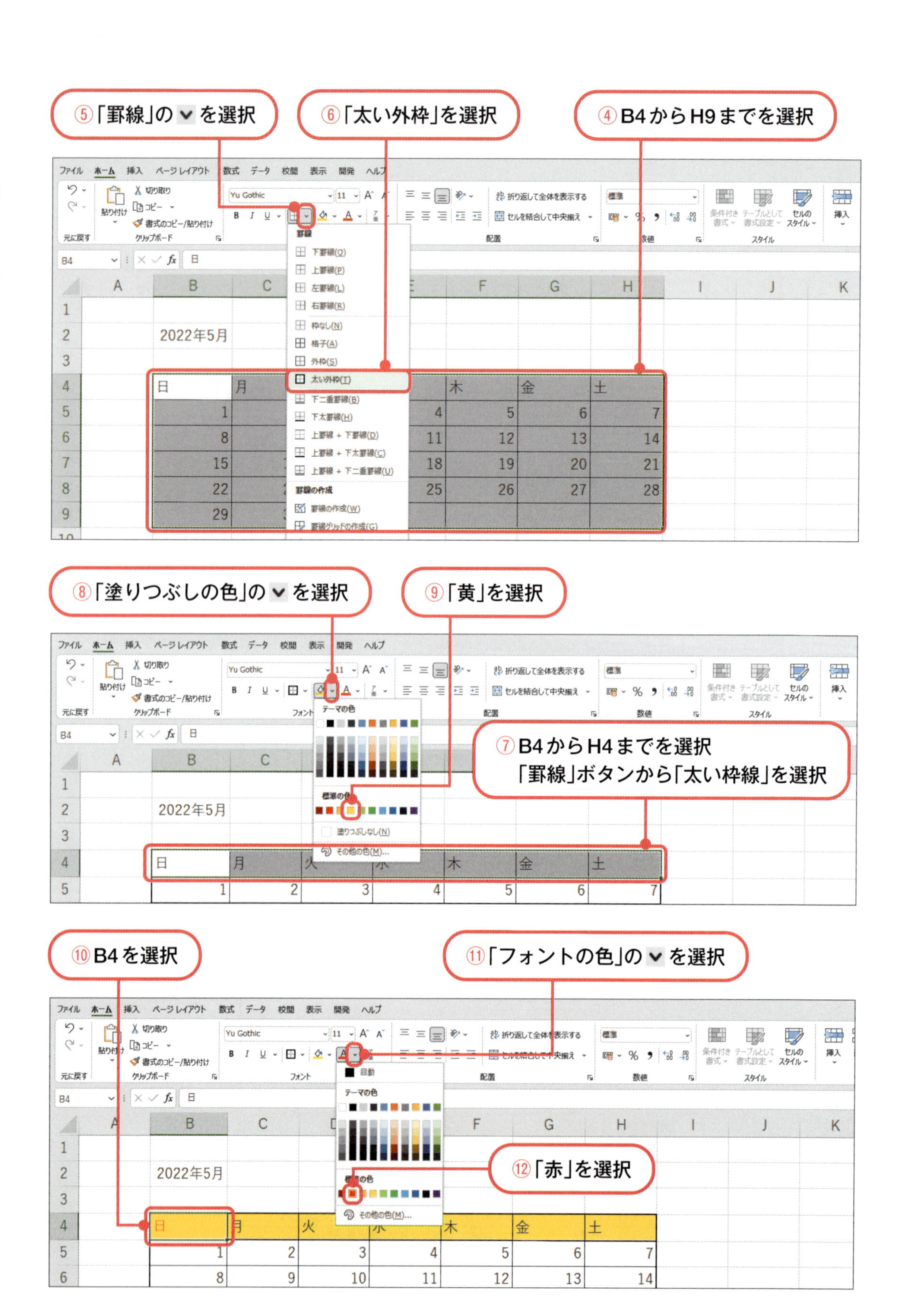

⑤「罫線」の ⌄ を選択
⑥「太い外枠」を選択
④ B4 から H9 までを選択
⑧「塗りつぶしの色」の ⌄ を選択
⑨「黄」を選択
⑦ B4 から H4 までを選択
「罫線」ボタンから「太い枠線」を選択
⑩ B4 を選択
⑪「フォントの色」の ⌄ を選択
⑫「赤」を選択

同様にB5からB9を赤字にH4からH8を青字にD5からF5を赤字にしましょう。

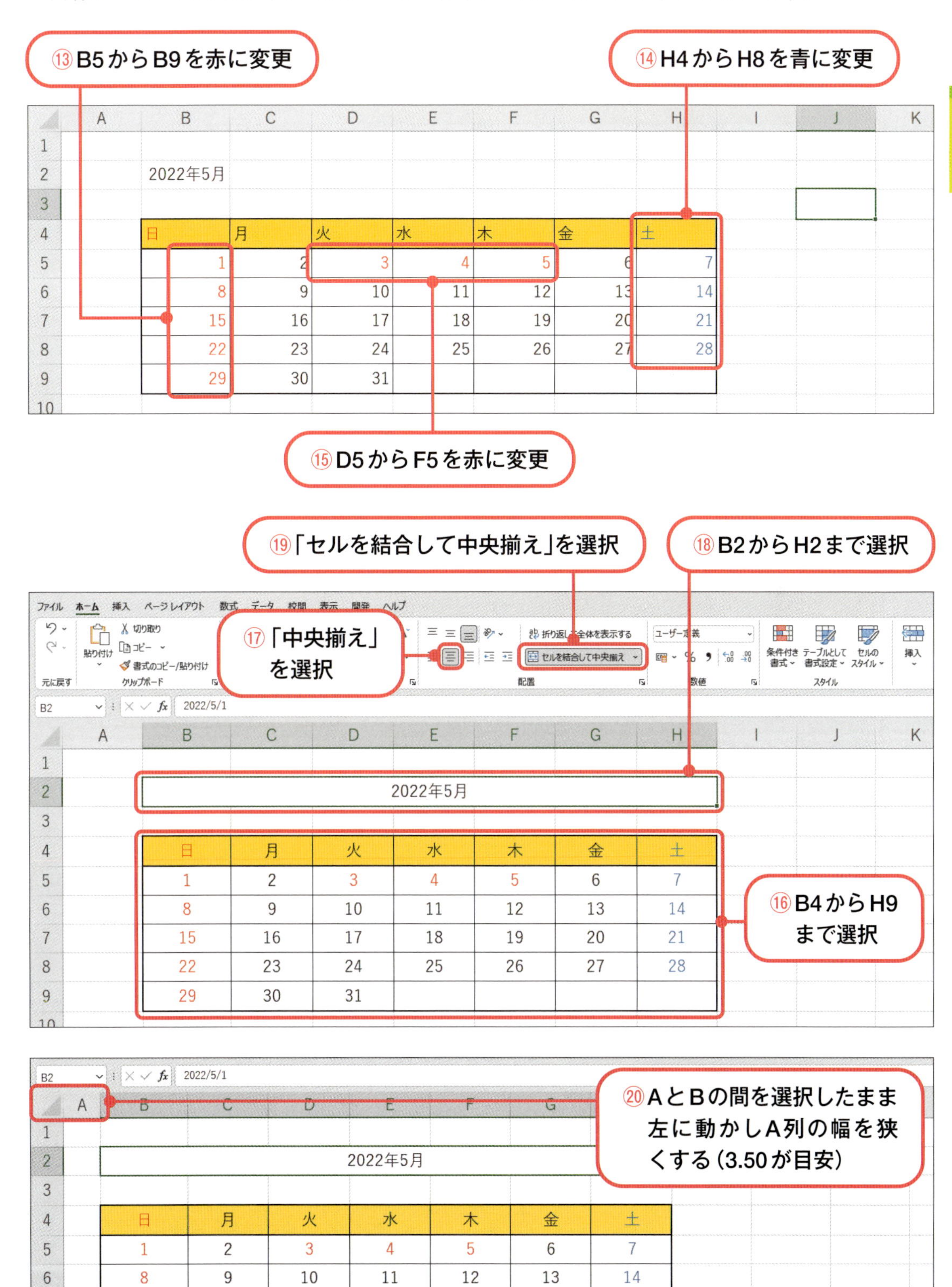

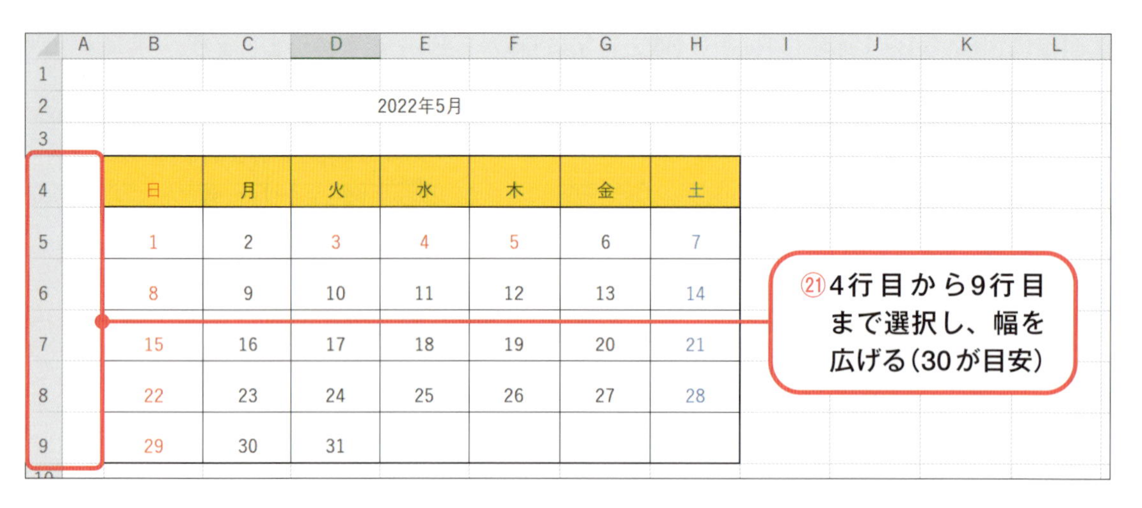

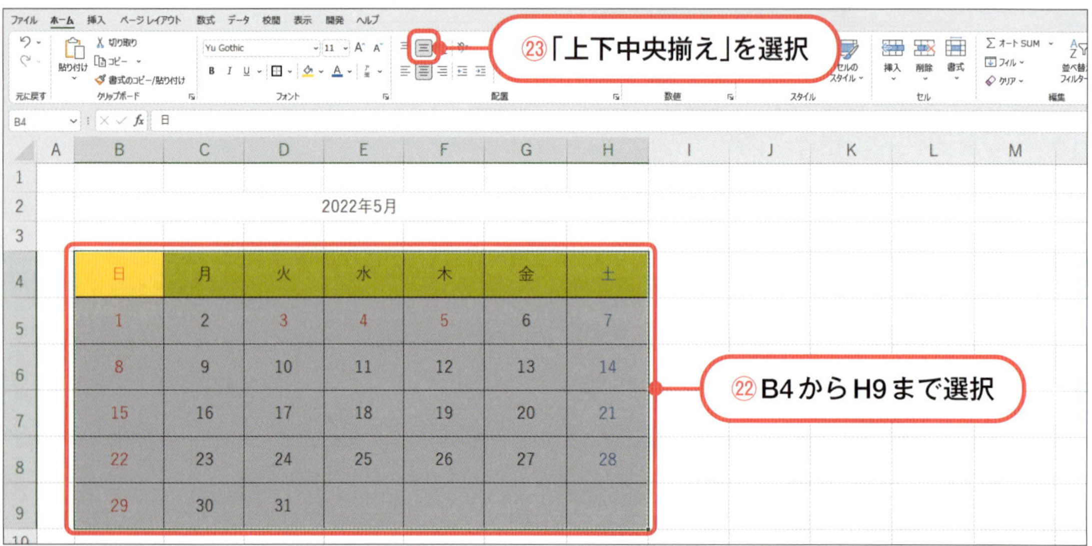

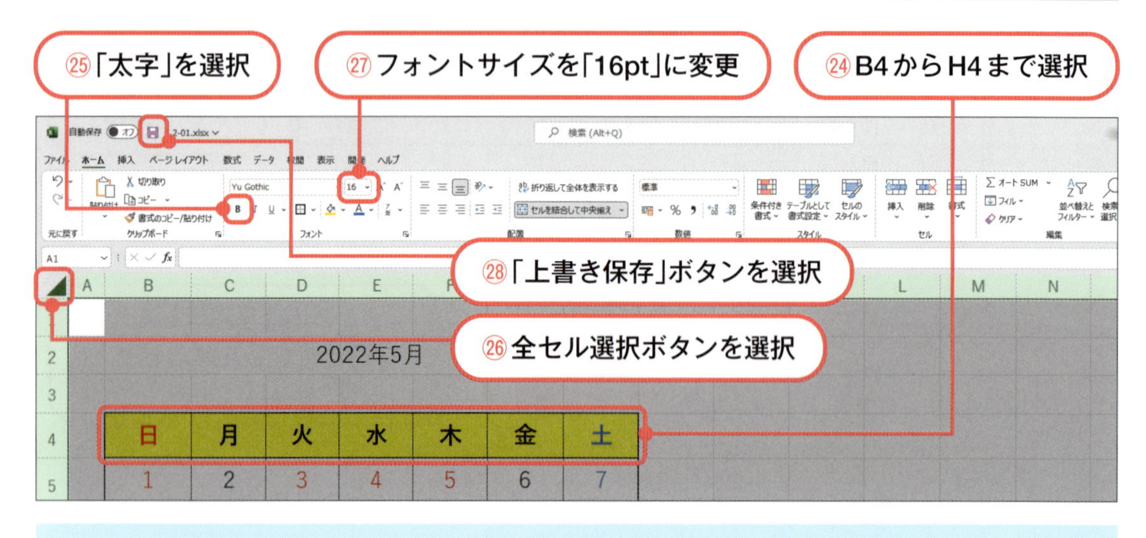

注意　以降は指示が無くても、こまめに上書き保存をするようにしましょう。

2-1-4 グラフの作成1

4教科の得点グラフを作成し、Excelでグラフを作成する基本的な方法を学習しましょう。

Step 1 シートの名前の変更

シートの名前を「Sheet1」から「カレンダー」に変更しましょう。

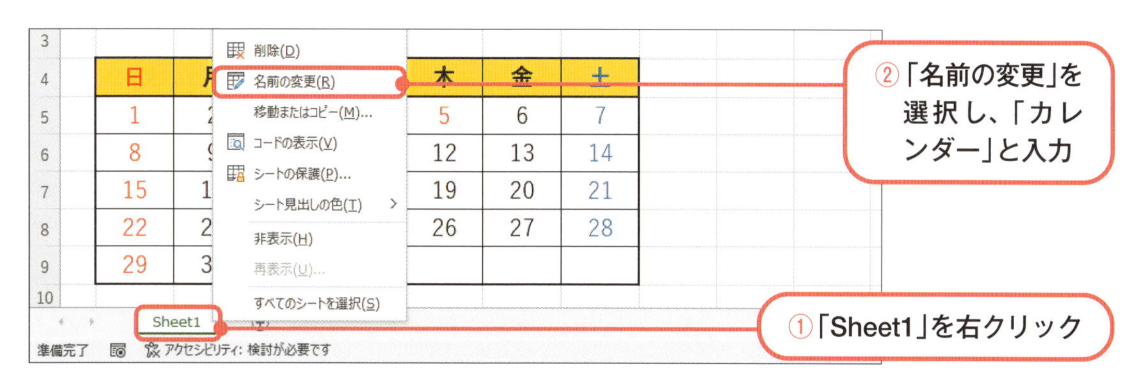

Step 2 新しいシートの追加

新しくシートを追加し、追加されたシート「Sheet2」の名前を「グラフ1」に変更しましょう。

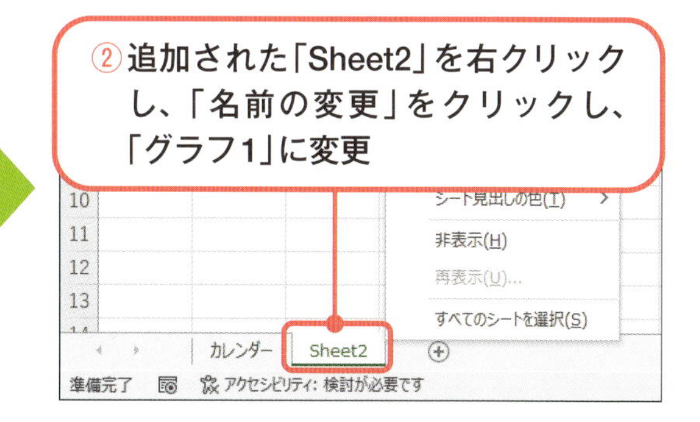

Step 3 データの入力

以下のように、B2からE3にデータを入力しましょう。

	A	B	C	D	E	F
1						
2		数学	英語	国語	情報	
3		100	70	50	80	
4						

Step 4 グラフの作成

縦棒グラフを作成しましょう。

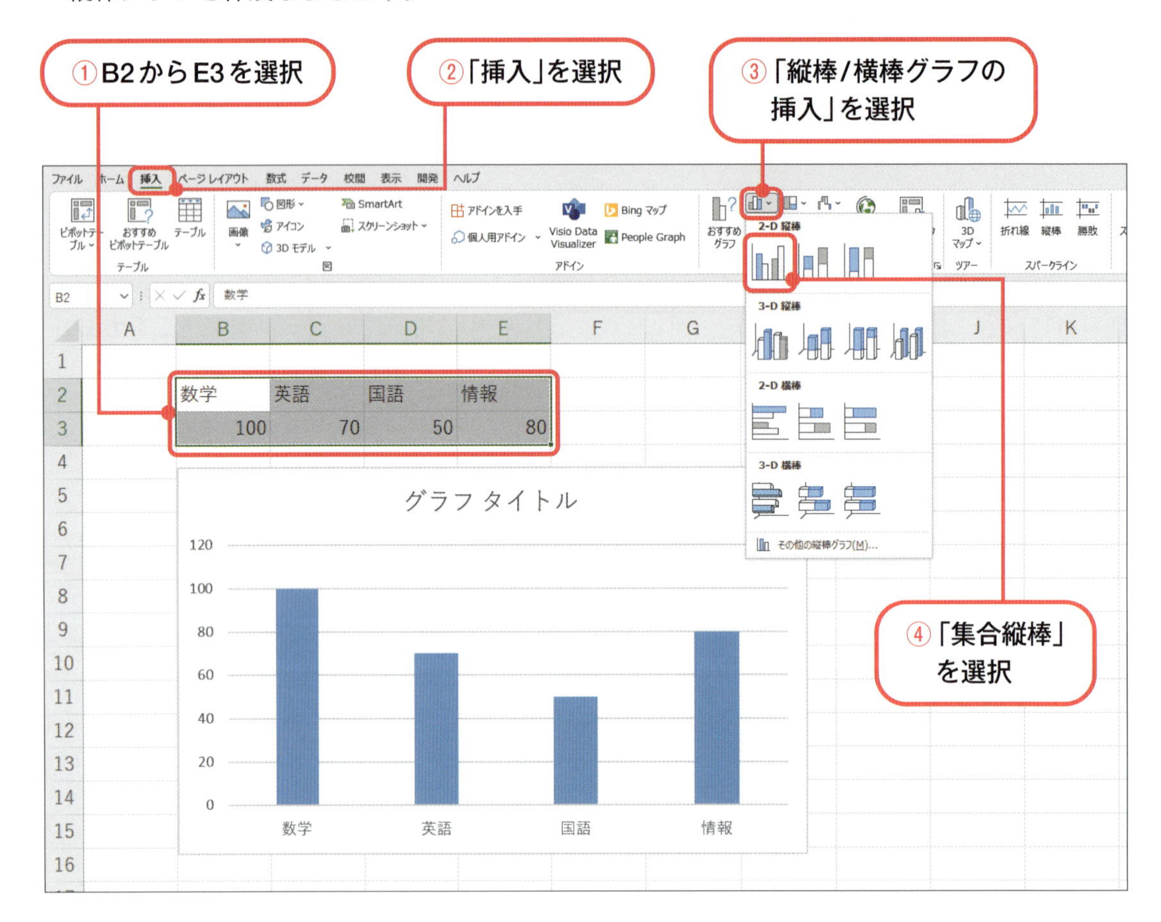

Step 5 グラフの編集

Step 4で作成した縦棒グラフを編集しましょう。

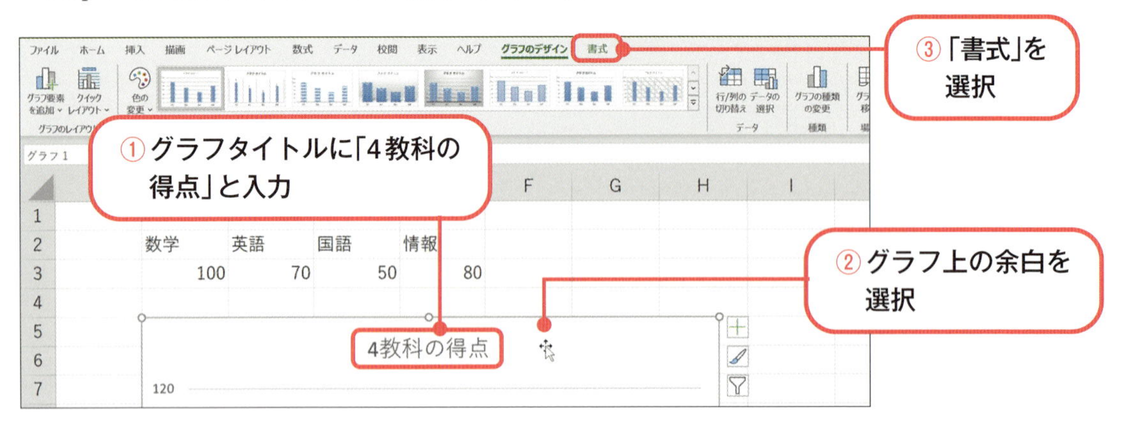

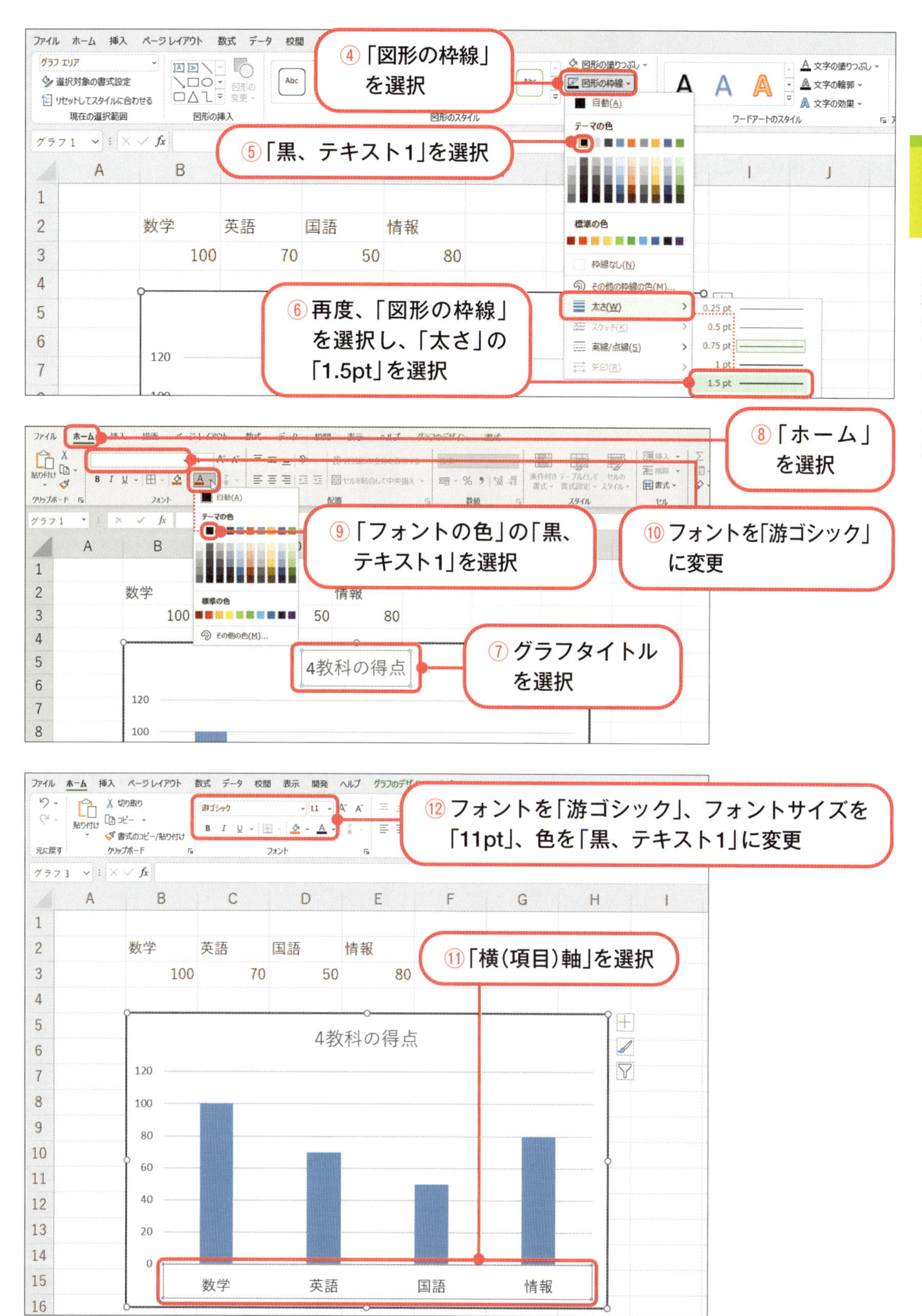
④「図形の枠線」を選択
⑤「黒、テキスト1」を選択
⑥再度、「図形の枠線」を選択し、「太さ」の「1.5pt」を選択
⑦グラフタイトルを選択
⑧「ホーム」を選択
⑨「フォントの色」の「黒、テキスト1」を選択
⑩フォントを「游ゴシック」に変更
⑪「横(項目)軸」を選択
⑫フォントを「游ゴシック」、フォントサイズを「11pt」、色を「黒、テキスト1」に変更
数学
英語
国語
情報
100
70
50
80
4教科の得点

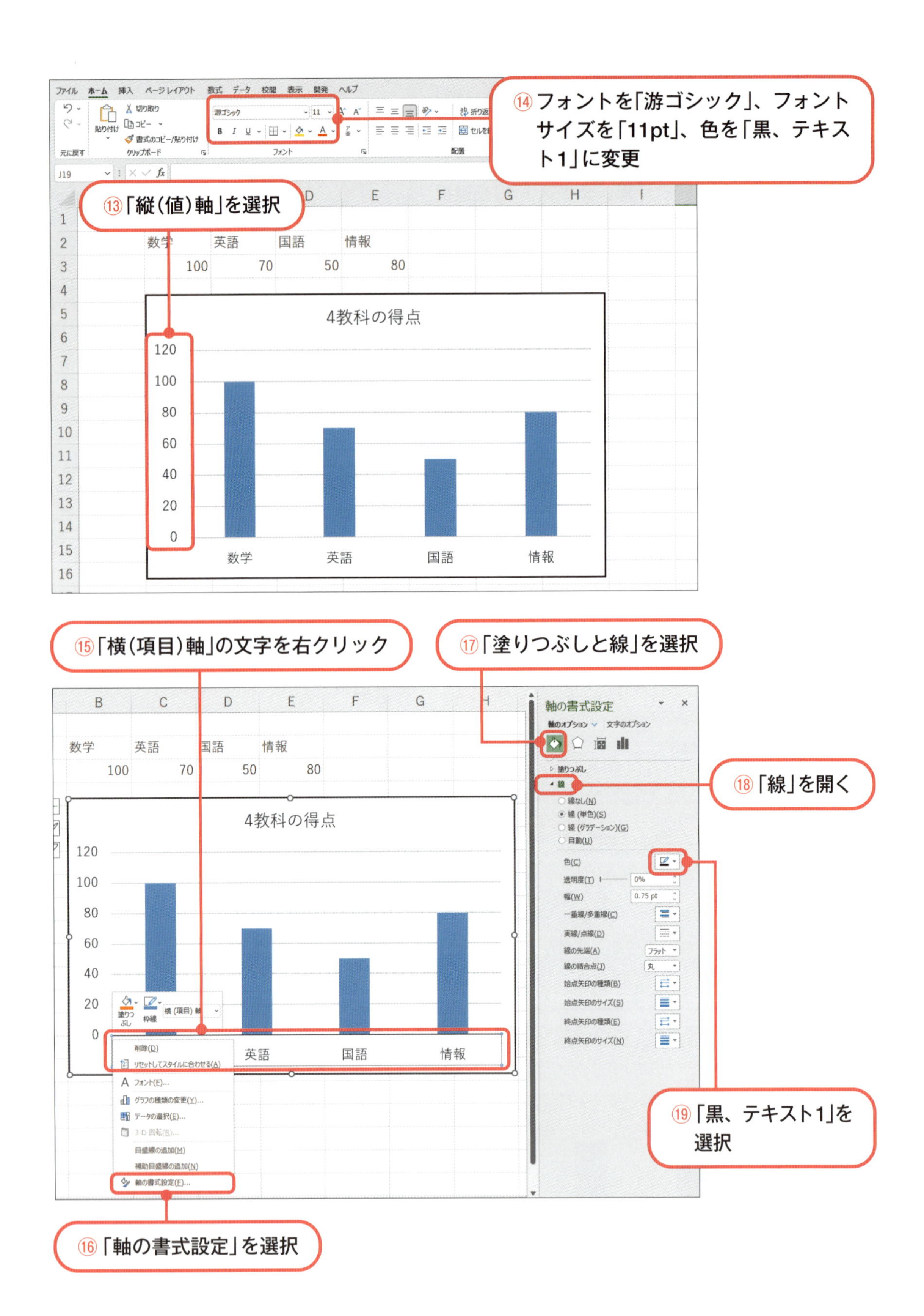

⑬「縦(値)軸」を選択
⑭フォントを「游ゴシック」、フォントサイズを「11pt」、色を「黒、テキスト1」に変更
4教科の得点
数学
英語
国語
情報
⑮「横(項目)軸」の文字を右クリック
⑯「軸の書式設定」を選択
⑰「塗りつぶしと線」を選択
⑱「線」を開く
⑲「黒、テキスト1」を選択
軸の書式設定

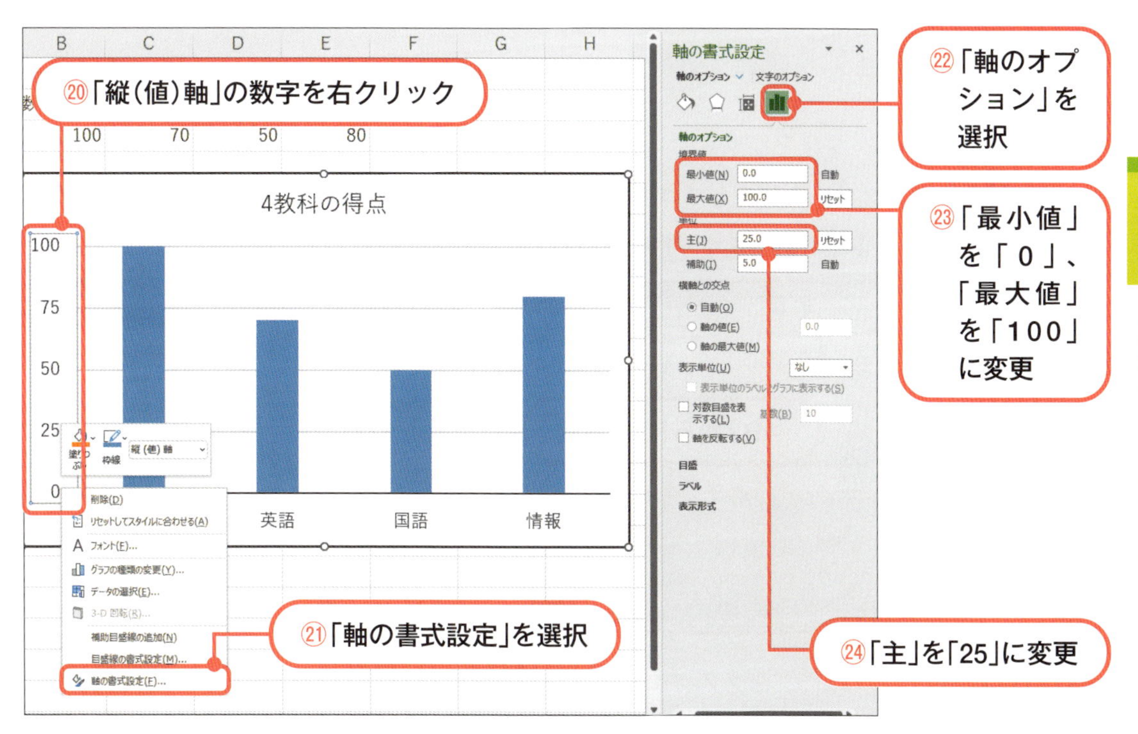

2-1-5 グラフの作成2

3名の4教科の得点グラフを作成し、Excelでグラフを作成する基本的な方法を学習しましょう。

Step 1 シートの追加

新しくシートを追加し、追加されたシート「Sheet3」の名前を「グラフ2」に変更しましょう。

参考▶ 2-1-4 Step 2 (p.49)

Step 2 データの入力

以下のように、B2からF5にデータを入力しましょう。

	A	B	C	D	E	F	G	H
1								
2			数学	英語	国語	情報		
3		山田太郎	80	50	60	70		
4		山田花子	90	80	70	60		
5		山田次郎	60	80	70	80		

Step 3 グラフの作成

まず、どのようなグラフを作成したいのかをイメージしましょう。今回であれば、3名の学生の4教科の得点のグラフを作成します。そのため、3人の名前、4教科の名称と得点を選択してグラフを作成する必要があります（手順①）。

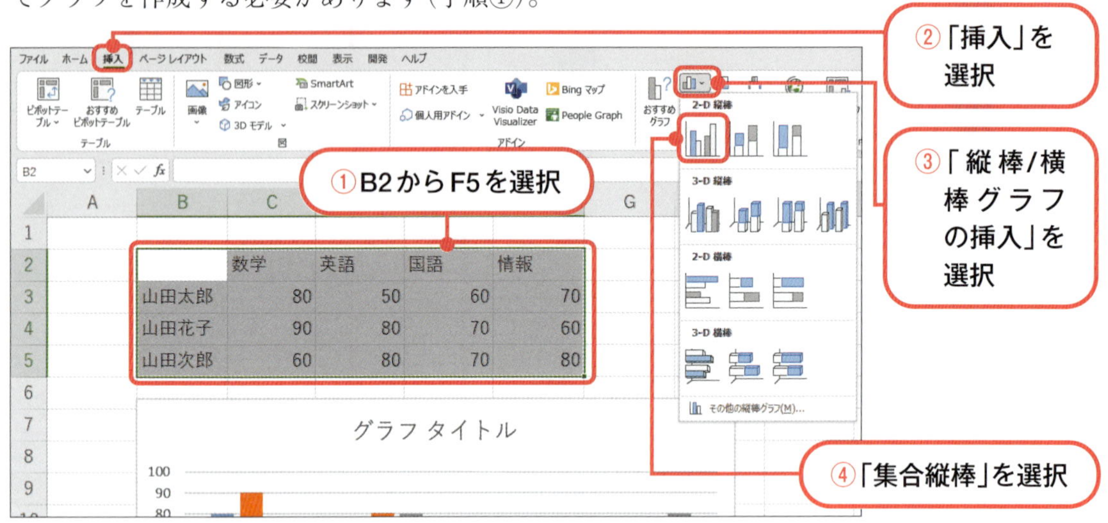

Step 4 グラフの編集

2-1-4 Step 5（p.50 ～ p.53）と同様に、グラフの編集をしましょう。

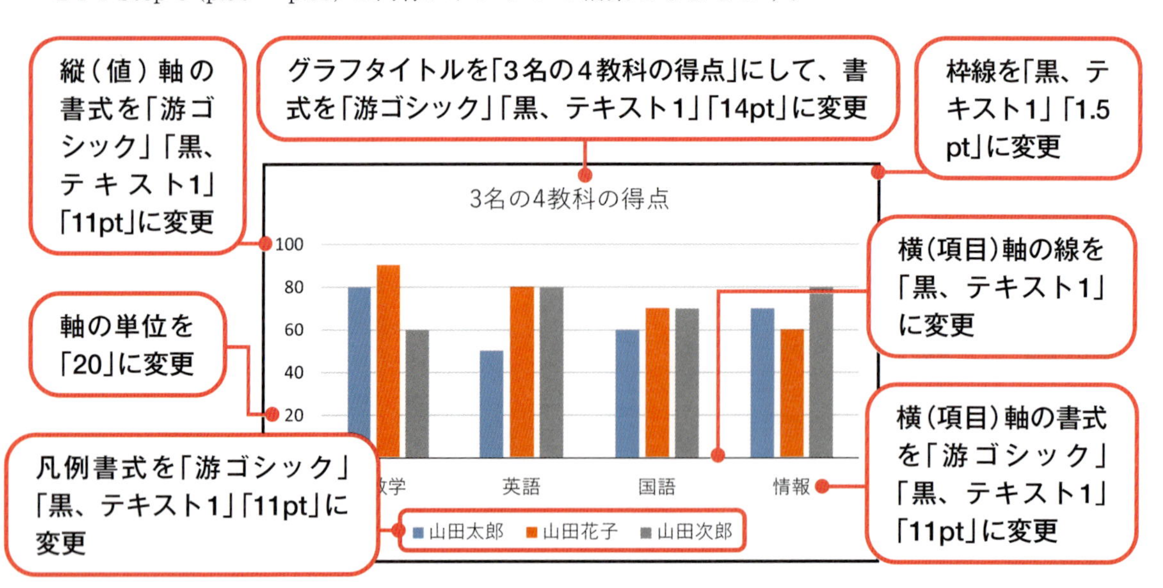

注意　Excelのバージョンによっては、グラフの色が異なります。

2-2 時系列データの可視化

時系列データとは、一定の時間毎に記録されたデータのことです。右図は1か月毎に記録された気温の時系列データです。時系列データは、折れ線グラフを用いて可視化すると変化が見やすくなります。本節では、右図のように時系列データを可視化する方法を学習します。気象庁のWebサイトからデータを収集し、データを整理してグラフを作成してみましょう。

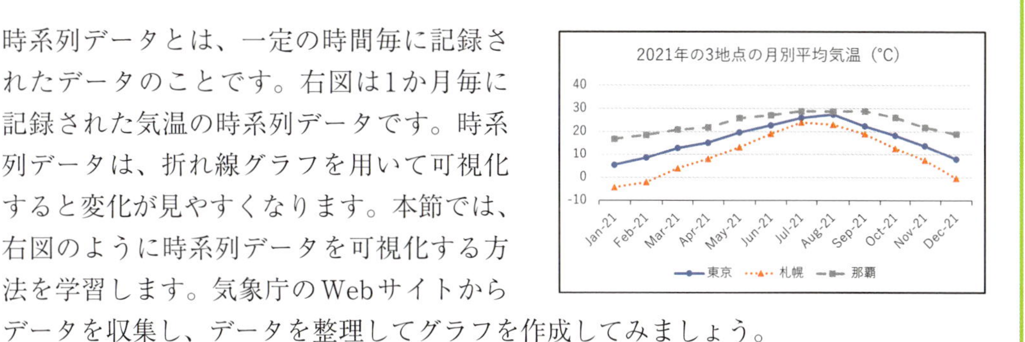

2-2-1 データのダウンロード

Step 1 気象庁のWebサイトにアクセス

Microsoft Edgeを起動し、気象庁のWebサイト「https://www.jma.go.jp」にアクセスしましょう。

GoogleやMicrosoft Bing等の検索エンジンを使って、このサイトを探しましょう。

Step 2 使用するデータをダウンロード

気象庁のWebサイトから、2021年の東京・札幌・那覇の月別平均気温をダウンロードしましょう。

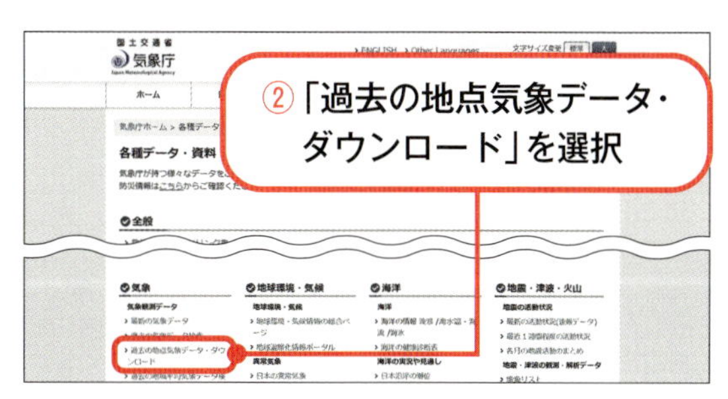

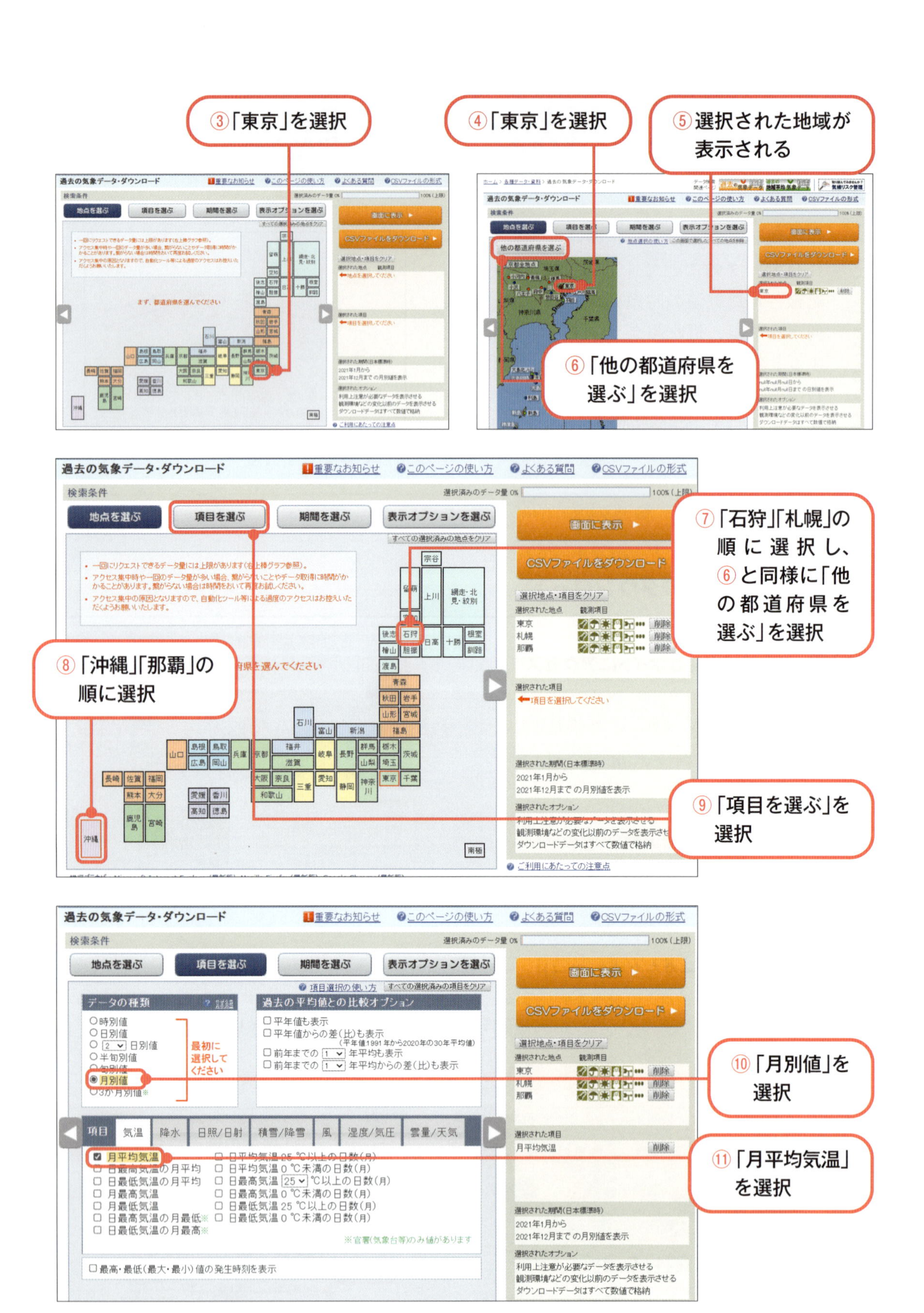
③「東京」を選択
④「東京」を選択
⑤選択された地域が表示される
⑥「他の都道府県を選ぶ」を選択
⑦「石狩」「札幌」の順に選択し、⑥と同様に「他の都道府県を選ぶ」を選択
⑧「沖縄」「那覇」の順に選択
⑨「項目を選ぶ」を選択
⑩「月別値」を選択
⑪「月平均気温」を選択
過去の気象データ・ダウンロード
重要なお知らせ
このページの使い方
よくある質問
CSVファイルの形式
検索条件
地点を選ぶ
項目を選ぶ
期間を選ぶ
表示オプションを選ぶ
画面に表示
CSVファイルをダウンロード
選択地点・項目をクリア
選択された地点
東京
札幌
那覇
選択された項目
項目を選択してください
選択された期間(日本標準時)
2021年1月から
2021年12月まで の月別値を表示
選択されたオプション
利用上注意が必要なデータを表示させる
観測環境などの変化以前のデータを表示させる
ダウンロードデータはすべて数値で格納
ご利用にあたっての注意点
データの種類
時別値
日別値
半旬別値
月別値
3か月別値
最初に選択してください
過去の平均値との比較オプション
平年値も表示
平年値からの差(比)も表示
前年までの 1 年平均も表示
前年までの 1 年平均からの差(比)も表示
項目
気温
降水
日照/日射
積雪/降雪
風
湿度/気圧
雲量/天気
月平均気温
日最高気温の月平均
日最低気温の月平均
月最高気温
月最低気温
日最高気温の月最低
日最低気温の月最高
日平均気温 25 ℃以上の日数(月)
日平均気温 0 ℃未満の日数(月)
日最高気温 25 ℃以上の日数(月)
日最高気温 0 ℃未満の日数(月)
日最低気温 25 ℃以上の日数(月)
日最低気温 0 ℃未満の日数(月)
※官署(気象台等)のみ値があります
最高・最低(最大・最小)値の発生時刻を表示
月平均気温

「ダウンロード」フォルダーの中にデータ「data.csv」が保存されます。次のページで確認します。

注意 1 異なった地点データ・項目データが入っている場合は、「選択地点・項目をクリア」を選択しましょう（右図）。

注意 2 「ただいまアクセスが集中しています。」と表示されたら、「メニューページに戻る」ボタンを押して、再度、「画面に表示」、「CSVファイルをダウンロード」を選択してください。

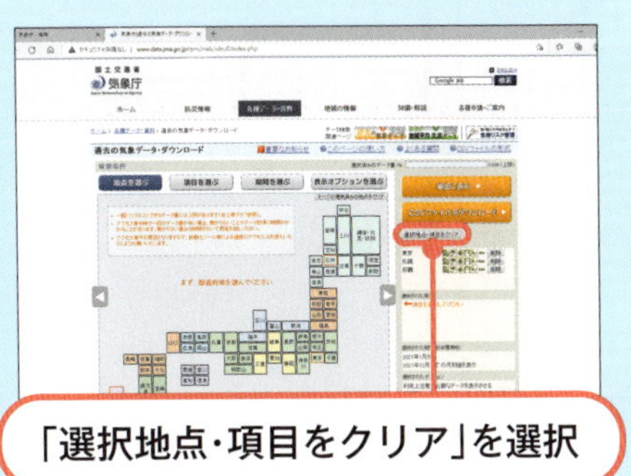

コラム　データを収集して整理する際の注意事項（機械判読可能なデータの作成・表記方法）

データを収集して整理する際は、コンピュータで扱いやすいように、以下のようなルールを守ることが重要です。①データは一貫したフォーマット（CSVやExcel等）で保存し、誰でも同じ方法で利用できるようにします。②データは「1セルに1つの情報」を入力します。例えば、成績表の場合、「名前」と「点数」を別々のセルに入力します。③数値データは文字を含まず、数字だけにします。例えば、100円は「100」と入力します。④セルの結合やスペース、改行で見た目を整えないようにします。

2-2-2 作業用フォルダーの作成とファイルの準備

Step 1 作業用フォルダーの作成

本節で学習するファイルを保存するための「2-02」フォルダーを、2-1-1で作成した「データサイエンス」フォルダーの中に作成しましょう。

参考▶ 2-1-1 Step 2 (p.39 ~ p.40)

Step 2 ダウンロードしたファイルの移動

2-2-1のStep 2でダウンロードした「data.csv」ファイルを、「ダウンロード」フォルダーから「2-02」フォルダーに移動しましょう。

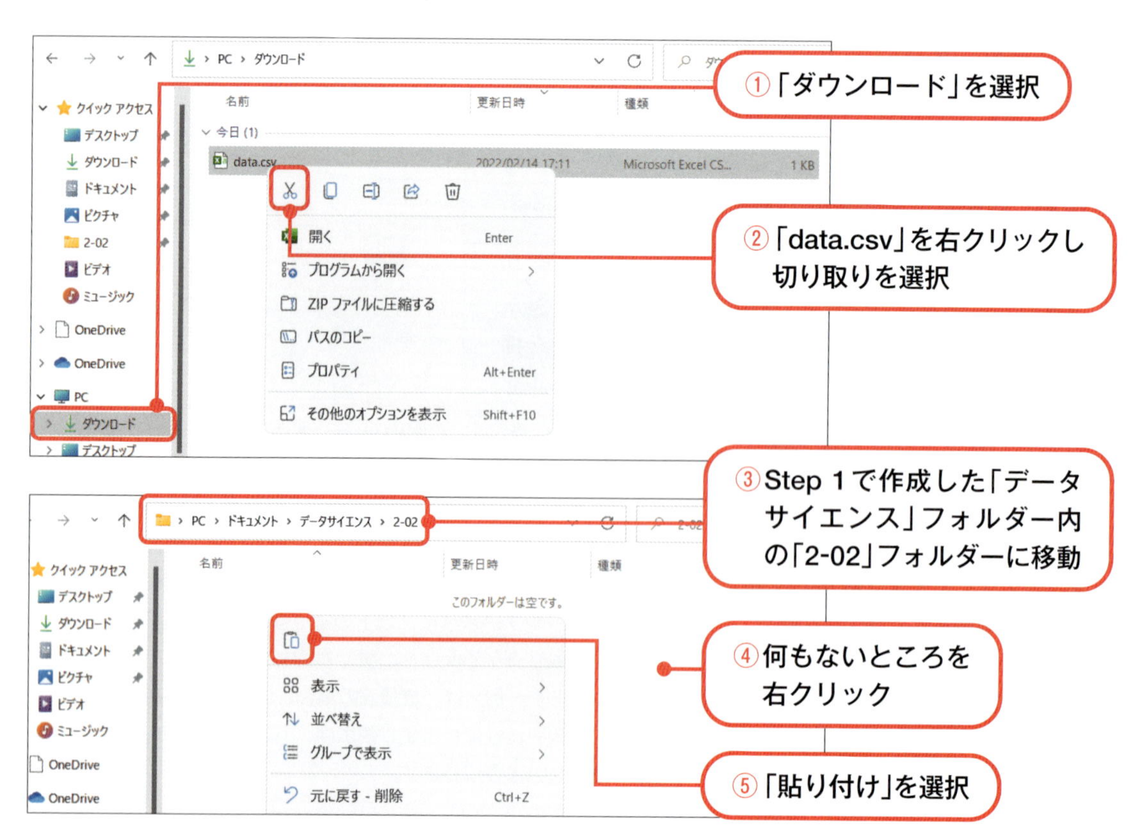

Step 3 ファイル名の変更

「data.csv」ファイルのファイル名を「3地点2021月別.csv」に変更しましょう。

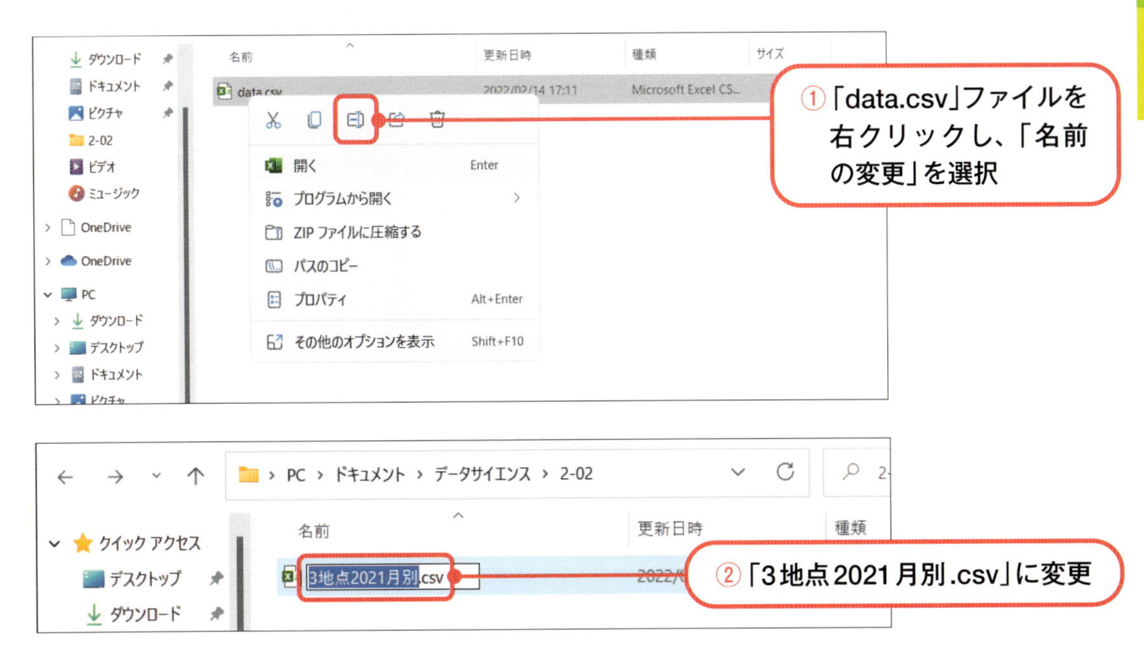

Step 4 CSVファイルをExcelブックファイルに変換

「3地点2021月別.csv」ファイルをExcelブックファイル形式に変換し、「2-02.xlsx」というファイル名で保存しましょう。

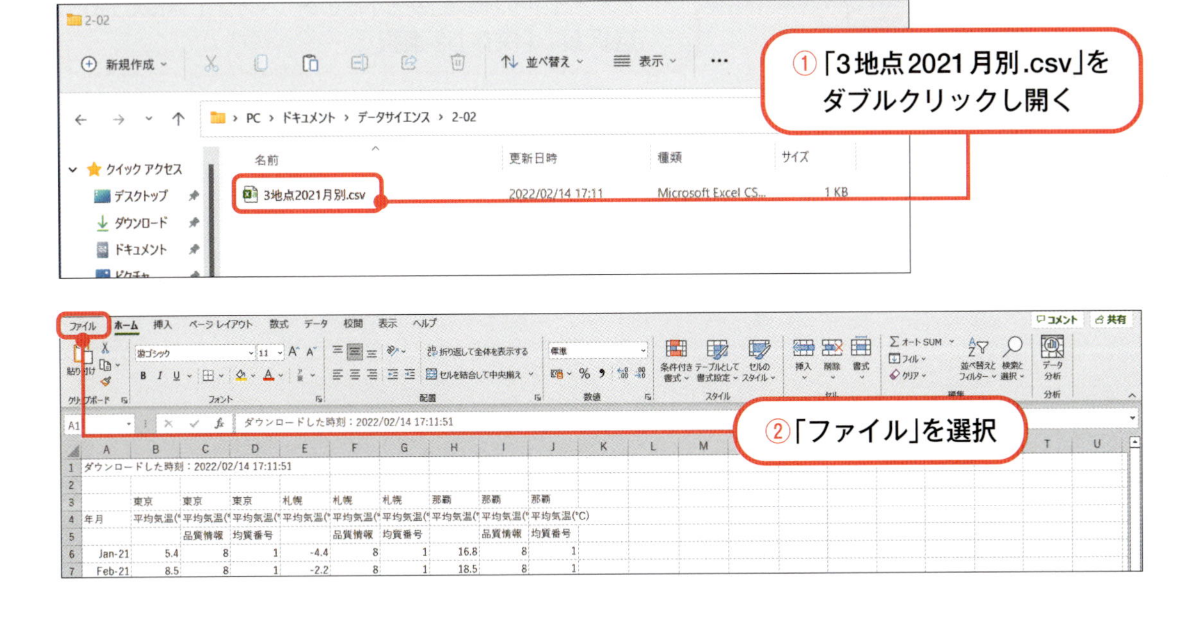

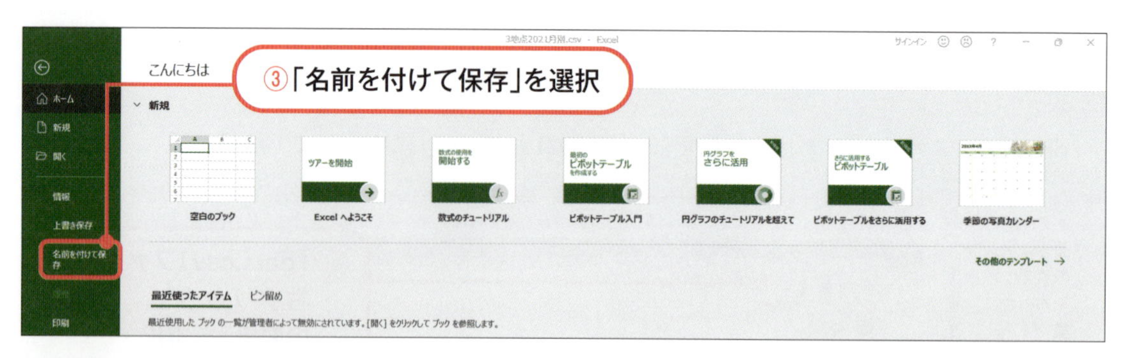

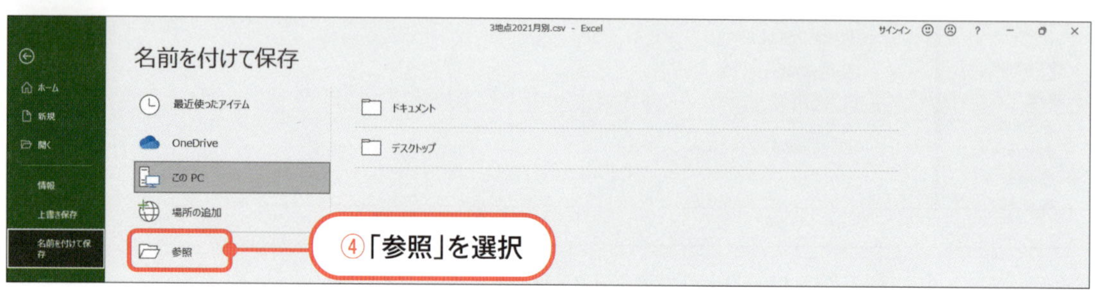

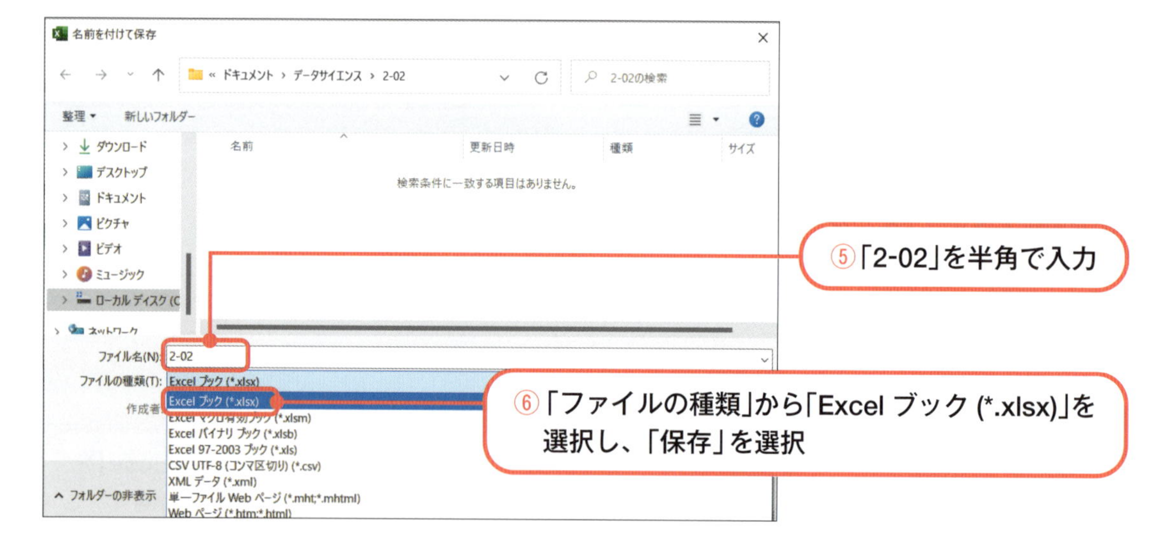

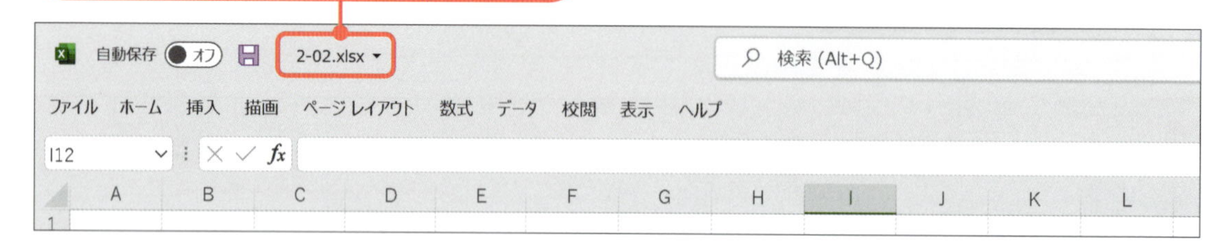

CSVファイルは値のみを保存するファイル形式なので、グラフ等も保存することができるExcelブックファイル形式に変換しました。

2-2-3 グラフの作成

2021年東京の月別平均気温のデータを用いて、グラフを作成し可視化しましょう。

Step 1 データクリーニング

「2-02.xlsx」ファイルを開き、2021年東京の月別平均気温のグラフを作成するのに必要のない行や列を削除しましょう。

※データクリーニングとは、利用しやすいようにデータを整理することです。

①C列からJ列まで選択し右クリック

②「削除」を選択

	A	B	C	D	E	F	G	H	I	J
1	ダウンロードした時刻：2022/02/15 10:03:21									
2										
3		東京	東京	東京	札幌	札幌	札幌	那覇	那覇	那覇
4	年月	平均気温(	平均気温(	平均気温(	平均気温(	平均気温(	平均気温(	平均気温(	平均気温(	平均
5			品質情報	均質番号		品質情報	均質番号		品質情報	均質
6	Jan-21	5.4	8	1	-4.4	8	1	16.8	8	
7	Feb-21	8.5	8	1	-2.2	8	1	18.5	8	
8	Mar-21	12.8	8	1	3.8	8	1	20.8	8	
9	Apr-21	15.1	8	1	7.9	8	1	21.7	8	
10	May-21	19.6	8	1	13.1	8	1	25.8	8	
11	Jun-21	22.7	8	1	18.9	8	1	27.1	8	
12	Jul-21	25.9	8	1	23.9	8	1	28.8	8	1
13	Aug-21	27.4	8	1	22.9	8	1	28.7	8	1
14	Sep-21	22.3	8	1	18.8	8	1	28.8	8	1
15	Oct-21	18.2	8	1	12.5	8	1	26	8	1
16	Nov-21	13.7	8	1	7.3	8	1	21.8	8	1

切り取り(T)
コピー(C)
貼り付けのオプション：
形式を選択して貼り付け(S)...
挿入(I)
削除(D)
数式と値のクリア(N)
セルの書式設定(F)...
列の幅(W)...
非表示(H)
再表示(U)

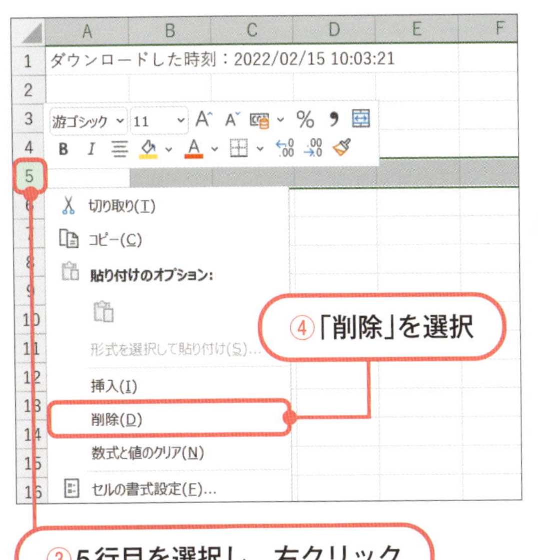

	A	B	C	D	E	F
1	ダウンロードした時刻：2022/02/15 10:03:21					
2						
3		東京				
4	年月	平均気温(℃)				
5	Jan-21	5.4				
6	Feb-21	8.5				
7	Mar-21	12.8				
8	Apr-21	15.1				
9	May-21	19.6				
10	Jun-21	22.7				
11	Jul-21	25.9				
12	Aug-21	27.4				
13	Sep-21	22.3				
14	Oct-21	18.2				
15	Nov-21	13.7				
16	Dec-21	7.9				

Step 2 表のタイトルの入力

表のタイトルを入力しましょう。

Step 3 グラフの作成

2021年の東京の月別平均気温のグラフを作成し、グラフのタイトルとして、「2021年の東京の月別平均気温（℃）」と入力しましょう。

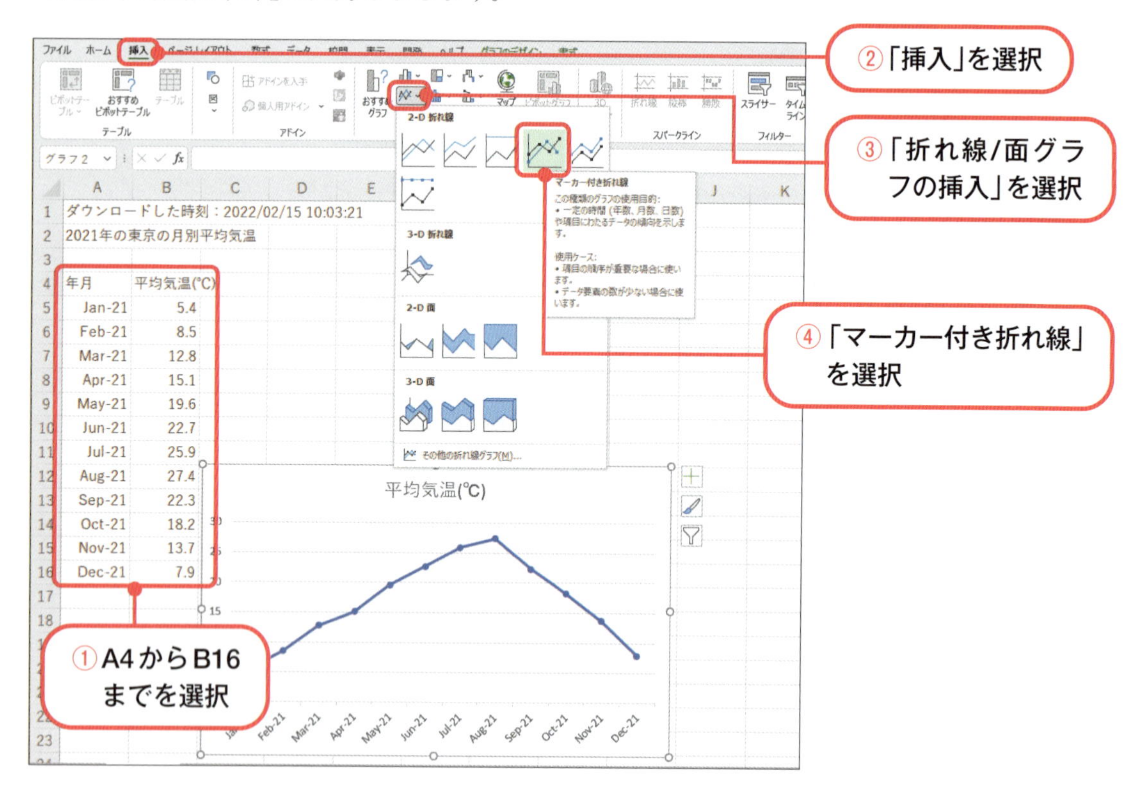

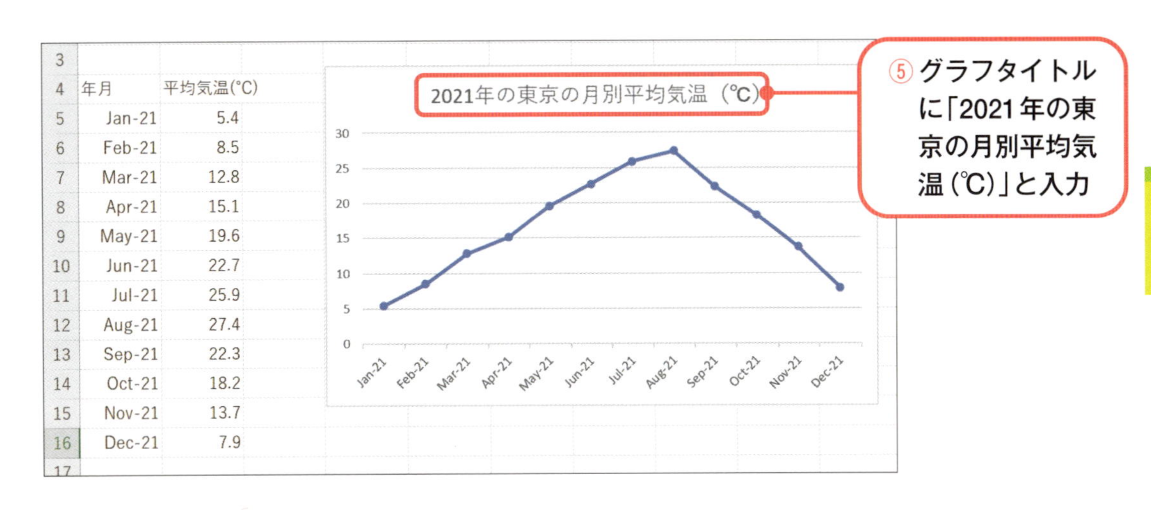

2-2-4 グラフの編集１

グラフを作成して可視化するのは、データの特徴を分かりやすく見せるためです。グラフを作成したら、誰にでも分かりやすいグラフに編集しましょう。

Step 1 グラフの枠線の変更

グラフの枠線を黒の1.5ptに設定しましょう。

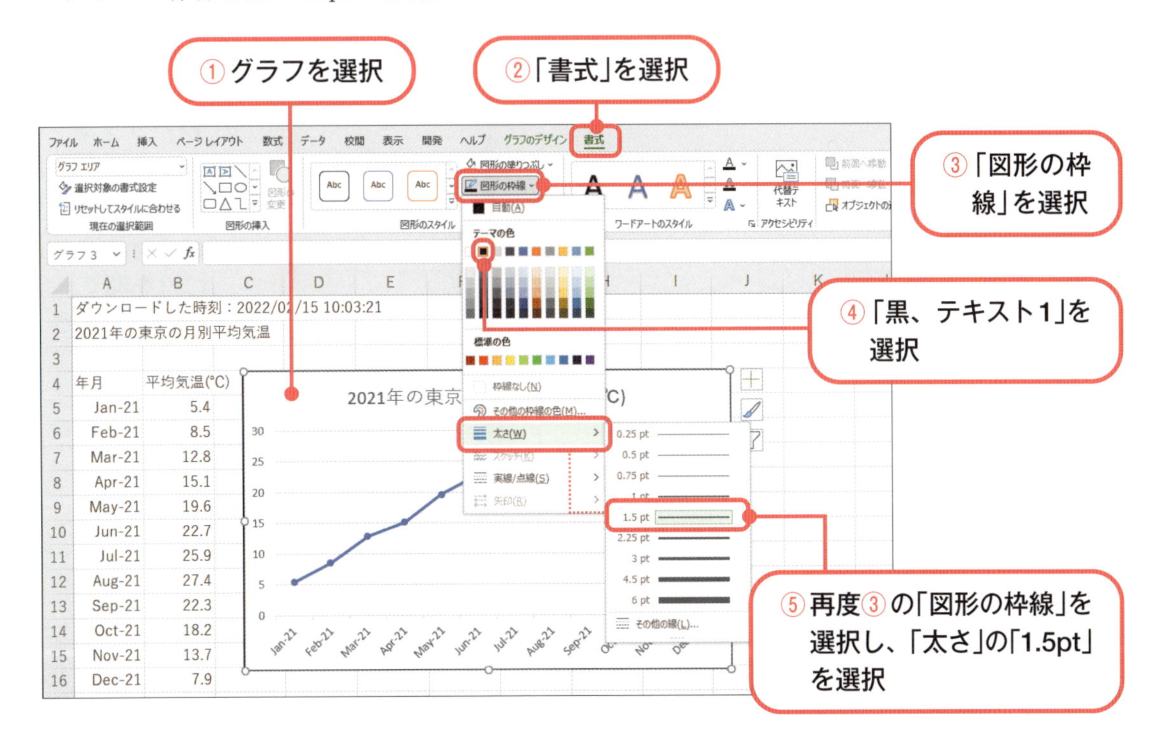

Step 2 フォントサイズとフォントの色の変更

フォントサイズ・フォントの色を変更しましょう。

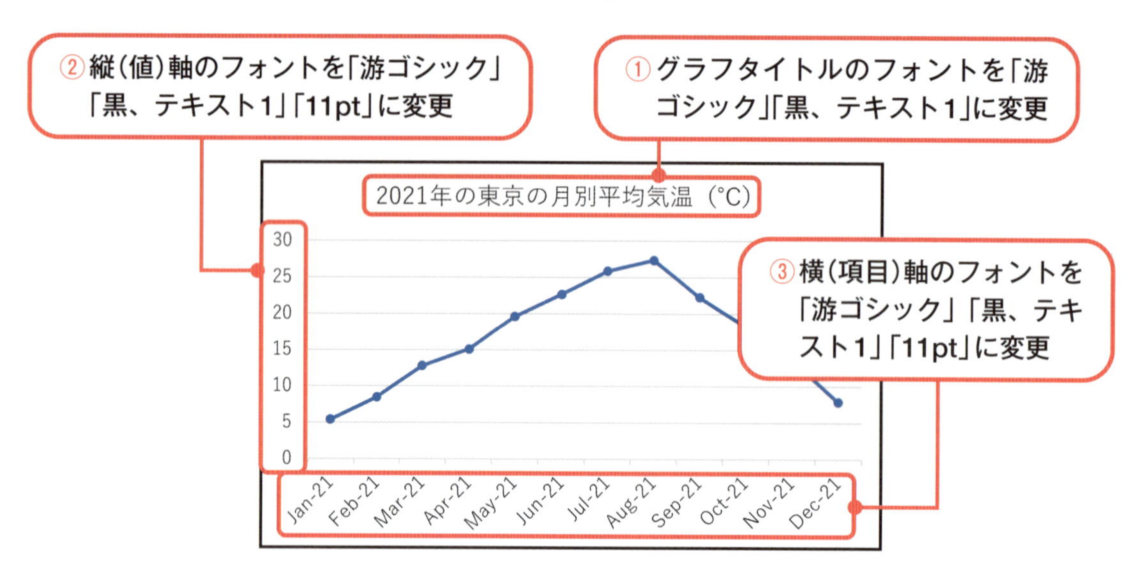

Step 3 縦（値）軸の目盛の表示を変更

縦(値)軸の値が「0, 5, 10, …, 30」となっていますが、「0, 10, 20, 30」という表示にしましょう。

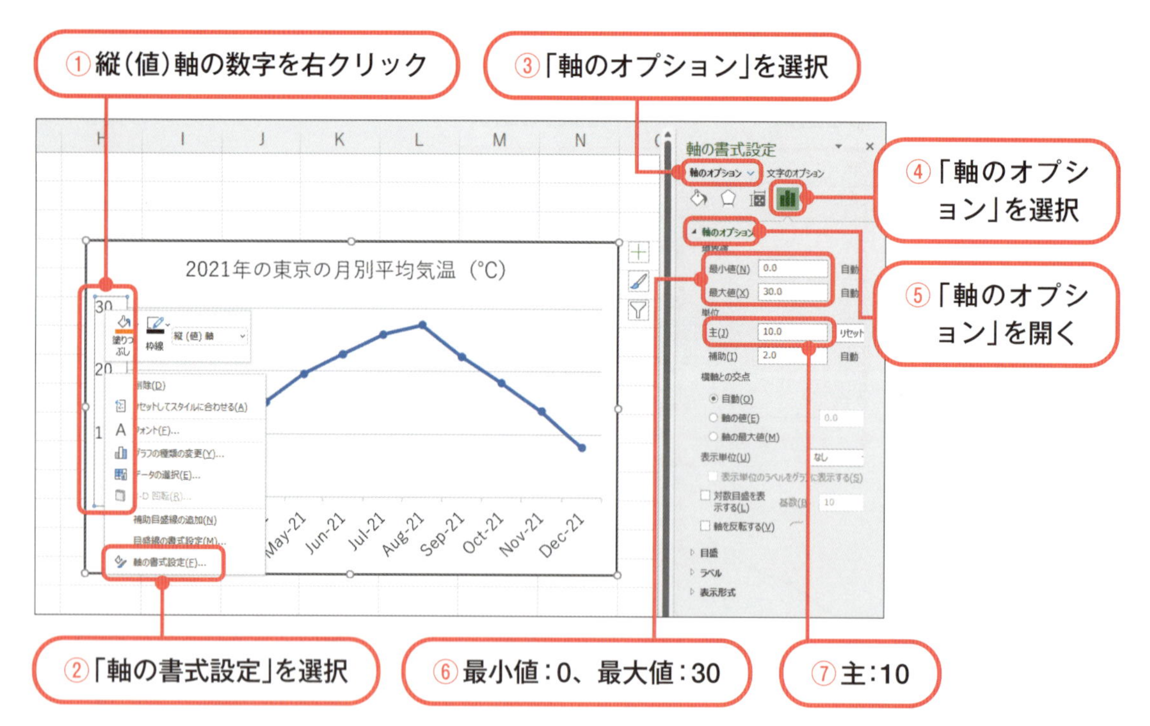

Step 4 横（項目）軸の線の色を変更

横（項目）軸の線の色を黒にして見やすくしましょう。

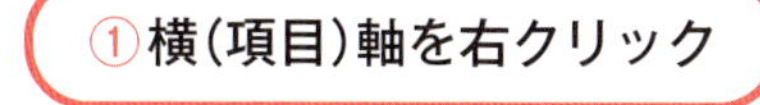

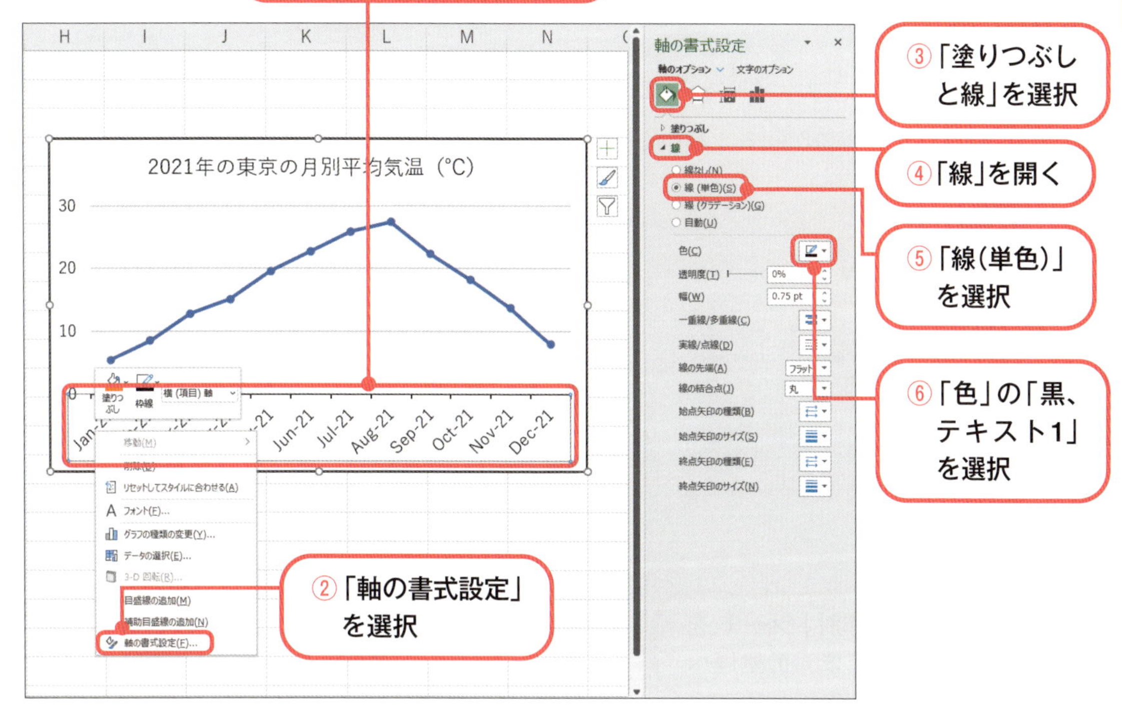

2-2-5 シート名の変更とシートの追加

Step 1 シート名の変更

シート名を「3地点2021月別」から、「東京2021月別」に変更しましょう。

参考▶ 2-1-4 Step 1 (p.49)

Step 2 シートの追加

「東京2021月別」シートの右に、「3地点2021月別.csv」ファイルの「3地点2021月別」シートを追加しましょう。

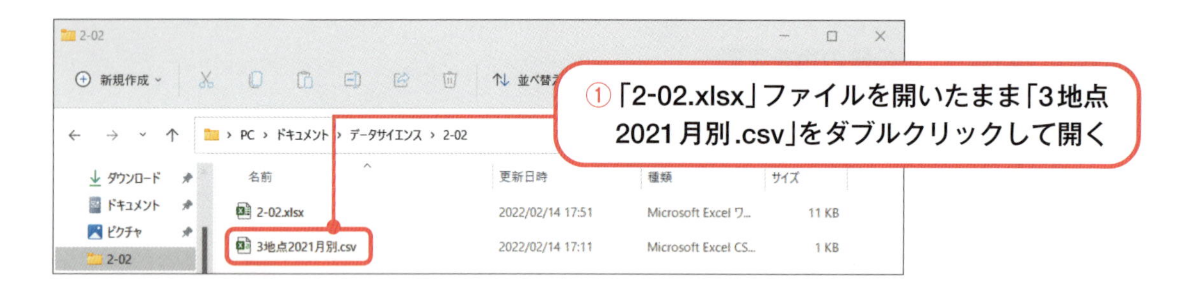

「3地点2021月別.csv」ファイルを左に、「2-02.xlsx」ファイルを右に並べて表示し、「3地点2021月別.csv」ファイルのシートを移動し、「2-02.xlsx」ファイルの「東京2021月別」シートの右側に追加しましょう。

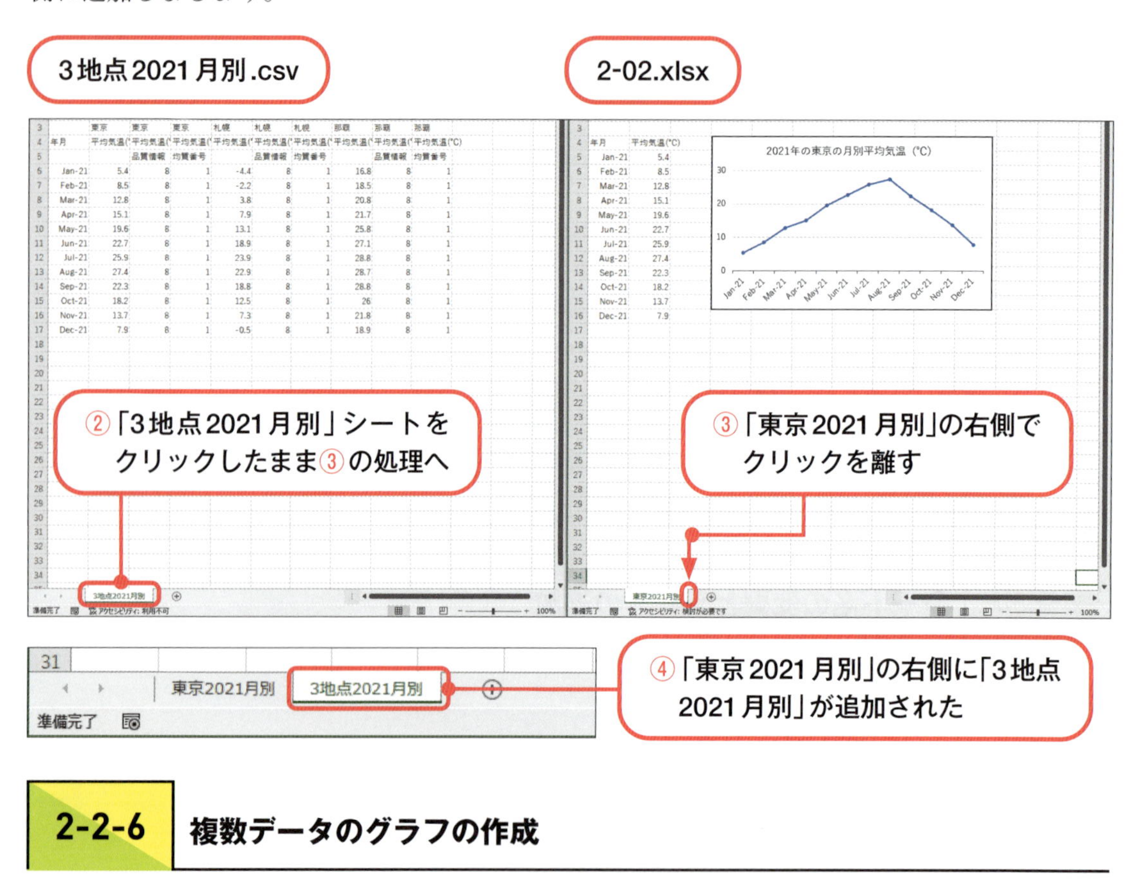

2-2-6 複数データのグラフの作成

2021年の3地点の月別平均気温のグラフを作成して可視化しましょう。

Step 1 データクリーニング

「3地点2021月別」シートの、2021年の3地点の月別平均気温のグラフを作成するために必要のない行や列を削除しましょう。

①3地点の品質情報、均質番号(C列とD列、F列とG列、I列とJ列)の列を削除し、さらに5行目を削除

②それぞれの平均気温だけのデータになる

	A	B	C	D	E	F	G	H	I	J
1	ダウンロードした時刻：2022/02/15 10:03:21									
2										
3		東京	東京	東京	札幌	札幌	札幌	那覇	那覇	那覇
4	年月	平均気温(	平均気温(	平均気温	平均気温(	平均気温(	平均気温(	平均気温(	平均気温(	平均気温(℃)
5			品質情報	均質番号		品質情報	均質番号		品質情報	均質番号
6	Jan-21	5.4	8	1	-4.4	8	1	16.8	8	1
7	Feb-21	8.5	8	1	-2.2	8	1	18.5	8	1
8	Mar-21	12.8	8	1	3.8	8	1	20.8	8	1
9	Apr-21	15.1	8	1	7.9	8	1	21.7	8	1
10	May-21	19.6	8	1	13.1	8	1	25.8	8	1
11	Jun-21	22.7	8	1	18.9	8	1	27.1	8	1
12	Jul-21	25.9	8	1	23.9	8	1	28.8	8	1
13	Aug-21	27.4	8	1	22.9	8	1	28.7	8	1
14	Sep-21	22.3	8	1	18.8	8	1	28.8	8	1
15	Oct-21	18.2	8	1	12.5	8	1	26	8	1
16	Nov-21	13.7	8	1	7.3	8	1	21.8	8	1
17	Dec-21	7.9	8	1	-0.5	8	1	18.9	8	1

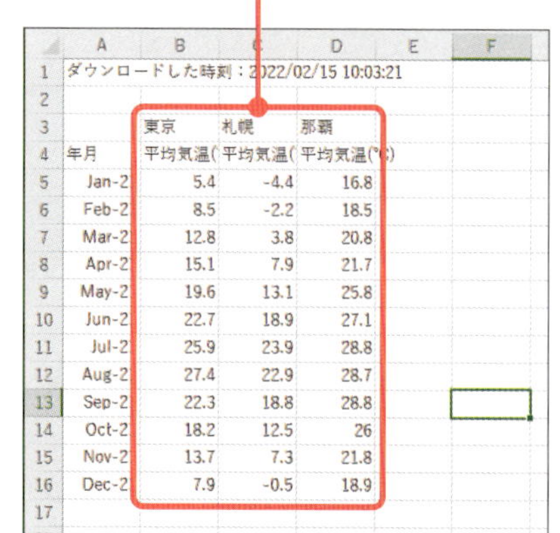

	A	B	C	D
1	ダウンロードした時刻：2022/02/15 10:03:21			
2				
3		東京	札幌	那覇
4	年月	平均気温(	平均気温(	平均気温(℃)
5	Jan-2	5.4	-4.4	16.8
6	Feb-2	8.5	-2.2	18.5
7	Mar-2	12.8	3.8	20.8
8	Apr-2	15.1	7.9	21.7
9	May-2	19.6	13.1	25.8
10	Jun-2	22.7	18.9	27.1
11	Jul-2	25.9	23.9	28.8
12	Aug-2	27.4	22.9	28.7
13	Sep-2	22.3	18.8	28.8
14	Oct-2	18.2	12.5	26
15	Nov-2	13.7	7.3	21.8
16	Dec-2	7.9	-0.5	18.9

参考▶ 2-2-3 Step 1 (p.61)

Step 2 表のタイトルと列(フィールド)のタイトルの入力

表のタイトルと表の列(フィールド)のタイトルを入力しましょう。

①A2に「2021年の3地点の月別平均気温」と入力

③B4からD4を選択し、右クリックして「貼り付け」を選択

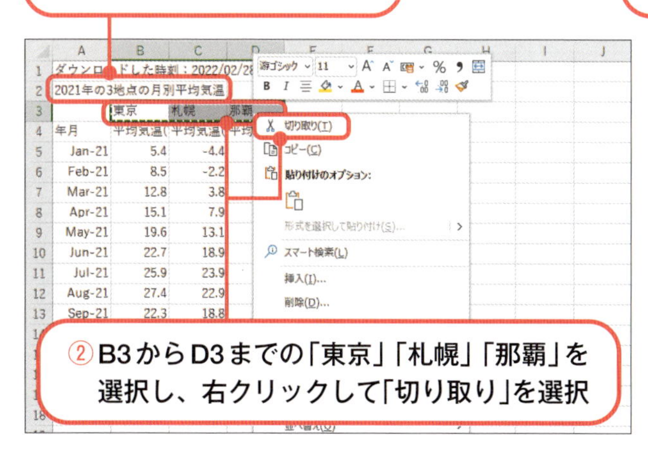

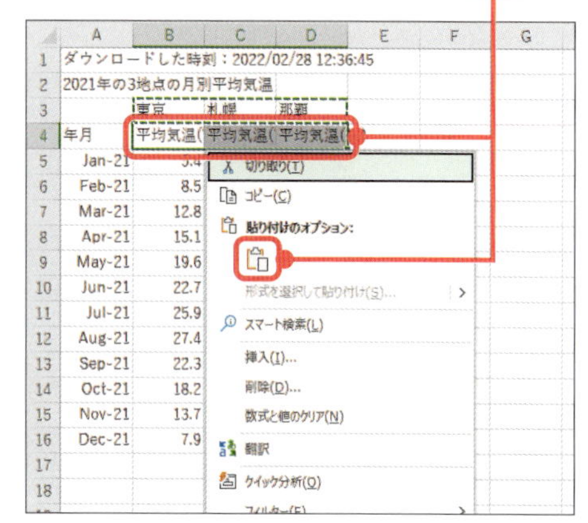

Step 3 グラフの作成

2021年の3地点のグラフを作成し、グラフのタイトルとして「2021年の3地点の月別平均気温(℃)」と入力しましょう。

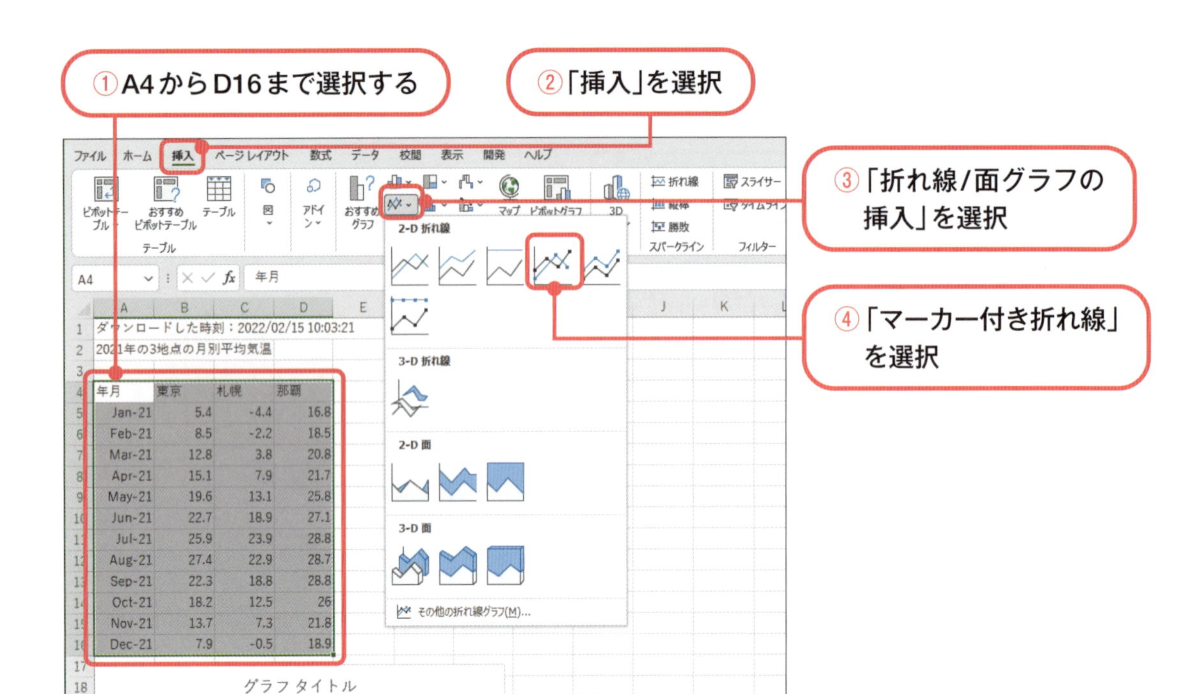

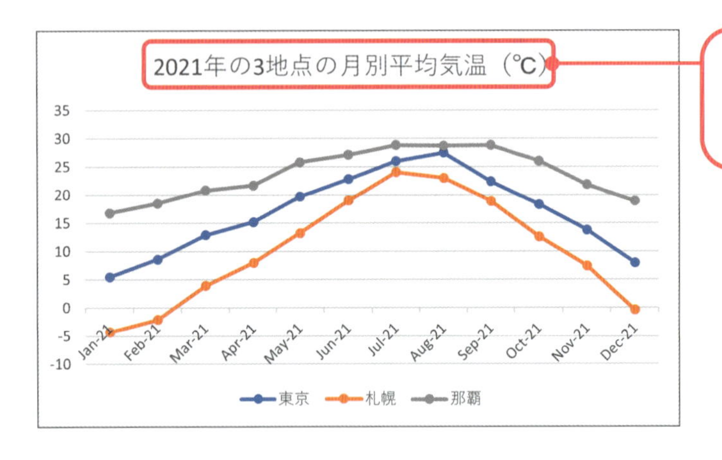

⑤グラフタイトルを「2021年の3地点の月別平均気温(℃)」と入力

注意　Excelのバージョンによっては、グラフの色が異なります。

2-2-7 グラフの編集2

2-2-4と同様に、分かりやすいグラフにするために編集をしましょう。

Step 1 グラフの枠線の変更

グラフの枠線を設定しましょう。

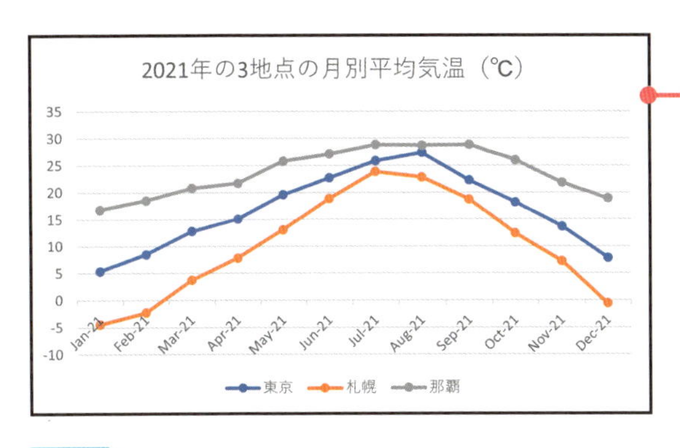

枠線:「黒、テキスト1」「1.5pt」

参考▶ 2-2-4 Step 1（p.63）

Step 2 フォントサイズとフォントの色の変更

右図のように、フォントサイズとフォントの色を設定しましょう。

- グラフタイトル：「游ゴシック」「黒」
- 縦軸書式：「游ゴシック」「黒」「11pt」
- 横軸書式：「游ゴシック」「黒」「11pt」
- 凡例書式：「游ゴシック」「黒」「11pt」

参考▶ 2-2-4 Step 2（p.64）

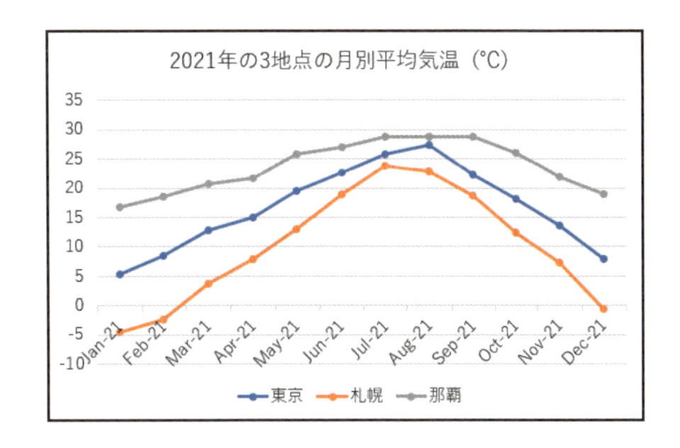

Step 3 縦（値）軸の目盛の表示を変更

縦（値）軸の値が「−10, −5, 0, …, 35」となっていますが、「−10, 0, 10, 20, 30, 40」という表示にしましょう。

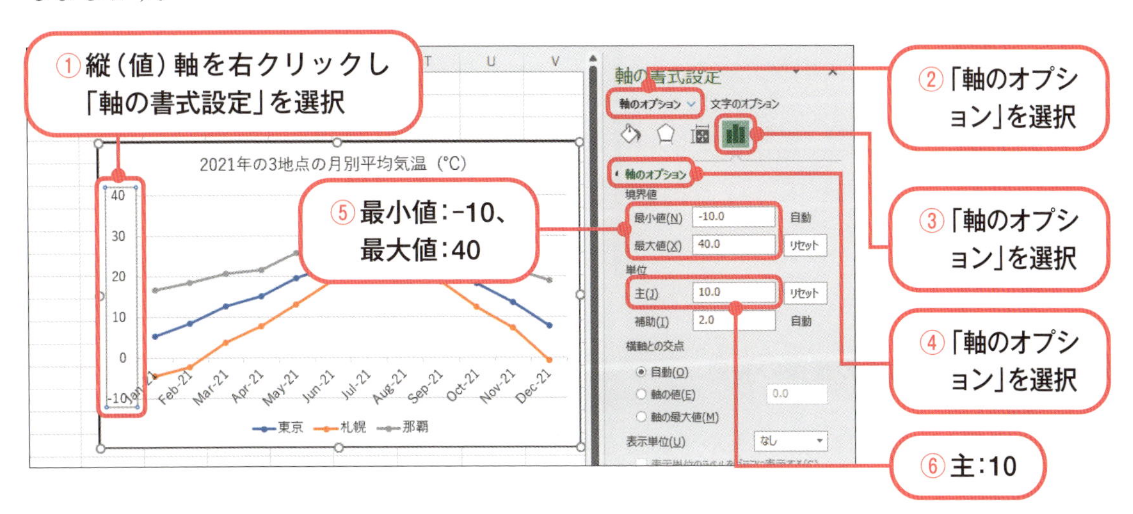

Step 4 横（項目）軸の線の色を変更

横（項目）軸の線の色を黒にして見やすくしましょう。

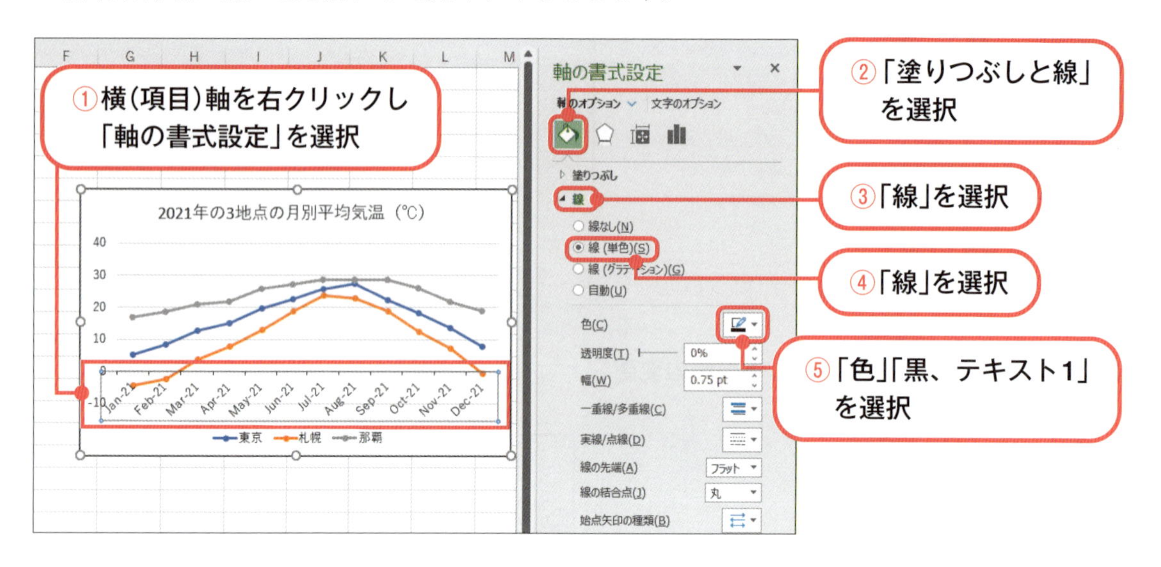

Step 5 横軸との交点の位置を変更

横（項目）軸がグラフと重なっているので、横軸との交点を−10に変更しましょう。

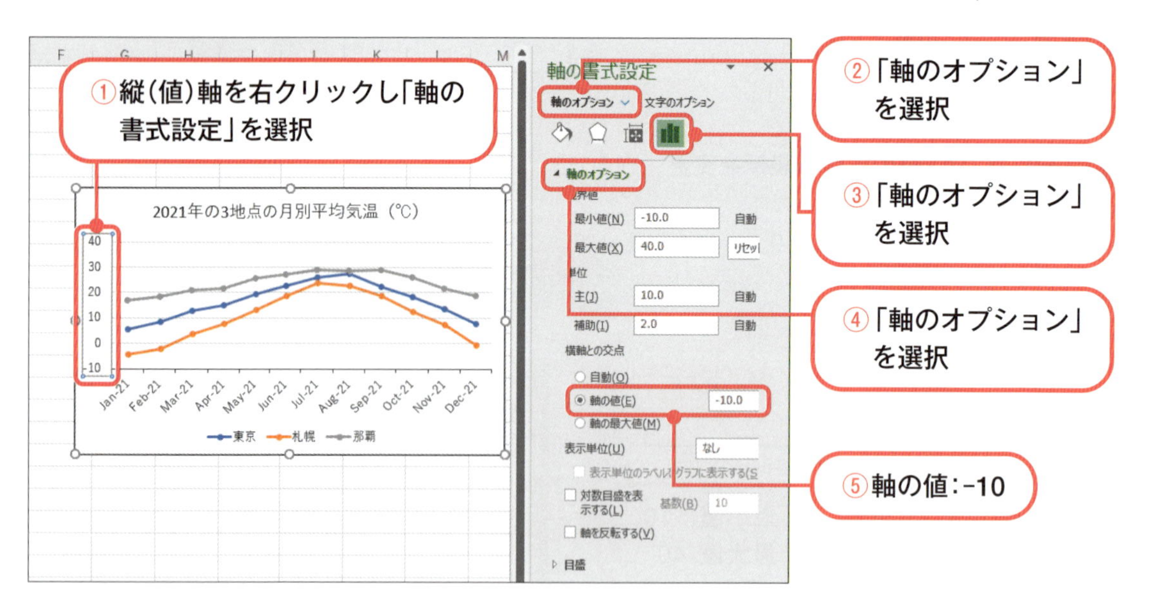

Step 6 マーカーと線の種類の変更

それぞれの折れ線の区別が付きやすいように、マーカーと線の種類を変更してみましょう。

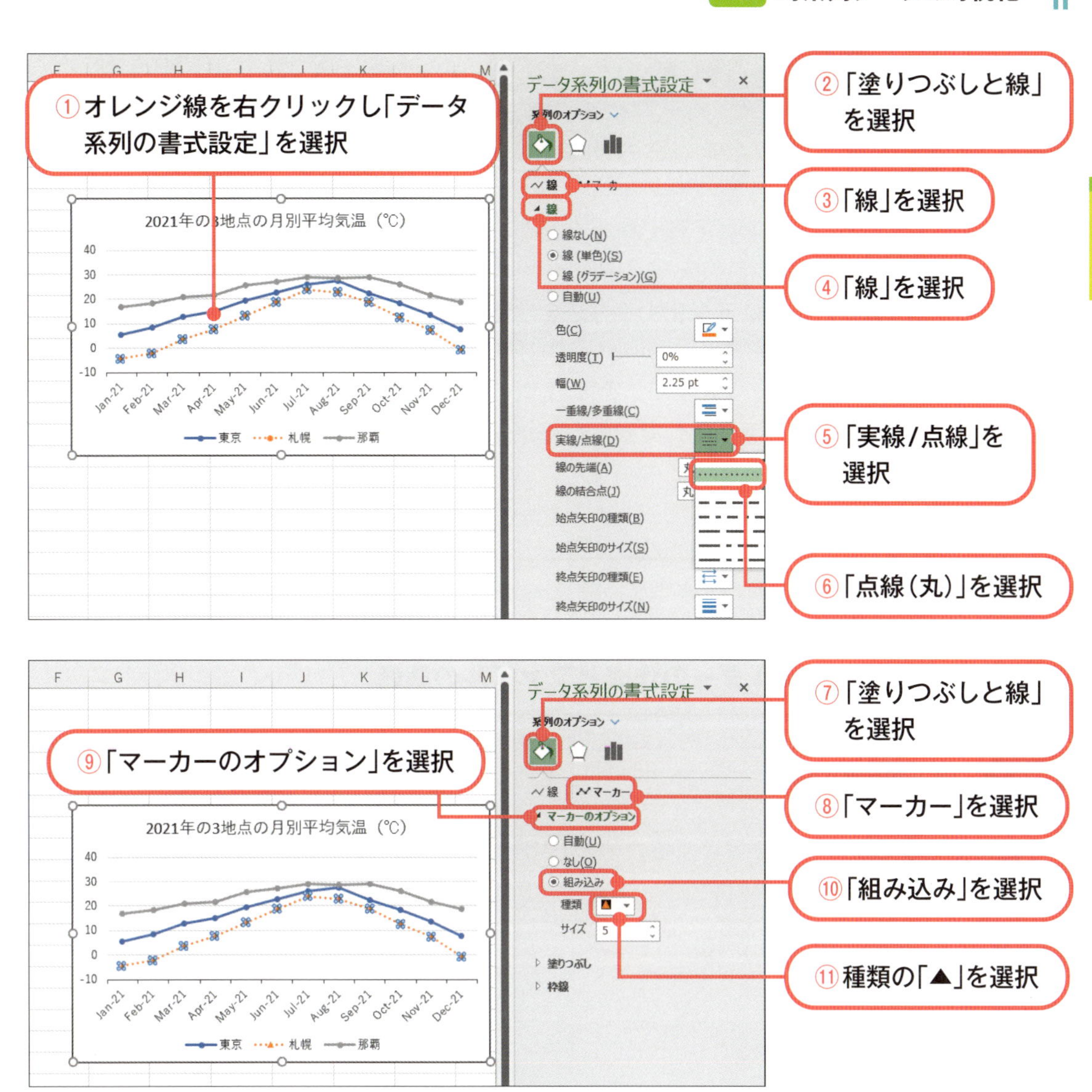

同様に那覇もマーカーと線の種類を変更してみましょう。

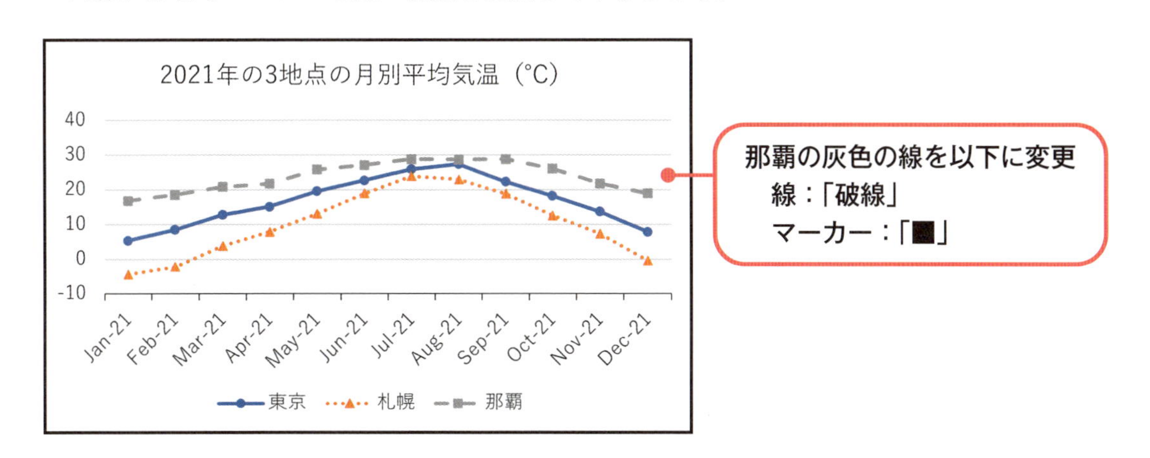

2-3 平均の算出とその可視化

データは平均という基準によって値の高低が明確になります。本節では、Excelを使って平均を算出し、右図のように可視化する方法を学習します。マーカーと呼ばれる青い点が2021年の東京の12個の月別平均気温で、その12個の値の平均を求めて、グラフとして表した線がオレンジ色の線になっています。

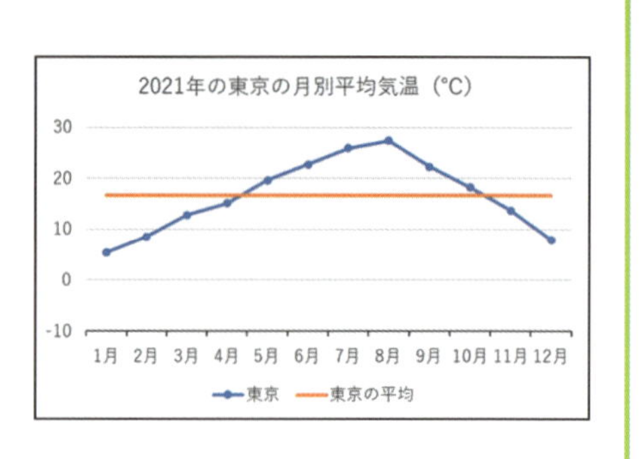

2-3-1 作業用フォルダーの作成とファイルの準備

Step 1 フォルダーの作成

本節で学習するファイルを保存するための「2-03」フォルダーを、2-1-1で作成した「データサイエンス」フォルダーの中に作成しましょう。

参考▶ 2-1-1 Step 2（p.39 ~ p.40）

Step 2 ファイルのコピー

「2-02」フォルダーから「2-03」フォルダーに、「3地点2021月別.csv」ファイルをコピーしましょう。

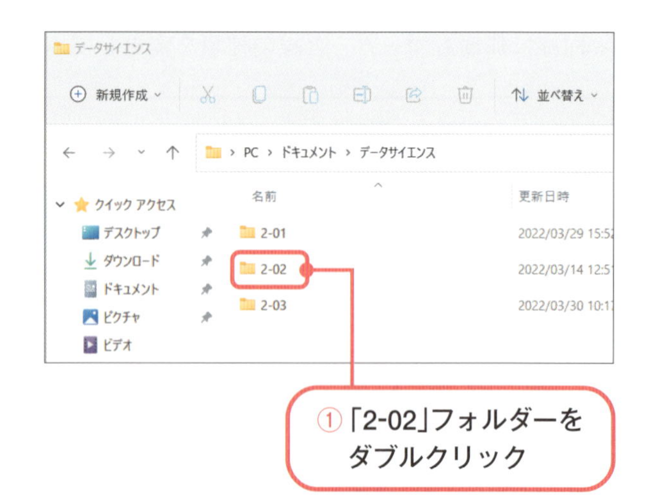

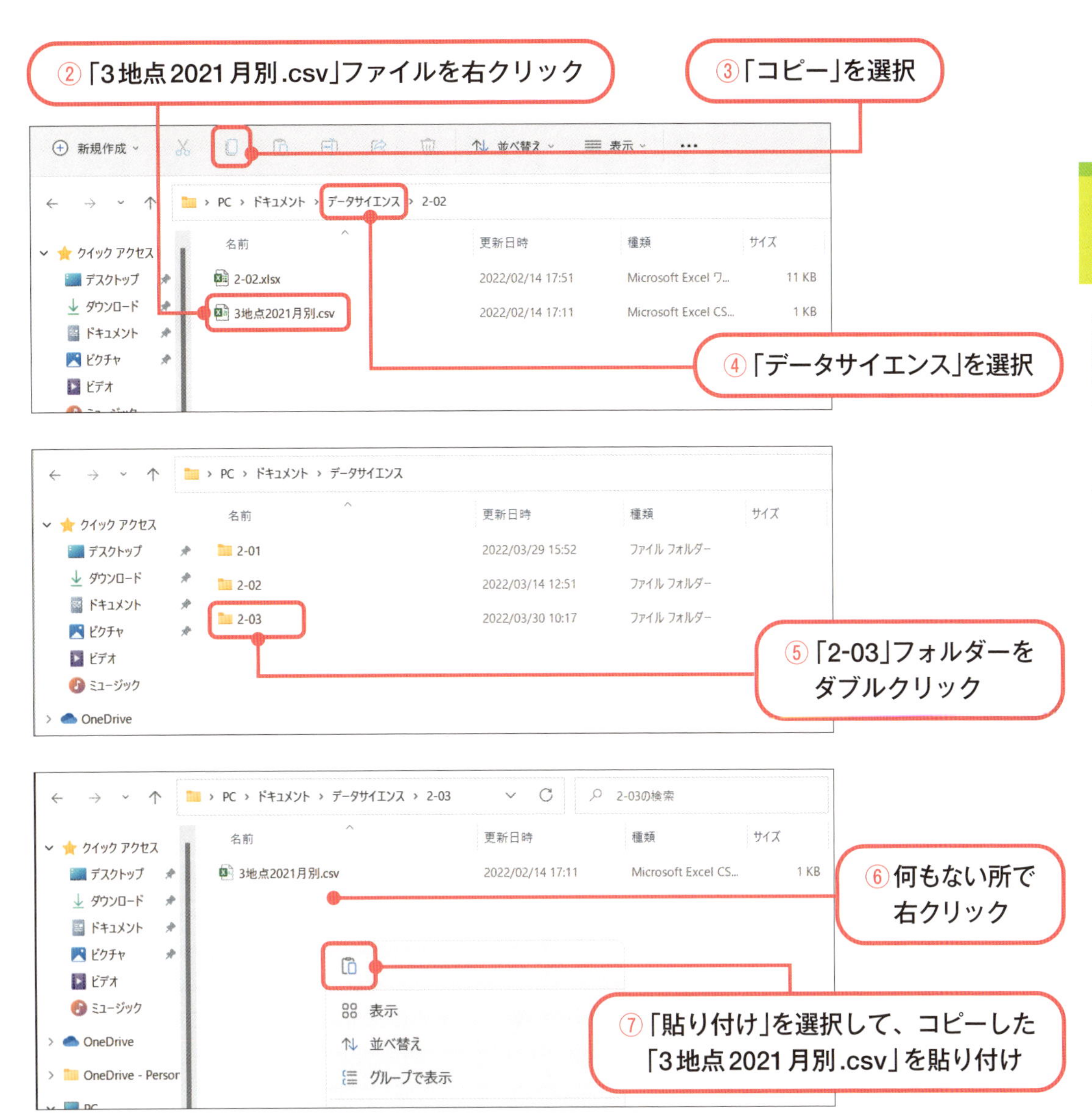

Step 3 ファイル形式の変換

Step 2で作成した「3地点2021月別.csv」のファイル形式をExcelブックファイル形式に変換し、「2-03.xlsx」というファイル名で保存しましょう。

参考▶ 2-2-2 Step 4（p.59 ～ p.60）

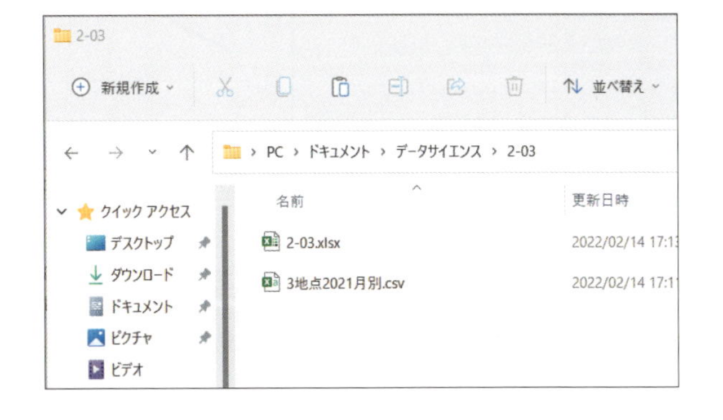

2-3-2 セルの書式設定

Step 1 グラフの作成

「2-03.xlsx」を開き、必要のない行と列を削除し、右図のように2021年の東京の月別平均気温のグラフを作成しましょう。タイトル、フォントサイズ、フォントの色、グラフの枠線、軸の線の色を編集しましょう。

参考▶ 2-2-3 ～ 2-2-4(p.61 ～ p.65)

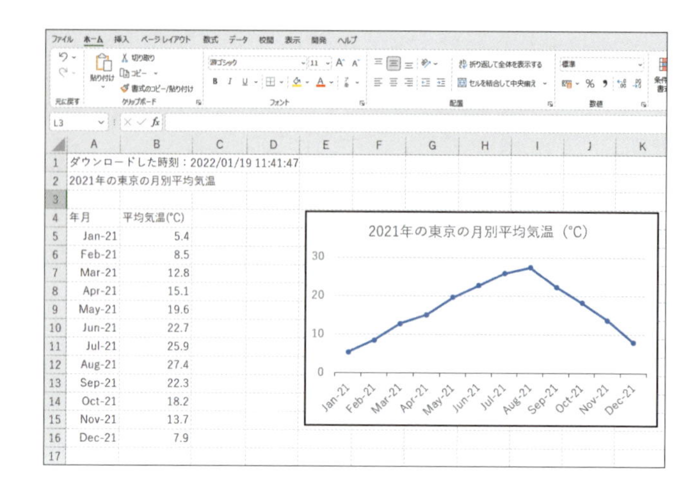

Step 2 セルの書式設定

表の中の年月を「1月」から「12月」の表示に変更し、グラフの中の横（項目）軸の表示も「1月」から「12月」に変わることを確認しましょう。

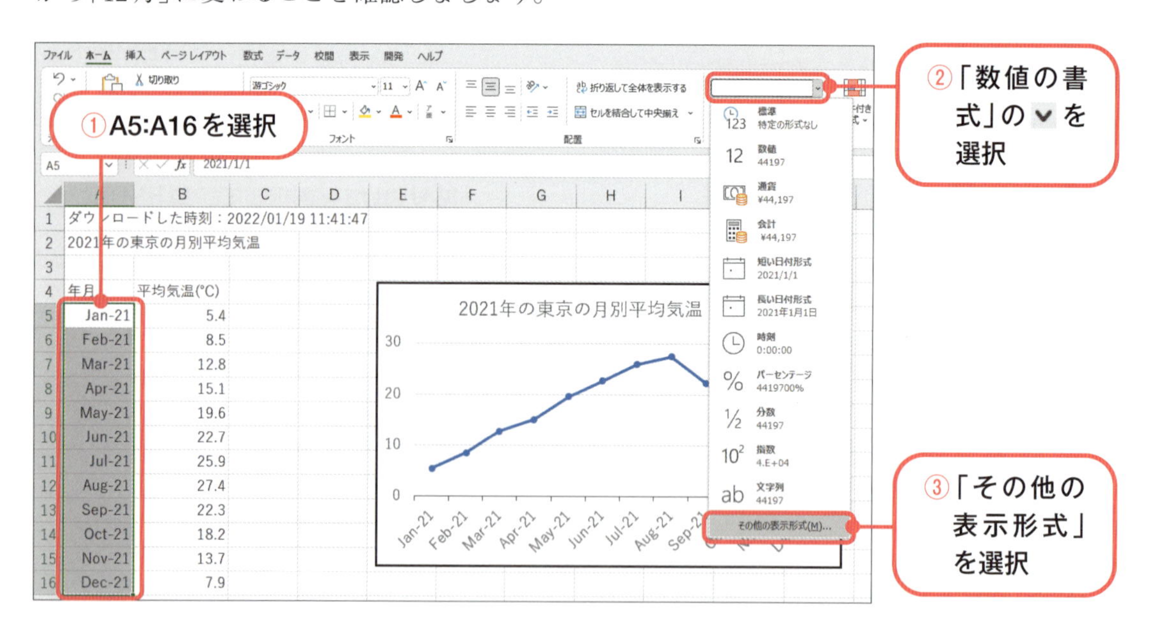

例えば「A5からA16」のセルを「A5:A16」のように、今後はセルの範囲を表す表記として「:」を用います。

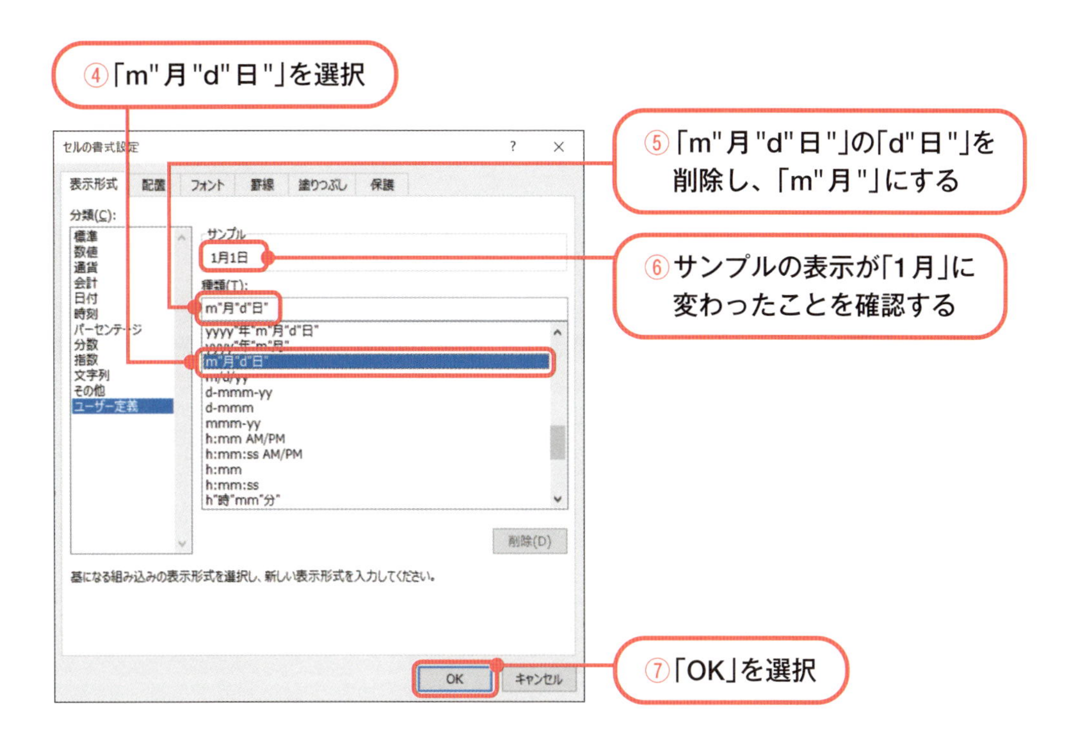

以下の通り、A5:A16セルの表示とグラフの横（項目）軸の表示が「1月」から「12月」に変わりました。

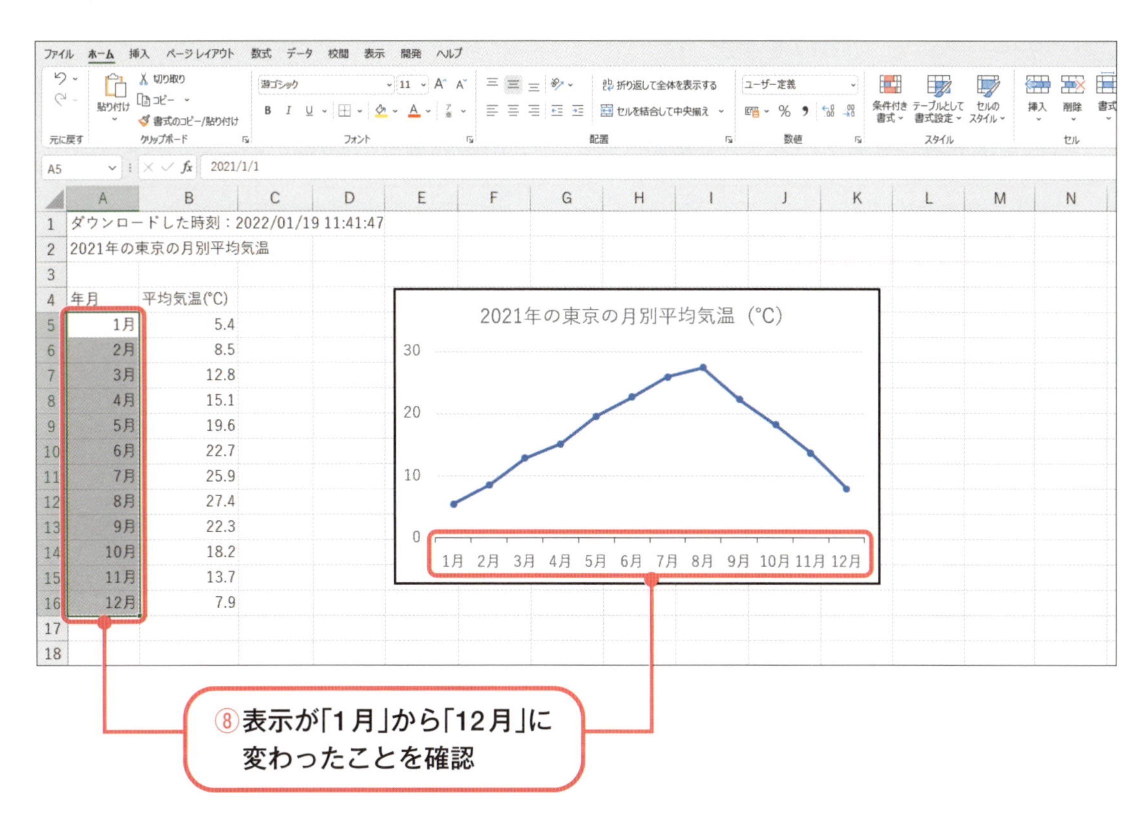

2-3-3 平均の算出

Step 1 平均の算出

A17に「平均」と入力し、B17に12個のデータの平均を表示しましょう。

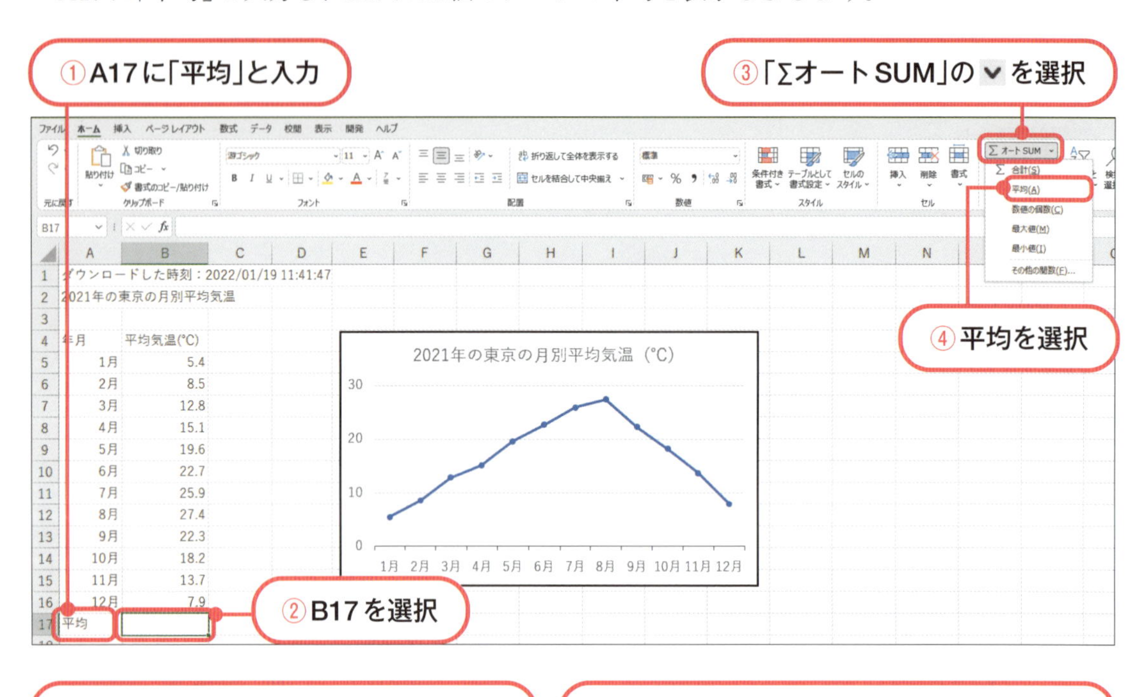

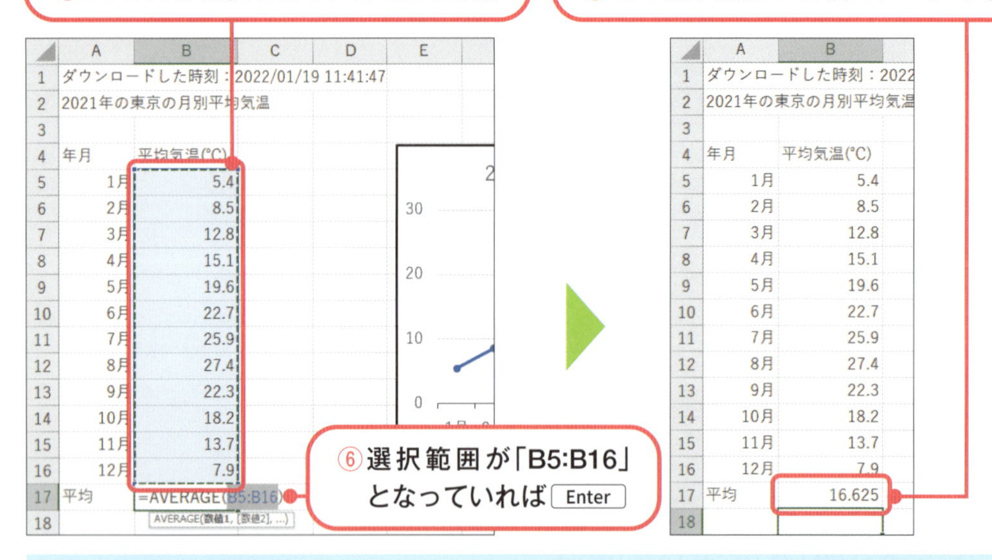

注意 「Σオート SUM」はコンピュータの設定によって、「Σ」のみしか表示されていない場合があります。

Step 2 セルの値のコピー

Step 1で求めた平均の値「16.625」をコピーしてC5からC16に平均の値を表示しましょう。

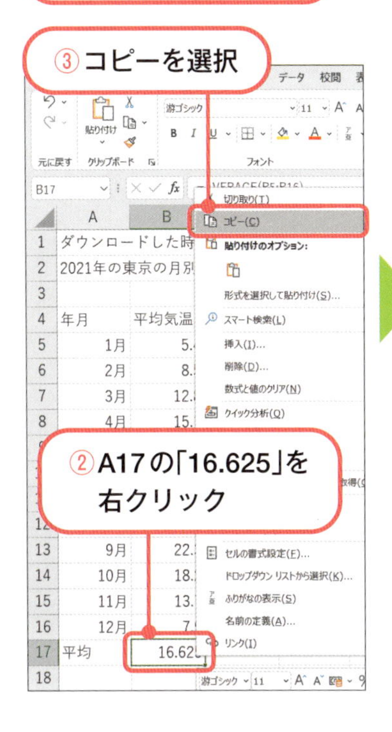

④C5を右クリック

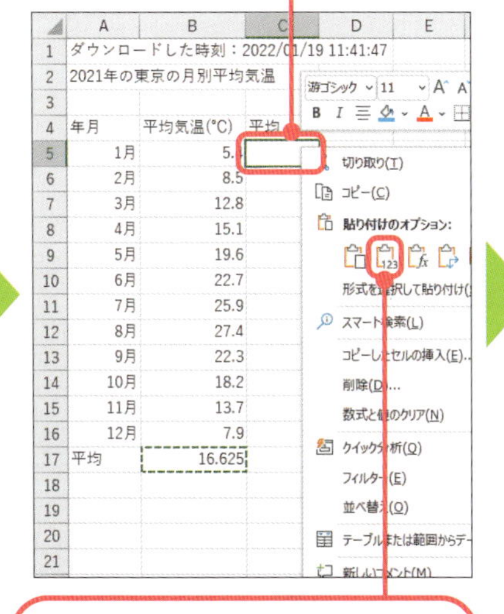

⑤「貼り付けのオプション」の「値」を選択すると、C5に「16.625」と表示される

⑥オートフィルを用いてC5の値をC16までコピー

Step 3 小数点以下の表示桁数の調整

平均の値の表示を小数第1位までの「16.6」にしましょう。

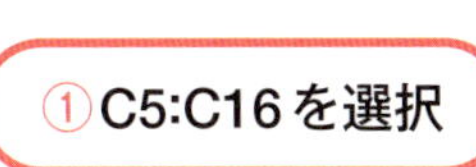

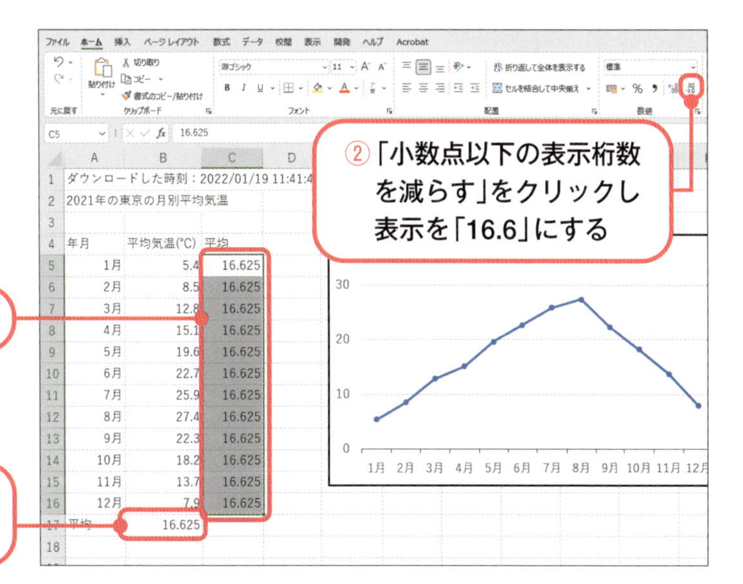

③同様に、B17も小数第1位までの表示にする

2-3-4 平均の可視化

平均を可視化したグラフを作成します。

Step 1 平均の可視化

月別平均気温の折れ線グラフに平均の値を入れたグラフを作成しましょう。新しくグラフを作成するので、作成済みのグラフは右端の方に移動させておきましょう。

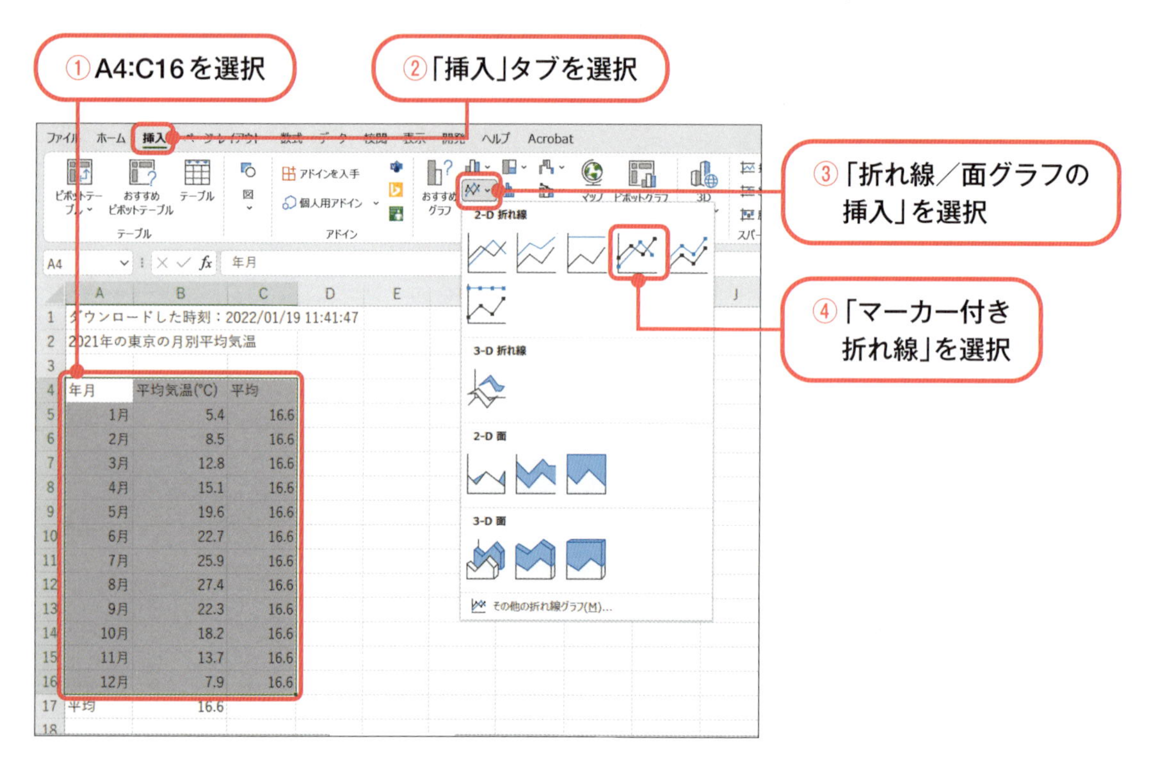

Step 2 グラフの表示調整 1

オレンジ色で、平均「16.6」の値の横線が入りました。

グラフのタイトルを入力し、フォントサイズ・フォントの色・グラフの枠線・横(項目)軸の線の色を整えて右図のようにしましょう。

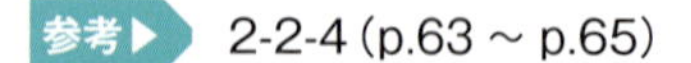
参考▶ 2-2-4 (p.63 ~ p.65)

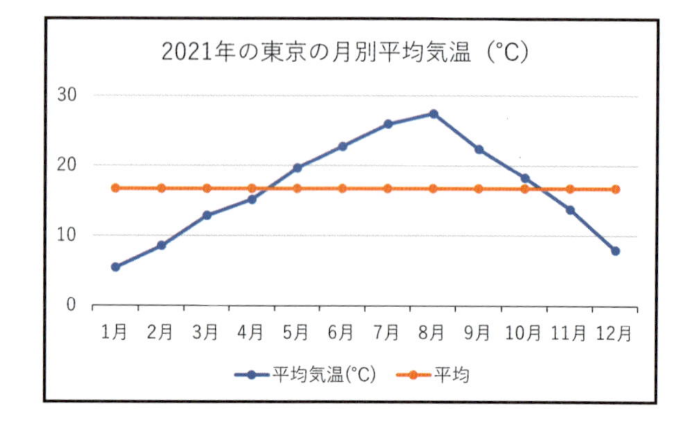

Step 3 グラフの表示調整 2

オレンジ色の線のマーカー（点）を消して、グラフを完成させましょう。

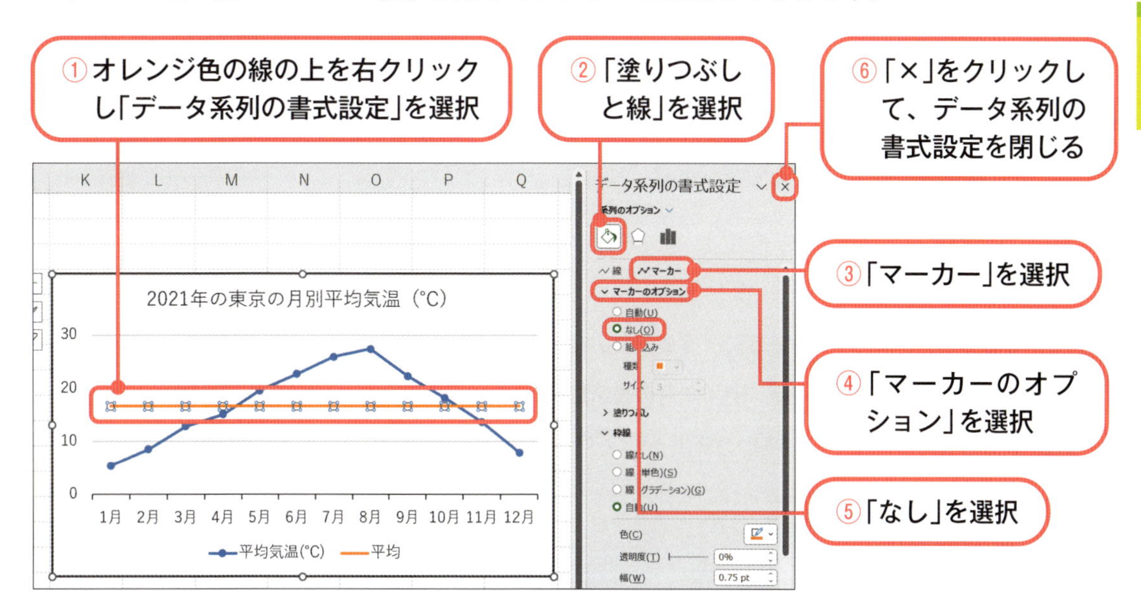

右図のようなグラフが完成しました。青い折れ線が各月の平均気温を、オレンジの直線が年間の平均気温を示しています。

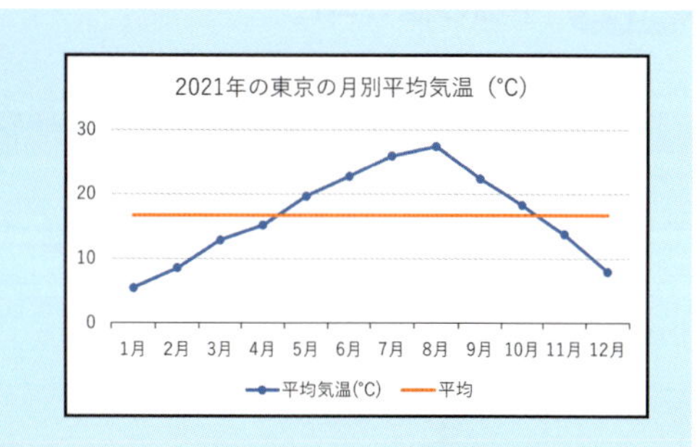

2-3-5 平均を可視化したグラフの比較

Step 1 シートの名前の変更

作業しているシートの名前を「3地点2021月別」から「東京2021月別」に変更しましょう。

参考▶ 2-1-4 Step 1 (p.49)

Step 2 シートの追加

「2-03」フォルダーの「3地点2021月別.csv」ファイルを開き、作業している「2-03.xlsx」ファイルの「東京2021月別」シートの右に、「3地点2021月別」シートを結合して、シートの名前を「2地点2021月別」に変更しましょう。

参考▶ 2-2-5 Step 2（p.65 ～ p.66）

Step 3 データクリーニングと平均の算出

作成した「2地点2021月別」シートにおいて、必要のない行と列を削除し、①年月の表示形式を変更して、右図のように東京と札幌の表を作成し、②平均を算出しましょう。

参考▶ 2-2-6 Step 1（p.66 ～ p.67）：必要のない行と列の削除

参考▶ 2-3-2 Step 2（p.74 ～ p.75）：年月の表示形式

参考▶ 2-3-3（p.76 ～ p.77）：平均の算出

	A	B	C
1	ダウンロードした時刻：2022/01/19		
2	2021年の2地点の月別平均気温		
3			
4	年月	東京	札幌
5	1月	5.4	-4.4
6	2月	8.5	-2.2
7	3月	12.8	3.8
8	4月	15.1	7.9
9	5月	19.6	13.1
10	6月	22.7	18.9
11	7月	25.9	23.9
12	8月	27.4	22.9
13	9月	22.3	18.8
14	10月	18.2	12.5
15	11月	13.7	7.3
16	12月	7.9	-0.5
17	平均	16.6	10.2
18			

①
②

Step 4 平均の値のコピー

行の挿入を行って、東京と札幌の平均の値をコピーして下図のようにしましょう。

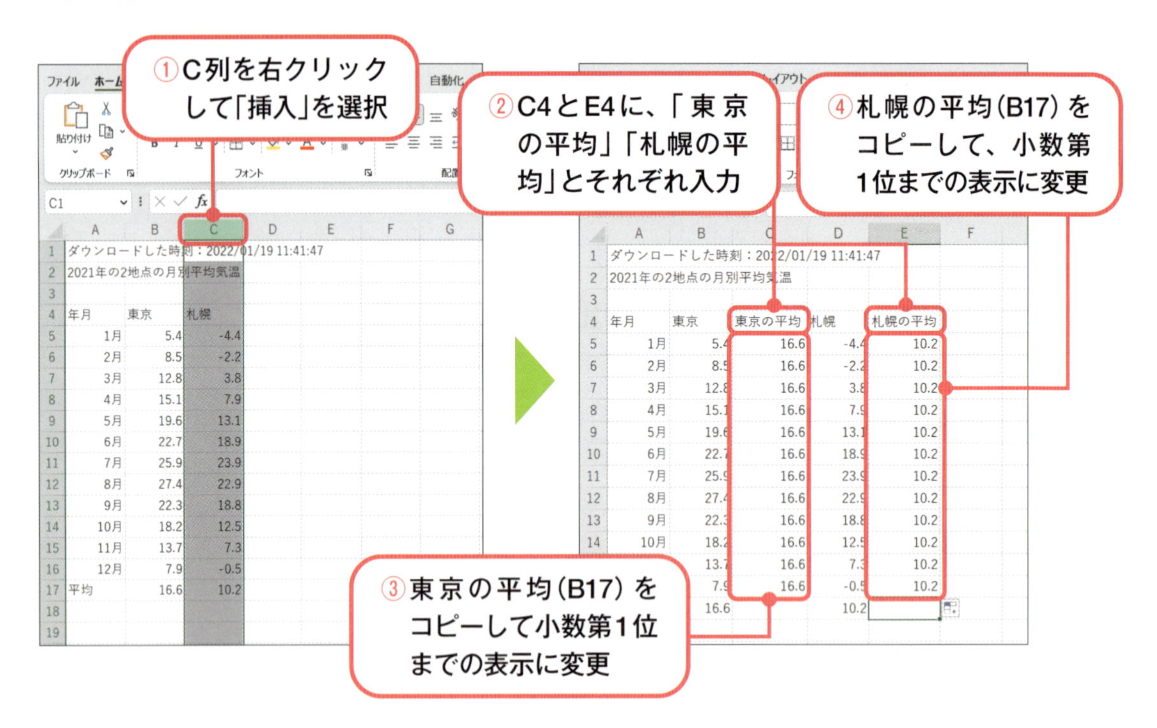

参考▶ 2-3-3 Step 2 ～ Step 3（p.77）：セルの値のコピーと小数点以下の表示桁数の調整

Step 5 東京の月別平均気温のグラフ作成

2-3-4と同様にして、東京の月別平均気温のグラフを作成しましょう。

参考▶ 2-3-4(p.78 ~ p.79)

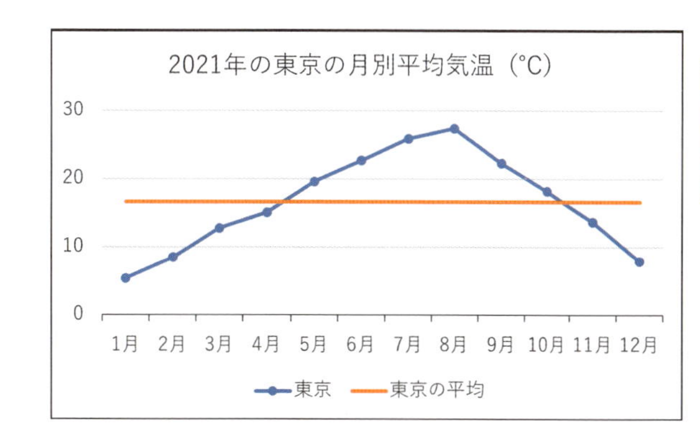

Step 6 札幌の月別平均気温のグラフ作成

札幌の月別平均気温のグラフを作成します。Step 5で作成した東京の月別平均気温のグラフは、下図の緑と黄の範囲を選択してグラフを作成しましたので、札幌のグラフは緑と青の範囲を選択して作成しましょう。

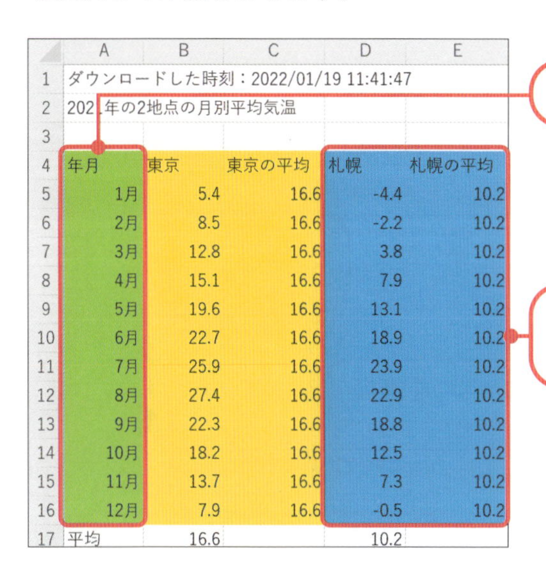

	A	B	C	D	E
1	ダウンロードした時刻：2022/01/19 11:41:47				
2	2021年の2地点の月別平均気温				
3					
4	年月	東京	東京の平均	札幌	札幌の平均
5	1月	5.4	16.6	-4.4	10.2
6	2月	8.5	16.6	-2.2	10.2
7	3月	12.8	16.6	3.8	10.2
8	4月	15.1	16.6	7.9	10.2
9	5月	19.6	16.6	13.1	10.2
10	6月	22.7	16.6	18.9	10.2
11	7月	25.9	16.6	23.9	10.2
12	8月	27.4	16.6	22.9	10.2
13	9月	22.3	16.6	18.8	10.2
14	10月	18.2	16.6	12.5	10.2
15	11月	13.7	16.6	7.3	10.2
16	12月	7.9	16.6	-0.5	10.2
17	平均	16.6		10.2	

緑と青の範囲を選択した状態で、右図のように札幌の月別平均気温のグラフを作成しましょう。

参考▶ 2-3-4(p.78 ~ p.79)

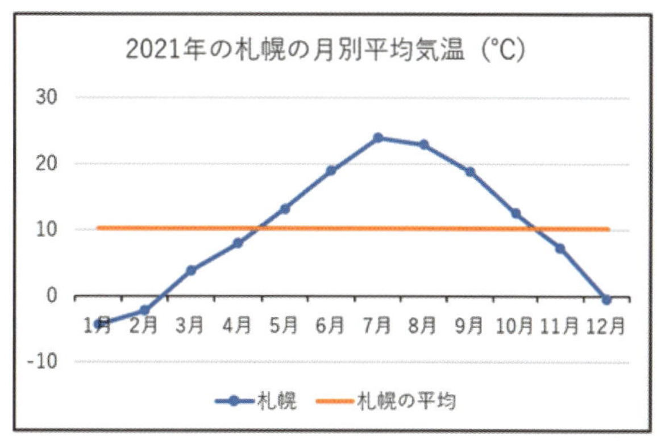

Step 7 東京と札幌のグラフの比較１

Step 5で作成した東京のグラフとStep 6で作成した札幌のグラフを並べて比較してみましょう。東京のグラフは0℃から30℃まで表示されていますが、札幌は−10℃から30℃までの表示となっています。このままでは同じ条件で比較できません。データを可視化して比較するときは、軸の範囲を揃えて比較することが重要です。次のStep 8で軸の範囲を揃えます。

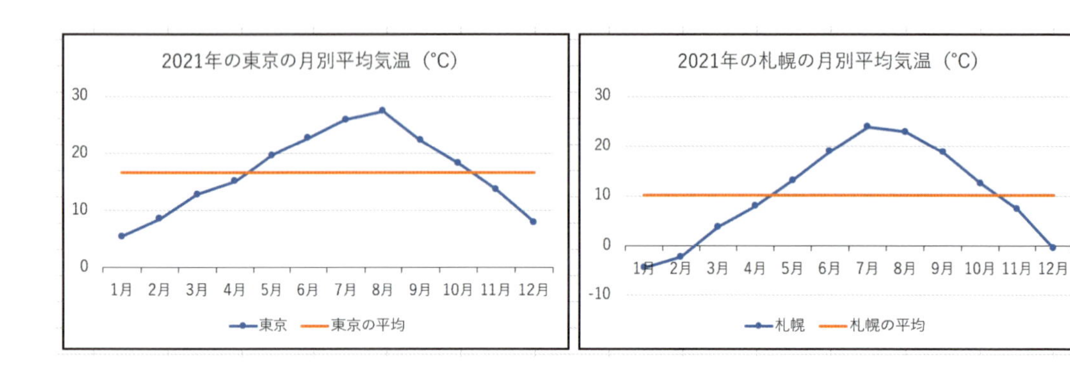

Step 8 東京と札幌のグラフの縦軸の範囲を揃える

東京の縦(値)軸の範囲を−10から30に変更し、横軸との交点を「−10」に変更しましょう。

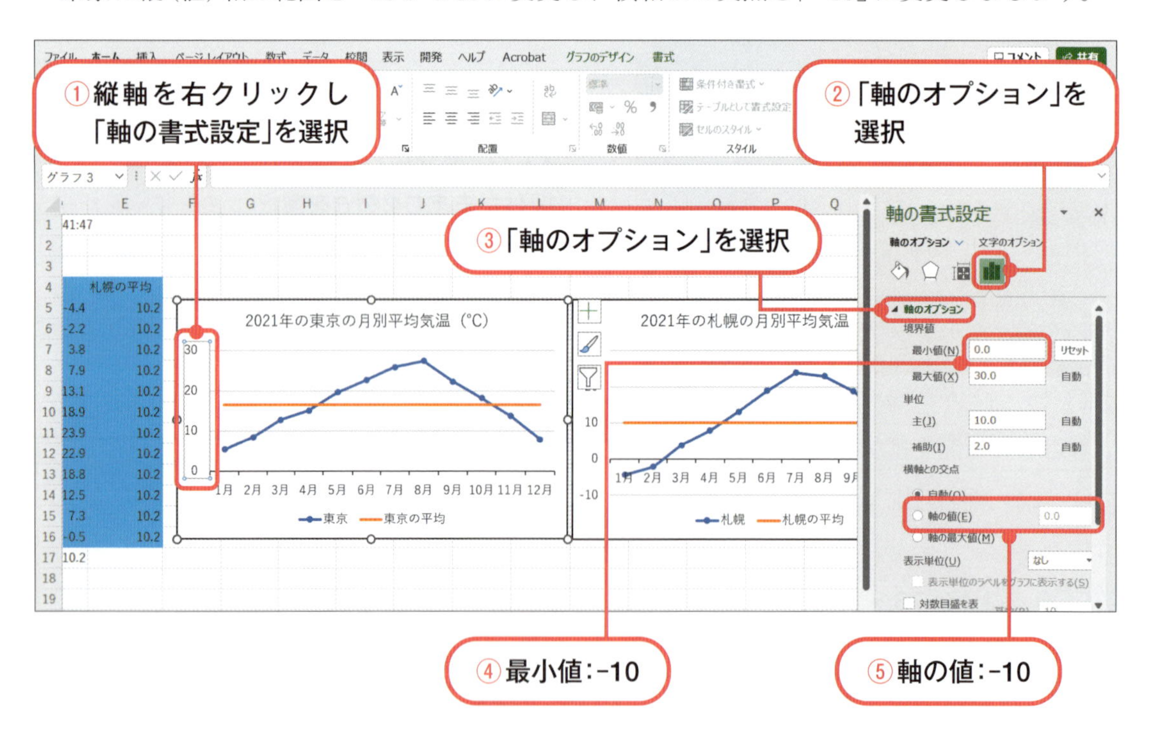

札幌の横軸との交点を「−10」に変更しましょう。

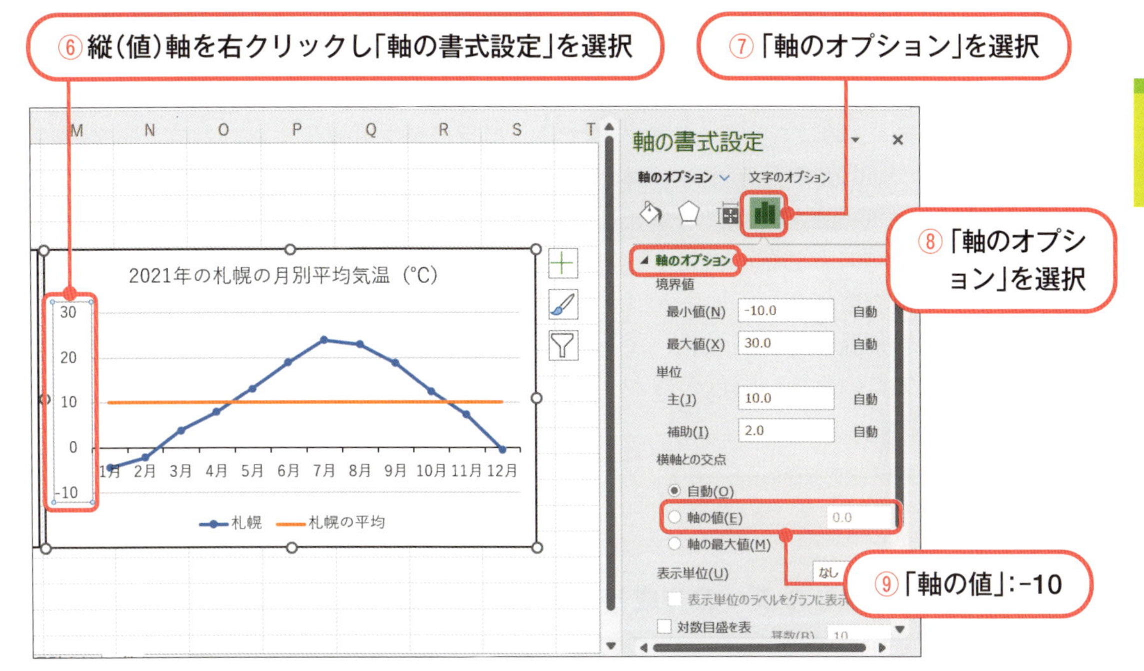

Step 9 東京と札幌のグラフの比較２

縦軸の範囲を揃えることで、2つのグラフを比較できるようになります。当然ではありますが、東京より札幌の平均気温の線が下にあることが分かります。

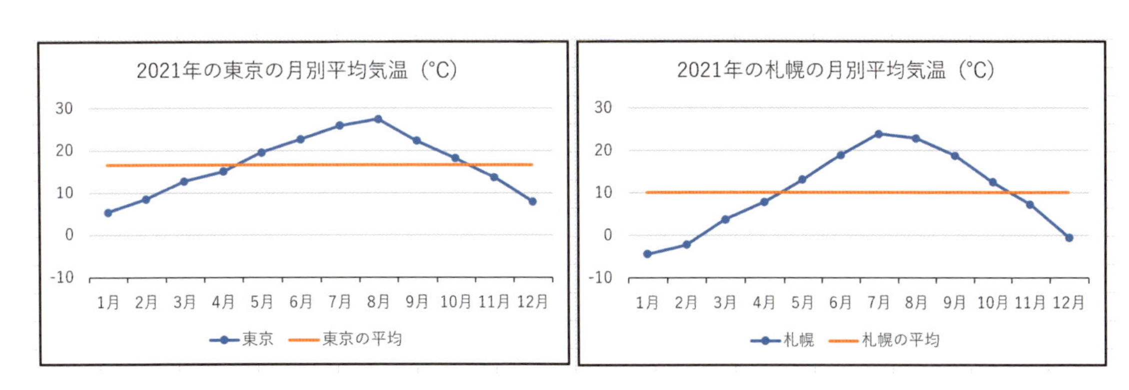

コラム 全数調査と標本調査

調査対象としている全体を母集団と呼び、母集団を調査して母集団の性質や特徴等を調査することを全数調査と呼びます。全数調査の例として、日本に住んでいる全ての人・世帯を対象とする国勢調査があります。

調査対象の母集団から一部を抽出したものを標本と呼び、標本を調査して母集団の性質や特徴等を推測することを標本調査と呼びます。標本調査の例として、アンケート調査があります。

2-4 標準偏差の算出とその可視化

標準偏差はデータのばらつきを表す指標です。標準偏差を可視化することでデータのばらつきの大小が分かります。本節では、Excelを使って平均と標準偏差を算出し、右図のように時系列データを可視化する方法を学習します。青の線とマーカーが2021年の東京の各月の平均気温の時系列変化、オレンジの線が各月の気温の平均、灰色の線が平均±標準偏差を表しています。

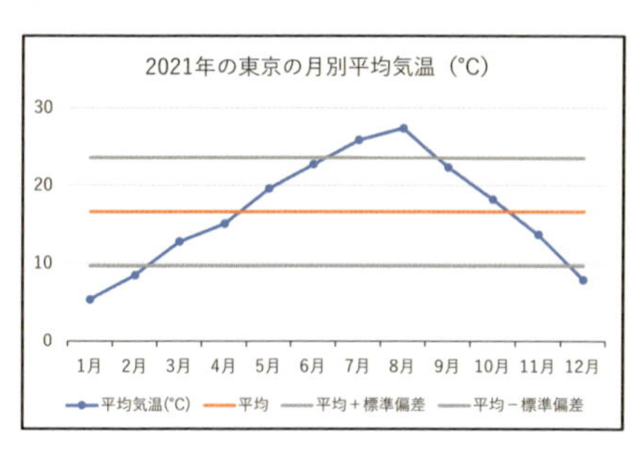

2-4-1 作業用フォルダーの作成とファイルの準備

Step 1 フォルダーの作成

本節で作成するファイルを保存するための「2-04」フォルダーを、2-1-1で作成した「データサイエンス」フォルダーの中に作成しましょう。

参考▶ 2-1-1 Step 2 (p.39 ~ p.40)

Step 2 ファイルのコピーとファイル形式の変換

「2-02」フォルダーから「2-04」フォルダーに、「3地点2021月別.csv」ファイルをコピーしましょう。さらに、「3地点2021月別.csv」のファイル形式をExcelブックファイル形式に変換し、「2-04.xlsx」というファイル名で保存しましょう。

参考▶ 2-3-1 Step 2 (p.72 ~ p.73)：ファイルのコピー
参考▶ 2-2-2 Step 4 (p.59 ~ p.60)：ファイル形式の変換

2-4-2 平均のグラフの作成

2-3-2から2-3-4で行った通り、東京の平均のグラフをもう一度、作成しましょう。

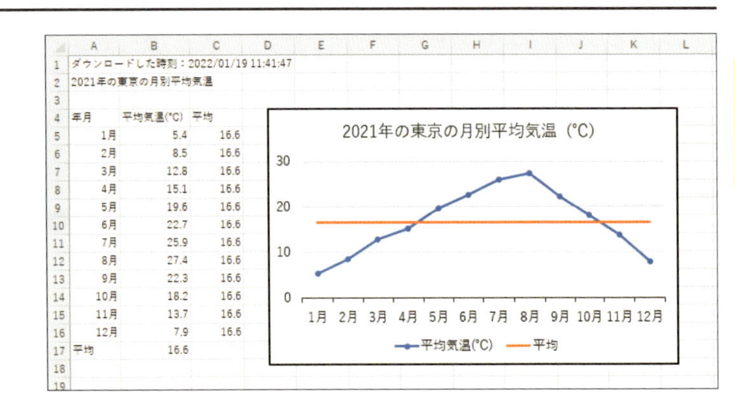

2-4-3 シートのコピー

Step 1 シート名の変更

2-4-2で作成した「3地点2021月別」シートの名前を「東京2021平均」に変更しましょう。

参考▶ 2-1-4 Step 1 (p.49)

Step 2 シートのコピーとシート名の変更

「東京2021平均」シートをコピーしてシートを作成し、さらにそのシートの名前を「東京2021標準偏差」に変更しましょう。

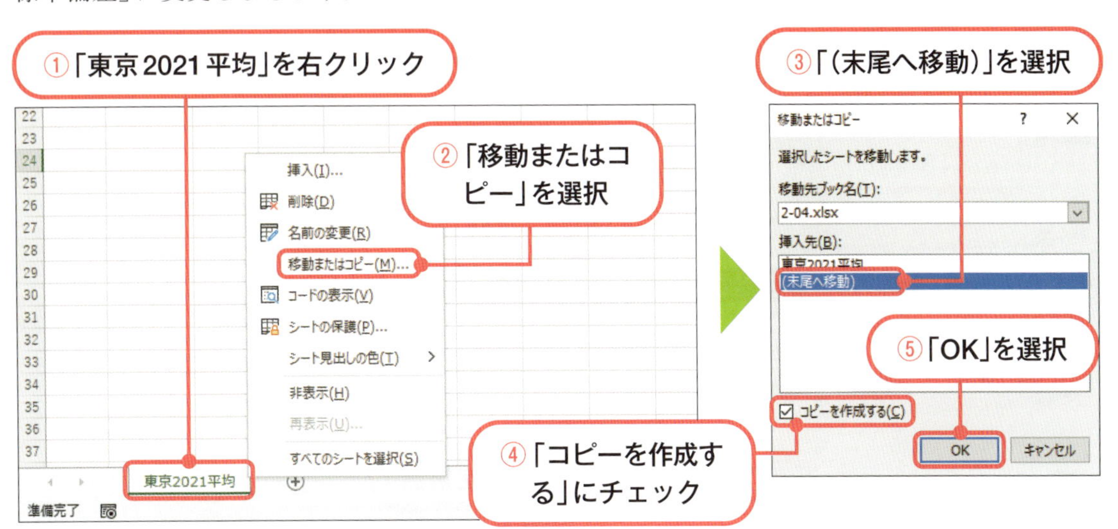

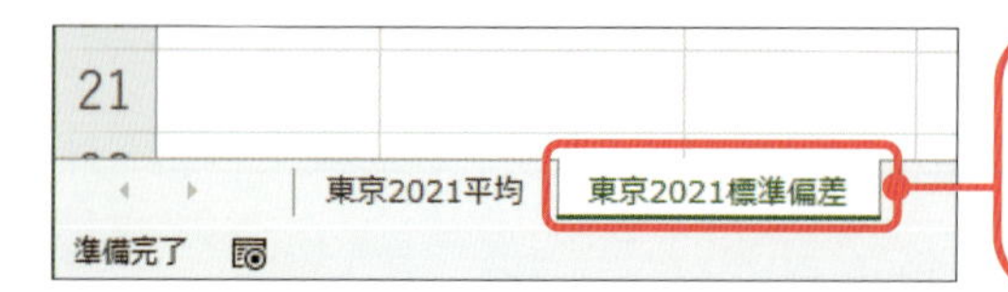

2-4-4 標準偏差の算出

Step 1 標準偏差の算出

「東京2021標準偏差」シートのA18に「標準偏差」と入力し、B18に12個のデータの標準偏差を表示してみましょう。平均のグラフは右端の方に移動させておきましょう。

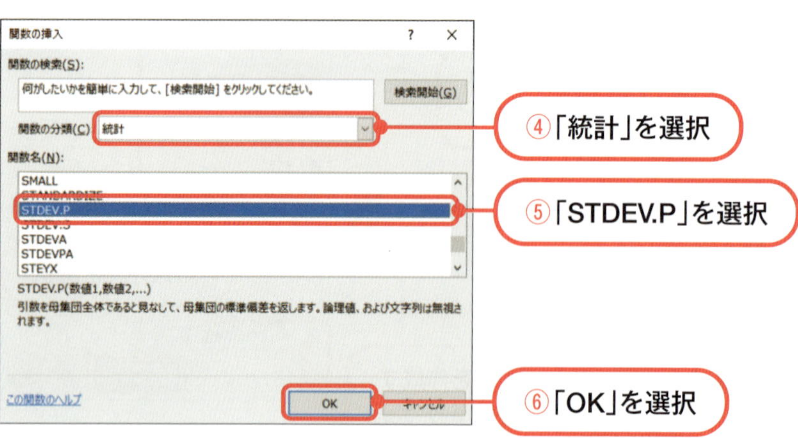

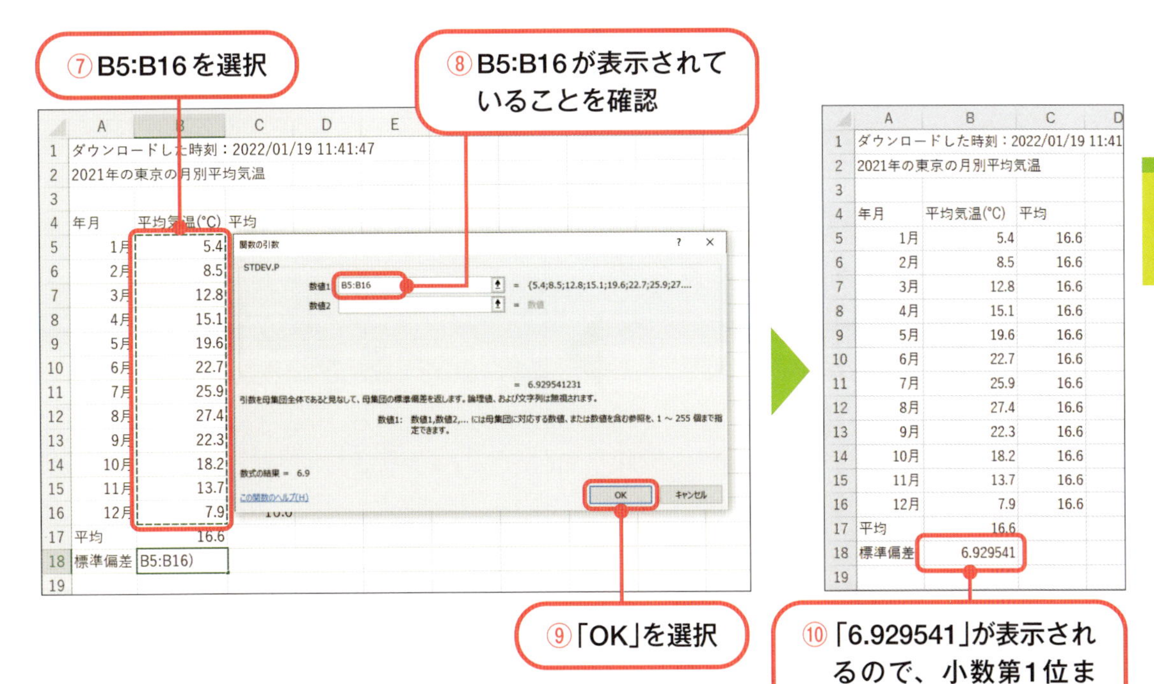

Step 2 セルの値のコピー

D4に「標準偏差」と入力し、D5からD16にStep 1で求めた標準偏差の値「6.9」をコピーして表示しましょう。

これまで右クリックをしてコピーや貼り付けをしていましたが、コピーや貼り付けはよく用いるので、今後はショートカットキーを用いて処理しましょう。

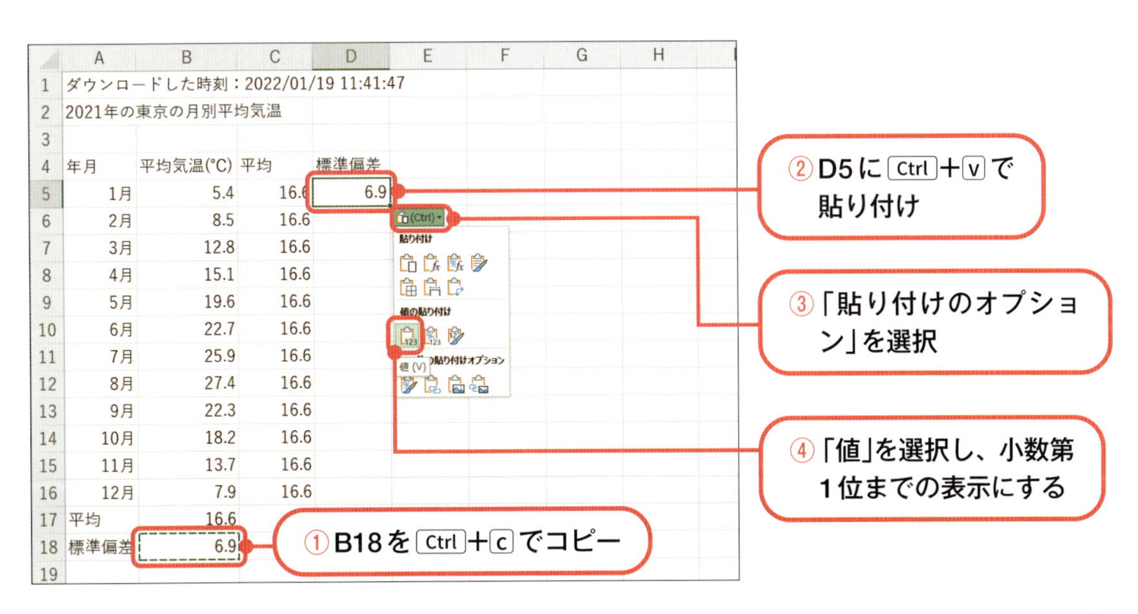

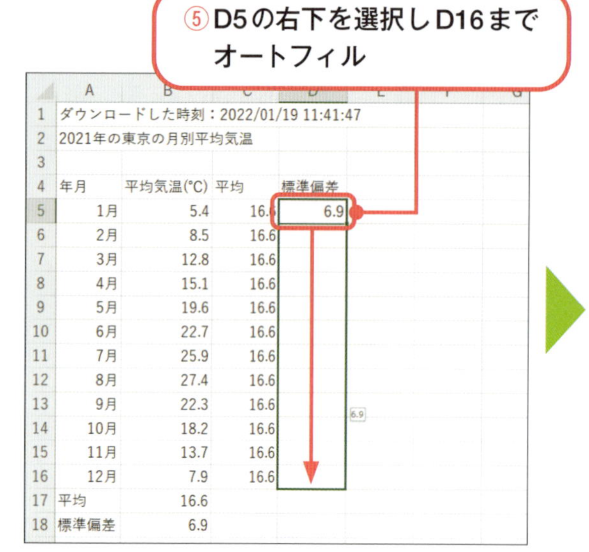

	A	B	C	D
1	ダウンロードした時刻：2022/01/19 11:41:47			
2	2021年の東京の月別平均気温			
3				
4	年月	平均気温(°C)	平均	標準偏差
5	1月	5.4	16.6	6.9
6	2月	8.5	16.6	
7	3月	12.8	16.6	
8	4月	15.1	16.6	
9	5月	19.6	16.6	
10	6月	22.7	16.6	
11	7月	25.9	16.6	
12	8月	27.4	16.6	
13	9月	22.3	16.6	
14	10月	18.2	16.6	
15	11月	13.7	16.6	
16	12月	7.9	16.6	
17	平均	16.6		
18	標準偏差	6.9		

⑥D列に「6.9」がコピーされた

	A	B	C	D
1	ダウンロードした時刻：2022/01/19 11:41:47			
2	2021年の東京の月別平均気温			
3				
4	年月	平均気温(°C)	平均	標準偏差
5	1月	5.4	16.6	6.9
6	2月	8.5	16.6	6.9
7	3月	12.8	16.6	6.9
8	4月	15.1	16.6	6.9
9	5月	19.6	16.6	6.9
10	6月	22.7	16.6	6.9
11	7月	25.9	16.6	6.9
12	8月	27.4	16.6	6.9
13	9月	22.3	16.6	6.9
14	10月	18.2	16.6	6.9
15	11月	13.7	16.6	6.9
16	12月	7.9	16.6	6.9
17	平均	16.6		
18	標準偏差	6.9		

2-4-5 標準偏差の可視化

Step 1 平均±標準偏差の値の計算

平均＋標準偏差の値と平均－標準偏差の値を計算しましょう。

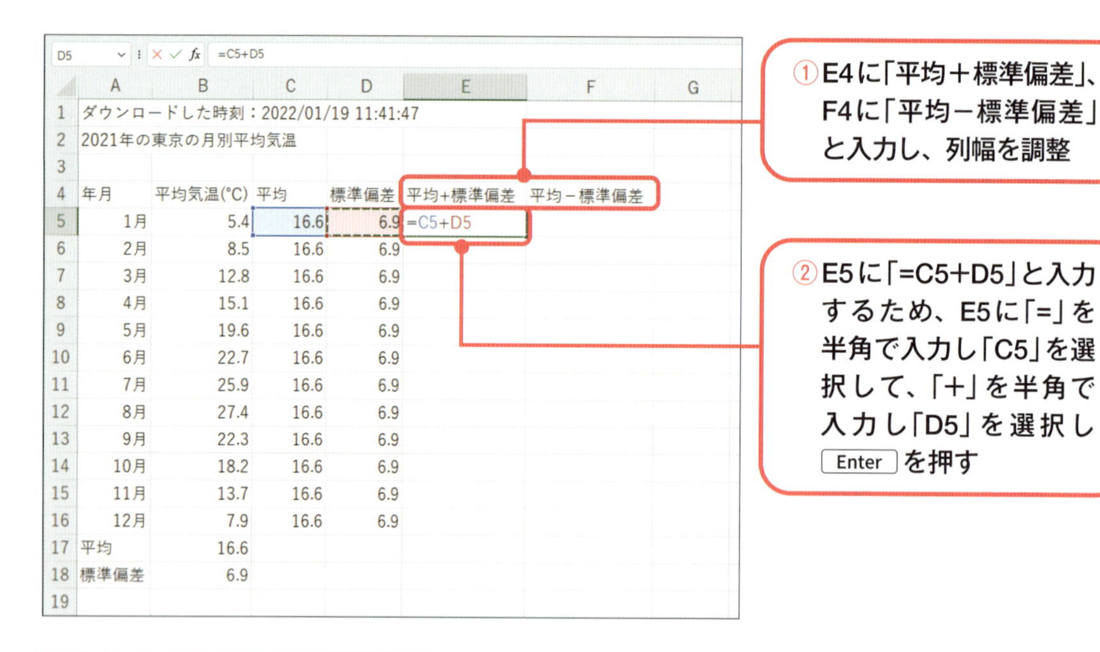

	A	B	C	D	E	F
1	ダウンロードした時刻：2022/01/19 11:41:47					
2	2021年の東京の月別平均気温					
3						
4	年月	平均気温(°C)	平均	標準偏差	平均+標準偏差	平均－標準偏差
5	1月	5.4	16.6	6.9	=C5+D5	
6	2月	8.5	16.6	6.9		
7	3月	12.8	16.6	6.9		
8	4月	15.1	16.6	6.9		
9	5月	19.6	16.6	6.9		
10	6月	22.7	16.6	6.9		
11	7月	25.9	16.6	6.9		
12	8月	27.4	16.6	6.9		
13	9月	22.3	16.6	6.9		
14	10月	18.2	16.6	6.9		
15	11月	13.7	16.6	6.9		
16	12月	7.9	16.6	6.9		
17	平均	16.6				
18	標準偏差	6.9				
19						

平均＋標準偏差、平均－標準偏差を合わせて、平均±標準偏差と表記します。

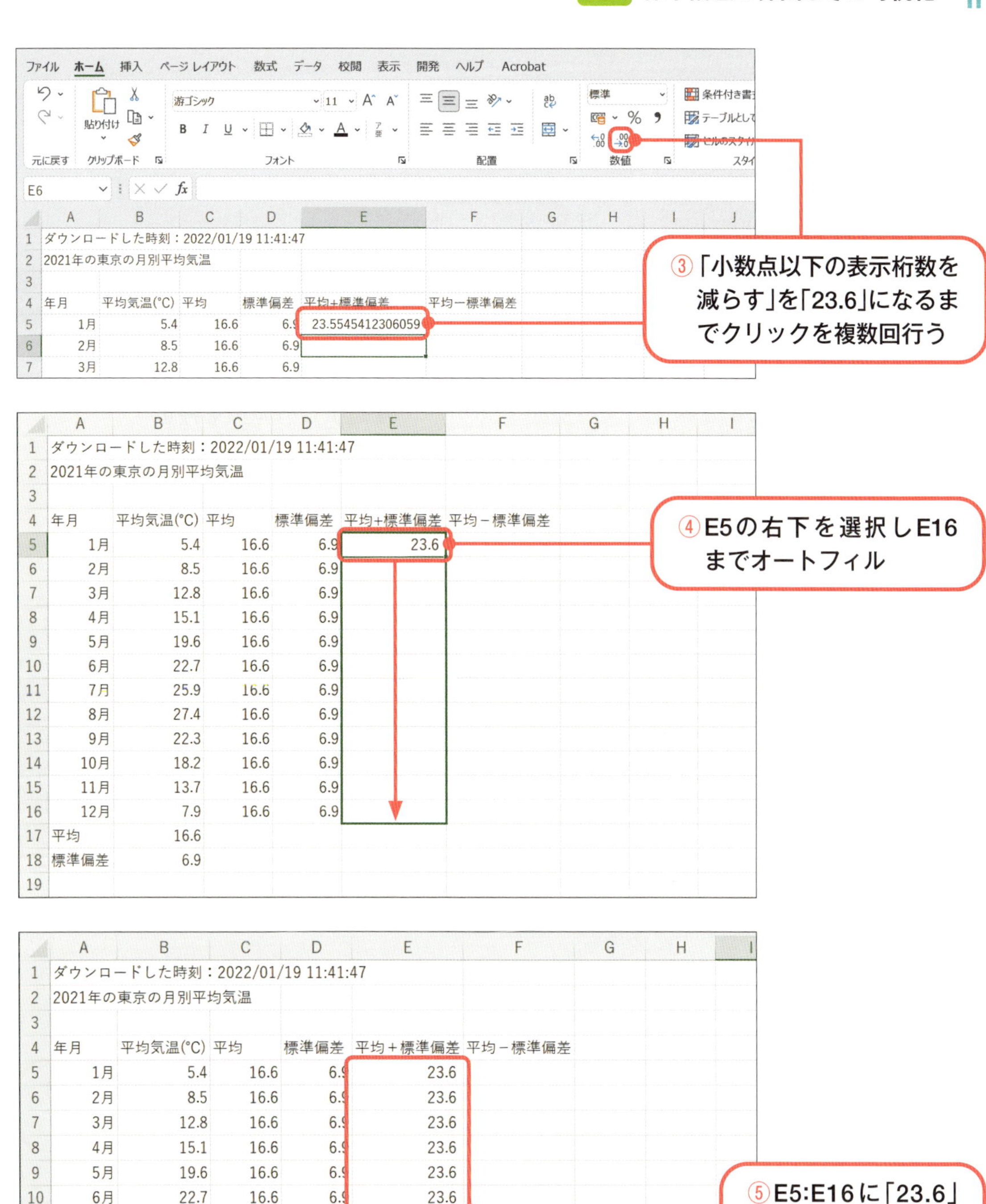

③「小数点以下の表示桁数を減らす」を「23.6」になるまでクリックを複数回行う
④E5の右下を選択しE16までオートフィル
⑤E5:E16に「23.6」が表示される

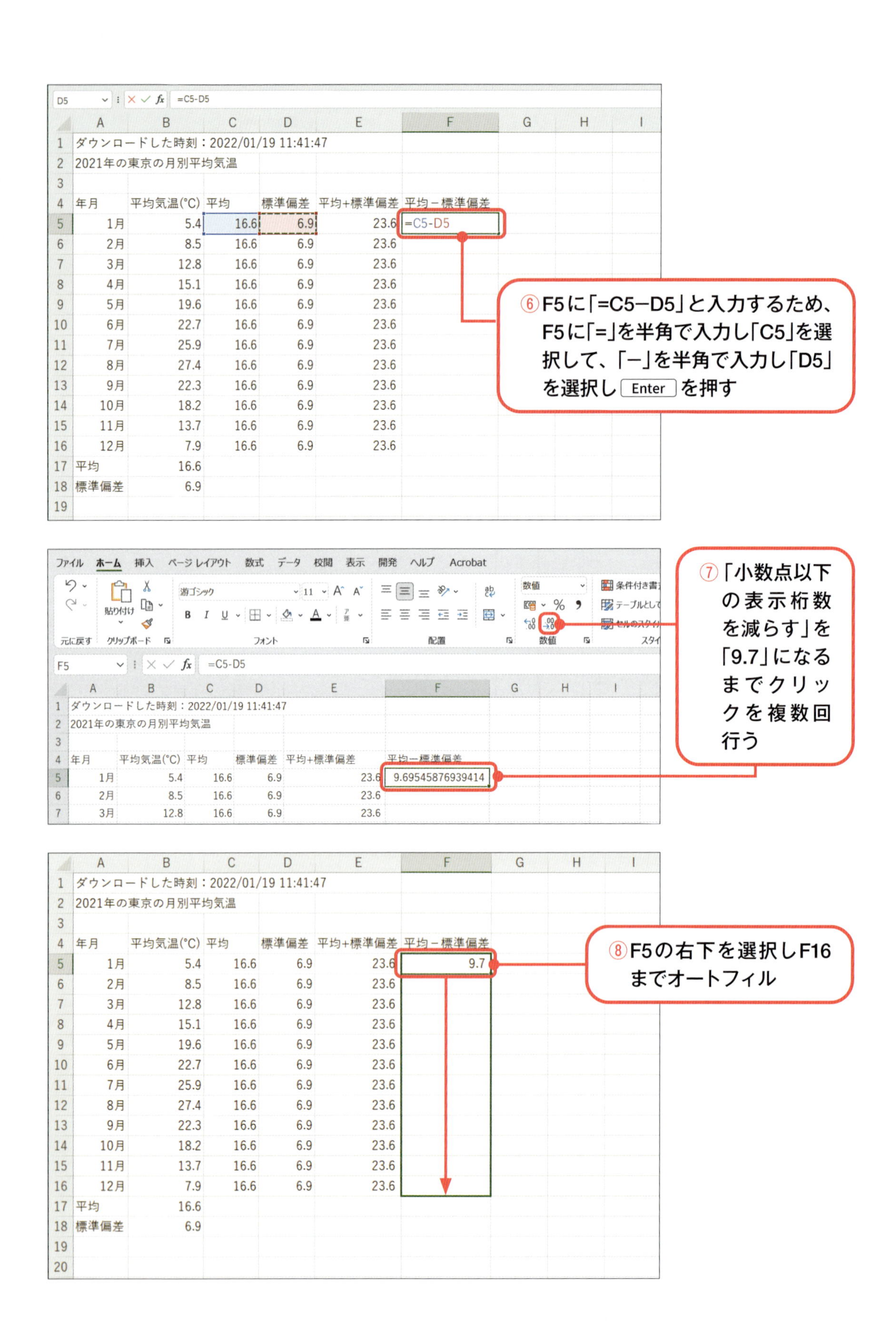

D5 =C5-D5

	A	B	C	D	E	F
1	ダウンロードした時刻：2022/01/19 11:41:47					
2	2021年の東京の月別平均気温					
3						
4	年月	平均気温(°C)	平均	標準偏差	平均+標準偏差	平均－標準偏差
5	1月	5.4	16.6	6.9	23.6	=C5-D5
6	2月	8.5	16.6	6.9	23.6	
7	3月	12.8	16.6	6.9	23.6	
8	4月	15.1	16.6	6.9	23.6	
9	5月	19.6	16.6	6.9	23.6	
10	6月	22.7	16.6	6.9	23.6	
11	7月	25.9	16.6	6.9	23.6	
12	8月	27.4	16.6	6.9	23.6	
13	9月	22.3	16.6	6.9	23.6	
14	10月	18.2	16.6	6.9	23.6	
15	11月	13.7	16.6	6.9	23.6	
16	12月	7.9	16.6	6.9	23.6	
17	平均	16.6				
18	標準偏差	6.9				
19						

F5 =C5-D5

	A	B	C	D	E	F
1	ダウンロードした時刻：2022/01/19 11:41:47					
2	2021年の東京の月別平均気温					
3						
4	年月	平均気温(°C)	平均	標準偏差	平均+標準偏差	平均－標準偏差
5	1月	5.4	16.6	6.9	23.6	9.69545876939414
6	2月	8.5	16.6	6.9	23.6	
7	3月	12.8	16.6	6.9	23.6	

	A	B	C	D	E	F
1	ダウンロードした時刻：2022/01/19 11:41:47					
2	2021年の東京の月別平均気温					
3						
4	年月	平均気温(°C)	平均	標準偏差	平均+標準偏差	平均－標準偏差
5	1月	5.4	16.6	6.9	23.6	9.7
6	2月	8.5	16.6	6.9	23.6	
7	3月	12.8	16.6	6.9	23.6	
8	4月	15.1	16.6	6.9	23.6	
9	5月	19.6	16.6	6.9	23.6	
10	6月	22.7	16.6	6.9	23.6	
11	7月	25.9	16.6	6.9	23.6	
12	8月	27.4	16.6	6.9	23.6	
13	9月	22.3	16.6	6.9	23.6	
14	10月	18.2	16.6	6.9	23.6	
15	11月	13.7	16.6	6.9	23.6	
16	12月	7.9	16.6	6.9	23.6	
17	平均	16.6				
18	標準偏差	6.9				
19						
20						

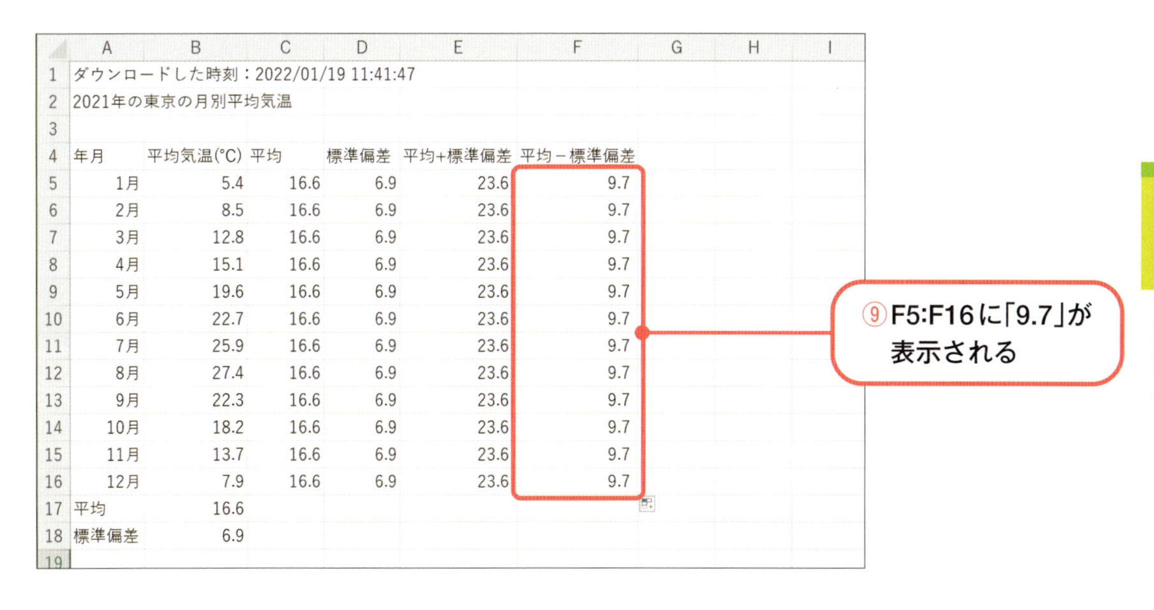

	A	B	C	D	E	F
1	ダウンロードした時刻：2022/01/19 11:41:47					
2	2021年の東京の月別平均気温					
3						
4	年月	平均気温(°C)	平均	標準偏差	平均+標準偏差	平均－標準偏差
5	1月	5.4	16.6	6.9	23.6	9.7
6	2月	8.5	16.6	6.9	23.6	9.7
7	3月	12.8	16.6	6.9	23.6	9.7
8	4月	15.1	16.6	6.9	23.6	9.7
9	5月	19.6	16.6	6.9	23.6	9.7
10	6月	22.7	16.6	6.9	23.6	9.7
11	7月	25.9	16.6	6.9	23.6	9.7
12	8月	27.4	16.6	6.9	23.6	9.7
13	9月	22.3	16.6	6.9	23.6	9.7
14	10月	18.2	16.6	6.9	23.6	9.7
15	11月	13.7	16.6	6.9	23.6	9.7
16	12月	7.9	16.6	6.9	23.6	9.7
17	平均	16.6				
18	標準偏差	6.9				
19						

Step 2 グラフ作成に必要なデータの選択

グラフを作成するために必要なデータの範囲を分かりやすくするため、必要なデータの範囲を青で塗りつぶします。今回の場合、年月、平均気温、平均、平均＋標準偏差、平均－標準偏差がグラフ作成に必要になります。

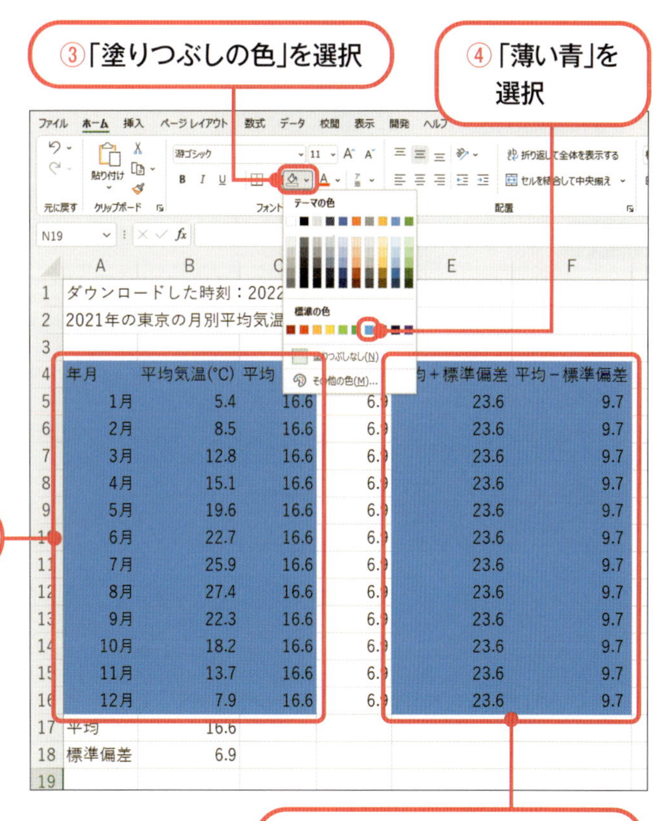

グラフの作成

月別平均気温の折れ線グラフに平均の値と平均±標準偏差の値を入れたグラフを作成しましょう。

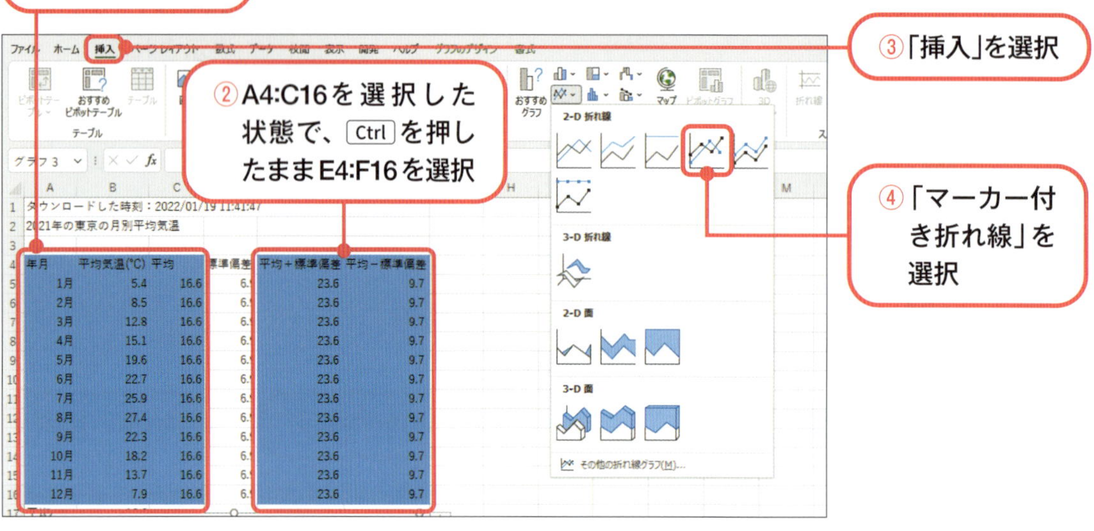

Step 4 グラフの表示を編集 1

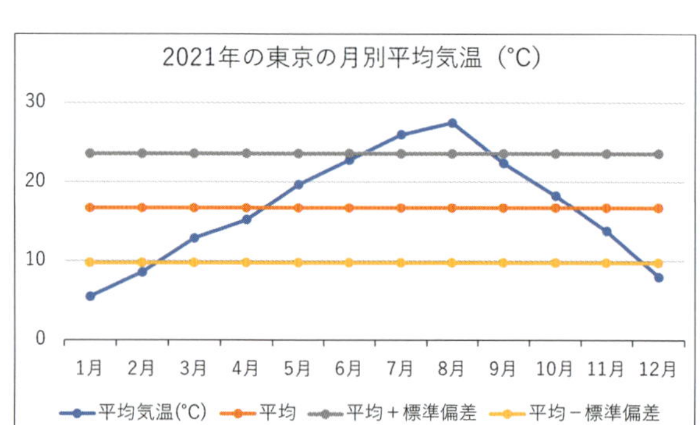

右図のように、グラフタイトルとグラフの表示を編集しましょう。

- グラフタイトルを「2021年の月別平均気温（℃）」と入力
- グラフの枠線を黒の1.5ptに設定
- グラフタイトルのフォントサイズを14ptに、縦（値）軸・横（項目）軸・凡例のフォントサイズを11ptに設定し、全てのフォントを游ゴシック、フォントの色を黒に設定
- 縦（値）軸を「0から30」の10毎の表示に設定
- 横（項目）軸の線の色を黒に設定

参考▶ 2-2-4（p.63 ~ p.65）

注意　Excelのバージョンによっては、グラフの色が異なります。色が異なる場合は、書籍の画像に近い色を選択しましょう。

Step 5 グラフの表示を編集 2

必要のないマーカー（点）を消し、平均±標準偏差の線の色を灰色で統一しましょう。

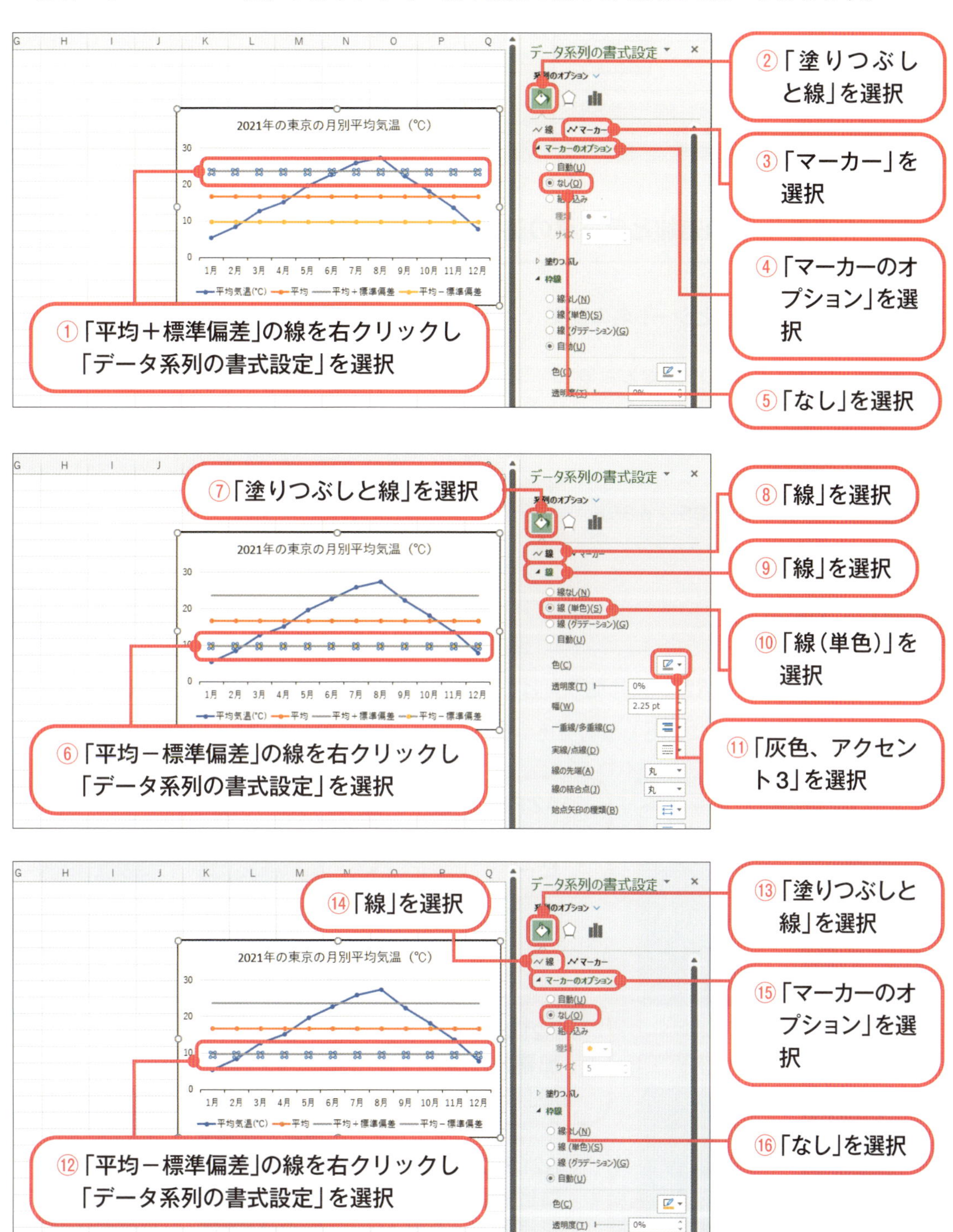

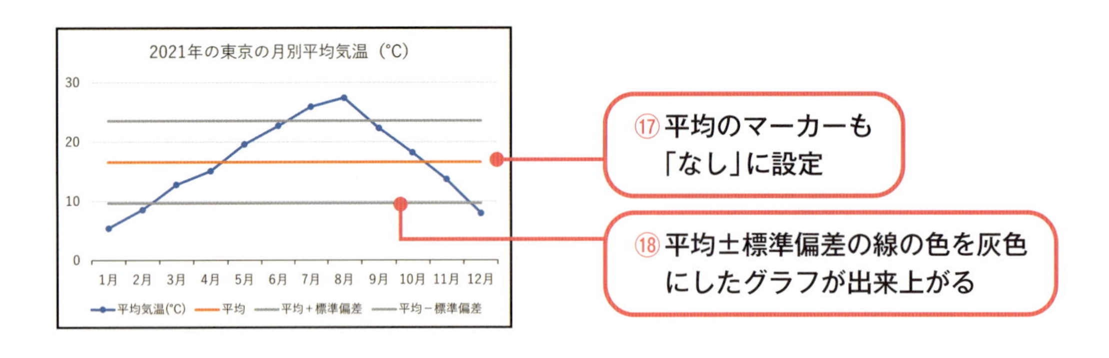

2-4-6 シートの追加とデータの追加

Step 1 シートのコピーとシート名の変更

「東京2021標準偏差」シートをコピーして、「2地点2021標準偏差」というシート名に変更しましょう。

参考▶ 2-4-3 Step 2（p.85 ～ p.86）

Step 2 セルのコピー

A2:F18をコピーしてA21:F37に貼り付け、A21の「2021年の東京の月別平均気温」を「2021年の那覇の月別平均気温」に変更しましょう。B24:D35の値を削除しましょう。

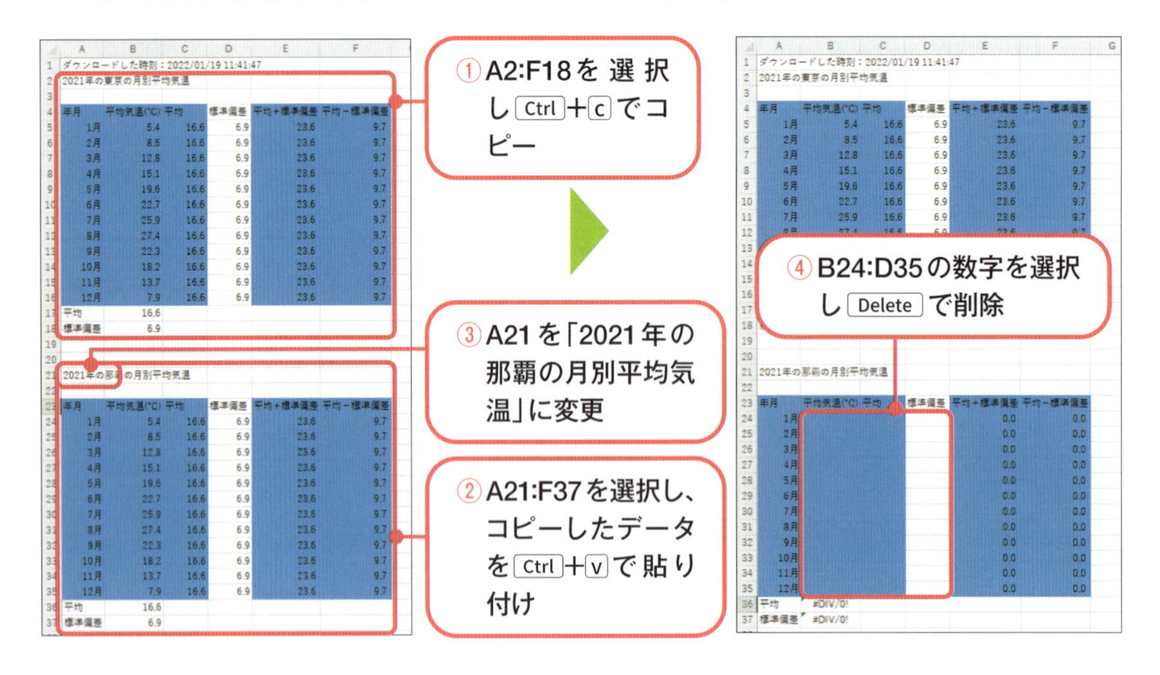

Step 3 那覇のデータを貼り付け

「2-04」フォルダーにある「3地点2021月別.csv」ファイルをもう一度開き、那覇の平均気温をコピーして「2-04.xlsx」ファイルのB24:C35に貼り付けましょう。まず、図のように「2-04.xlsx」ファイルを左に、「3地点2021月別.csv」ファイルを右に並べましょう。

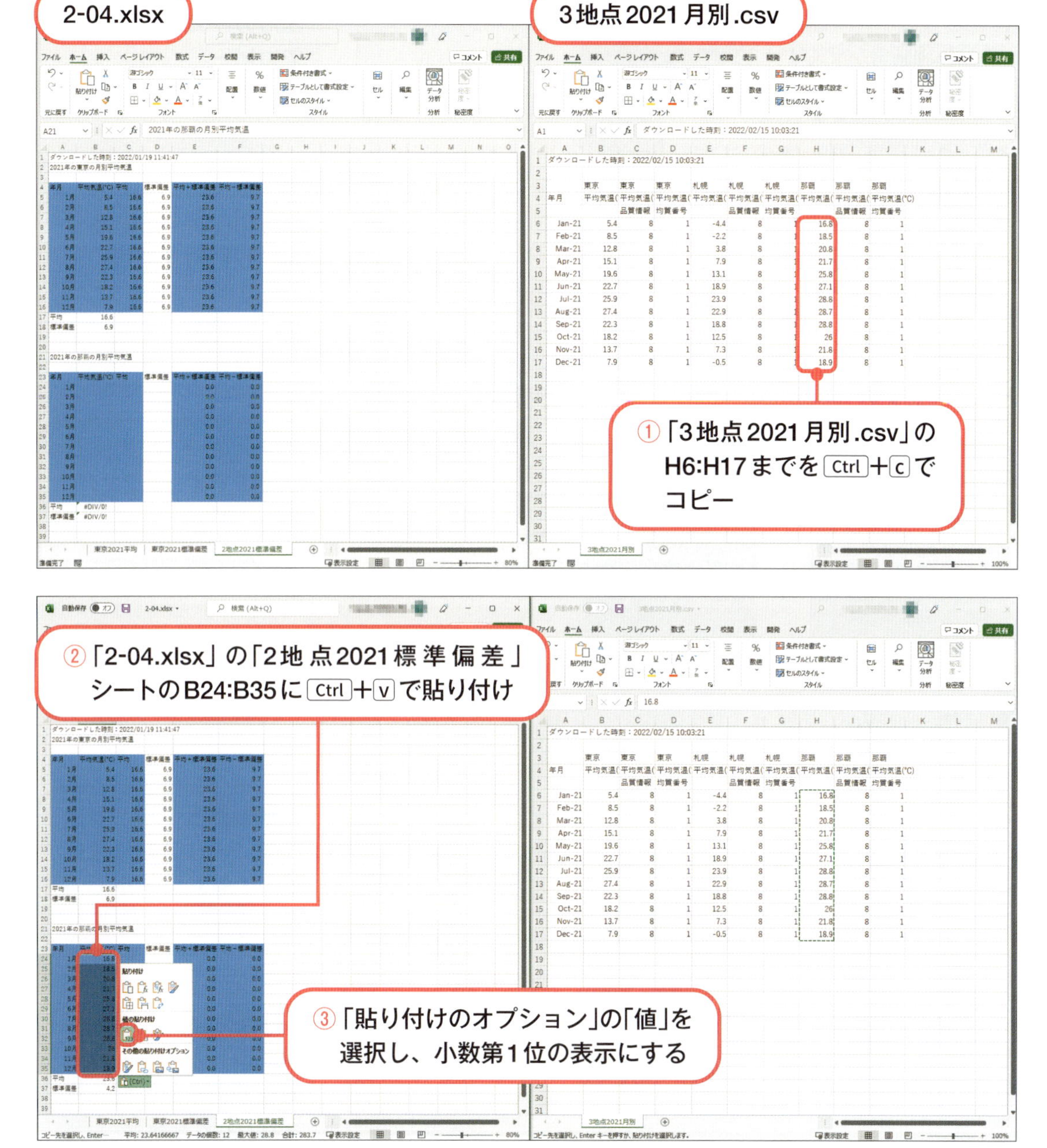

貼り付けができたら「3地点2021月別.csv」を閉じましょう。

Step 4 平均と標準偏差の値の貼り付け

B36とB37に平均と標準偏差の値が再計算され、那覇の平均と標準偏差の値が表示されています。B36の平均の値をC24:C35に、B27の標準偏差の値をD24:D35にコピーして貼り付けましょう。その結果、E24:F35に平均＋標準偏差と平均－標準偏差が自動的に再計算されます。

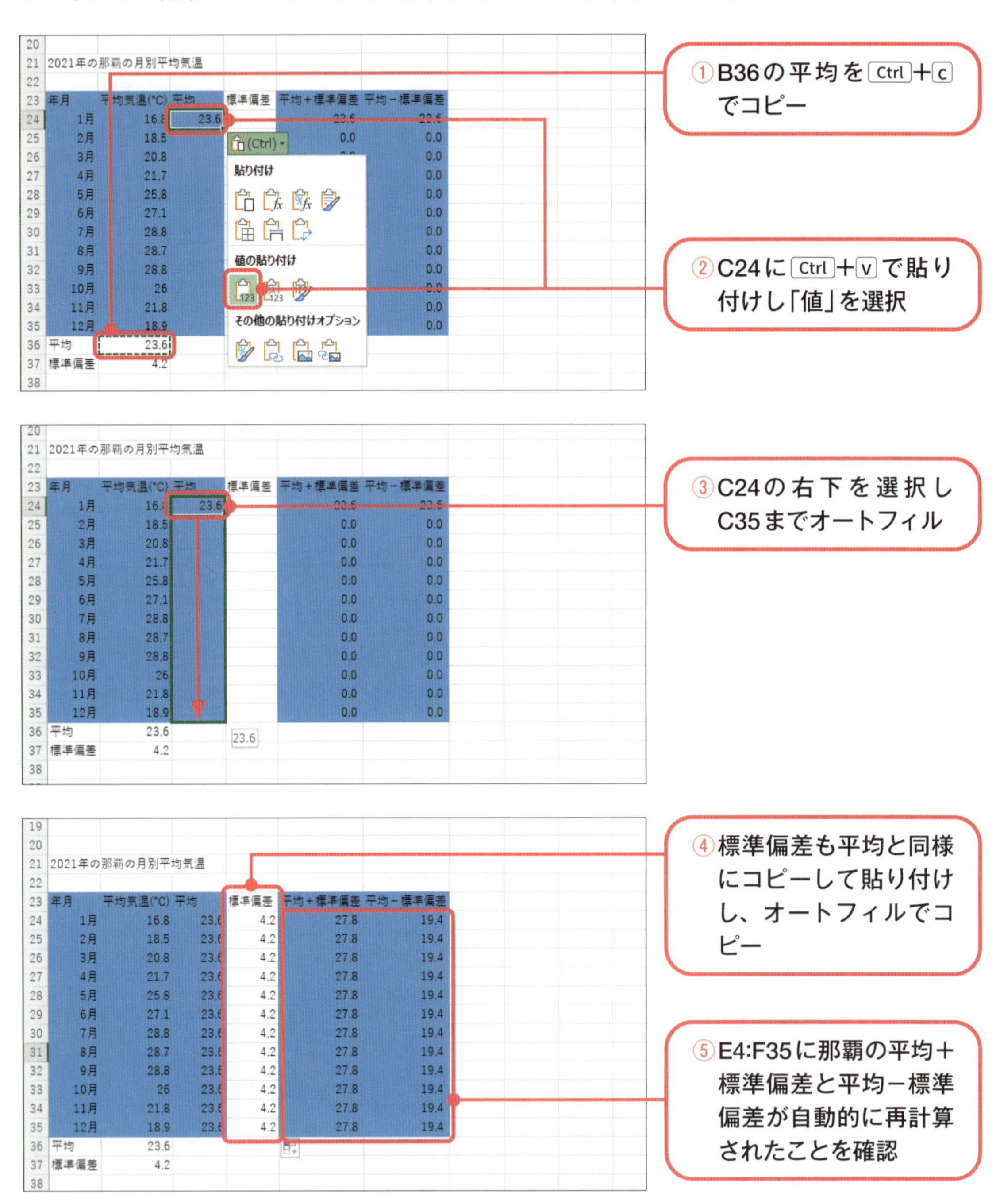

2-4-7 グラフの比較

那覇の月別平均気温の、平均と平均±標準偏差を可視化したグラフを作成し、東京と那覇の月別平均気温のグラフを比較しましょう。

Step 1 那覇のグラフの作成

右図のように、那覇の月別平均気温の折れ線グラフに平均の値と平均±標準偏差の値を入れたグラフを作成しましょう。

参考▶ 2-4-5 Step 3 ～ Step 5（p.92 ～ p.94）

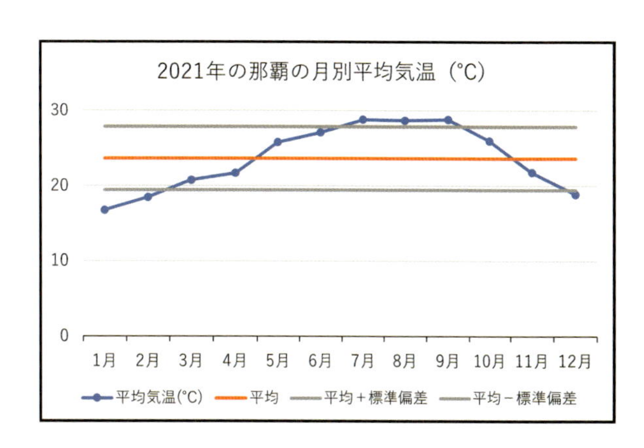

Step 2 東京と那覇のグラフの比較

東京の標準偏差は6.9で、那覇の標準偏差は4.2でした。東京の標準偏差のほうが大きく、那覇の標準偏差のほうが小さいです。それが下図のようにグラフの縦幅に表れています。

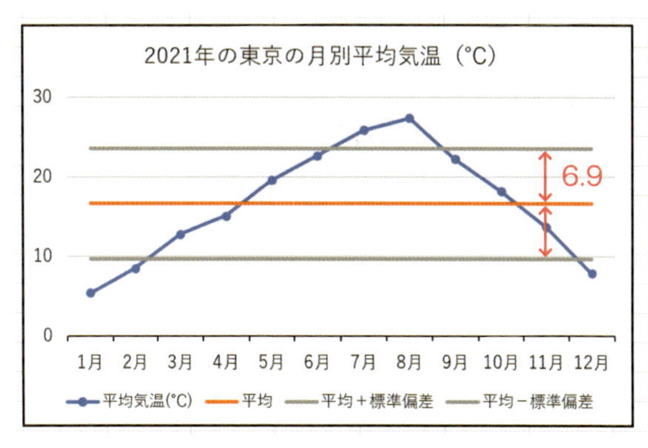

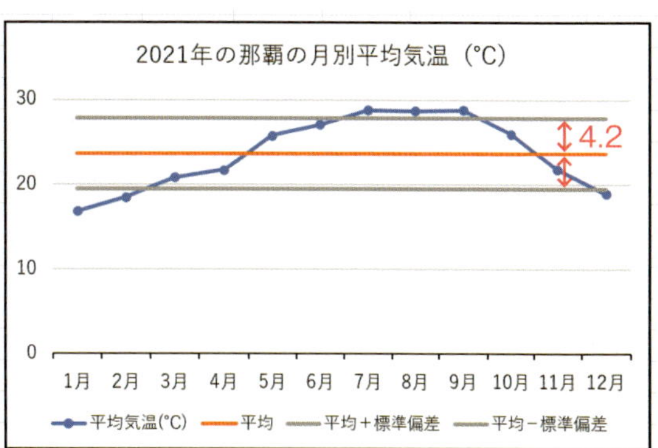

標準偏差が大きいほどオレンジの線から灰色の線までの幅が広くなり、小さいほど幅が小さくなります。つまり、標準偏差が大きいほど各データの値が平均と離れており、標準偏差の値が小さいほど各データの値が平均に近い値となっています。これが標準偏差の意味です。今回の場合では、標準偏差が小さい那覇は、東京に比べると「1年を通して気温の変化が小さい」ということが読み取れます。

2-5 大量のデータを扱う方法

グラフによる可視化はデータ量が多くなっても効果的です。本節では、Excelを使って右図のように大量のデータを可視化する方法を学習します。青の線とマーカーが5年分の東京の日別平均気温の時系列変化を表し、オレンジの線が平均、灰色の線が平均±標準偏差を表しています。2-4では12個のデータを扱いましたが、本節では1,827個のデータを扱います。

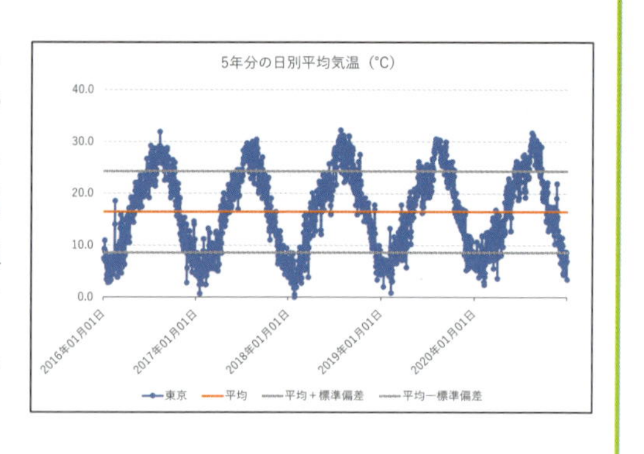

2-5-1 データのダウンロード

Step 1 気象庁のWebサイトにアクセス

Microsoft Edge を起動し、気象庁のWebサイト「https://www.jma.go.jp」にアクセスしましょう。

Step 2 使用するデータをダウンロード

気象庁のWebサイトから、2016年1月1日から2020年12月31日の5年分の東京・羽田・札幌・那覇・昭和（南極）の日別平均気温をダウンロードしましょう。

注意　異なった地点データ・項目データが入っている場合は、「選択地点・項目をクリア」を選択しましょう。

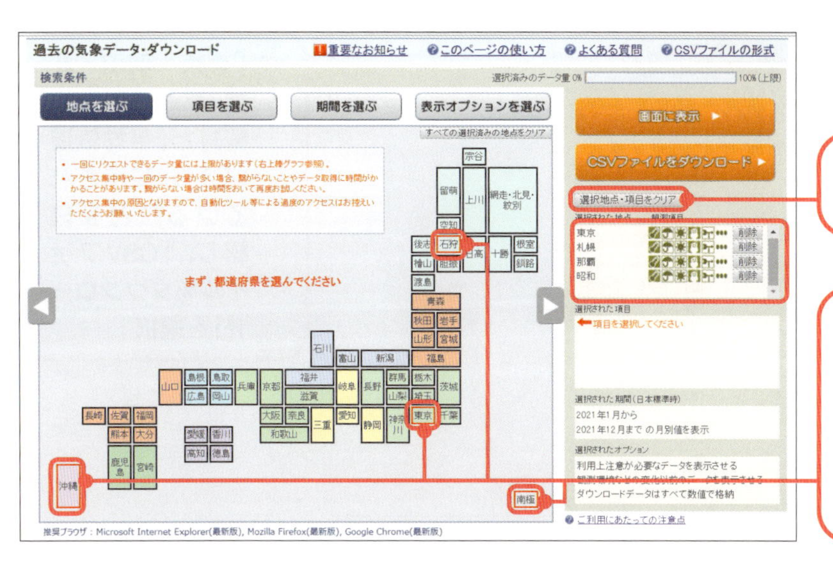

①「選択地点・項目をクリア」を選択

②東京から「東京」と「羽田」
石狩から「札幌」
沖縄から「那覇」
南極から「昭和」
を選択

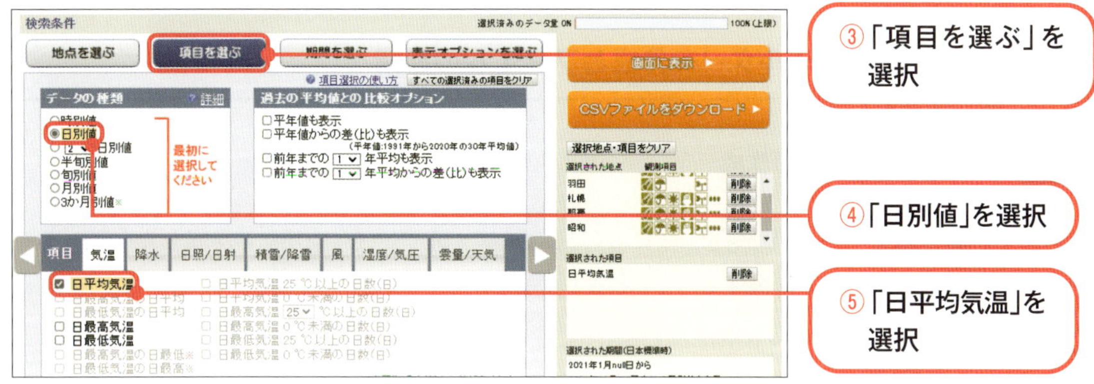

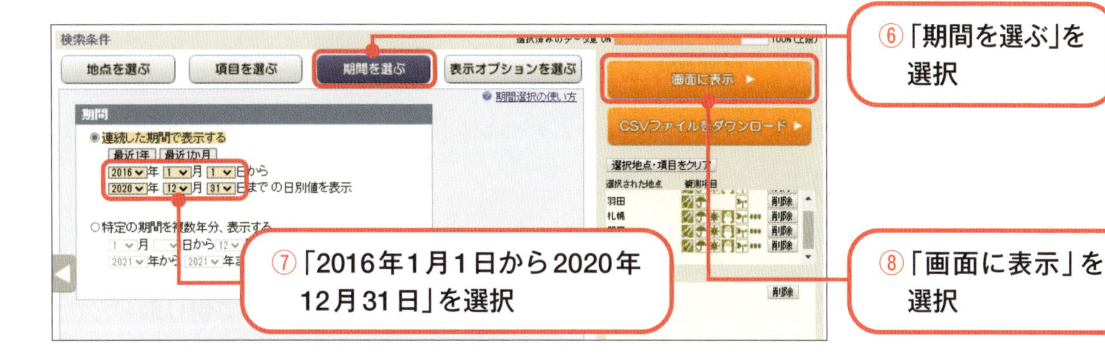

コラム　打ち切りや欠測を含むデータ

現実のデータは必ずしも完全に揃っているとは限りません。打ち切りデータとは、途中で観測や測定が終了したために完全なデータが得られていないものです。欠測（欠損）を含むデータとは、何らかの理由で一部のデータが欠けているものです。例えば、本節でダウンロードして扱っていくデータでは、南極の2017年8月12日のデータが欠測しています。このようなデータを扱う場合は、分析を始める前に、適切にデータクリーニングを行うことが重要になります。

メニューページに戻る ▶　CSVファイルをダウンロード ▶

年月日	東京 平均気温(℃)	羽田 平均気温(℃)	札幌 平均気温(℃)	那覇 平均気温(℃)	昭和(南極) 平均気温(℃)
2016年1月1日	7.5	8.7	-1.1	18.1	-0.3
2016年1月2日	7.3	8.2	1.6	20.2	0.8
2016年1月3日	9.3	9.6	0.3	21.2	-1.9
2016年1月4日	9.2	10.2	-1.7	19.8	-3.5
2016年1月5日	10.9	11.5	-3.9	22.5	-2.3
2016年1月6日	8.9	9.3	-2.3	19.5	-3.1
2016年1月7日	8.7	9.6	-2.7	19.1	-2.0
2016年1月8日	6.8	8.4	-2.5	16.6	-0.2
2016年1月9日	7.3	8.1	-3.6	17.1	0.6
2016年1月10日	7.9	8.9	-4.2	18.3	1.9
2016年1月11日	7.1	8.0	-6.7	19.4	0.2
2016年1月12日	3.4	4.4	-6.4	18.2	-0.4
2016年1月13日	4.3	5.4	-4.2	15.9	0.8
2016年1月14日	6.0	6.8	-3.7	15.1	0.6
2016年1月15日	5.6	6.7	-6.3	16.6	-1.2
2016年1月16日	6.5	7.2	-5.0	17.5	-2.4

⑨「東京・羽田・札幌・那覇・昭和(南極)」と「平均気温(℃)」が表示されていることを確認し、「CSVファイルをダウンロード」を選択

2-5-2 作業用フォルダーの作成とファイルの準備

Step 1 作業用フォルダーの作成

本節で学習するファイルを保存するための「2-05」フォルダーを、2-1-1で作成した「データサイエンス」フォルダーの中に作成しましょう。

参考▶ 2-1-1 Step 2 (p.39 ~ p.40)

Step 2 ダウンロードしたファイルの移動

2-5-1のStep 2でダウンロードした「data.csv」ファイルを、「ダウンロード」フォルダーから「2-05」フォルダーに移動しましょう。

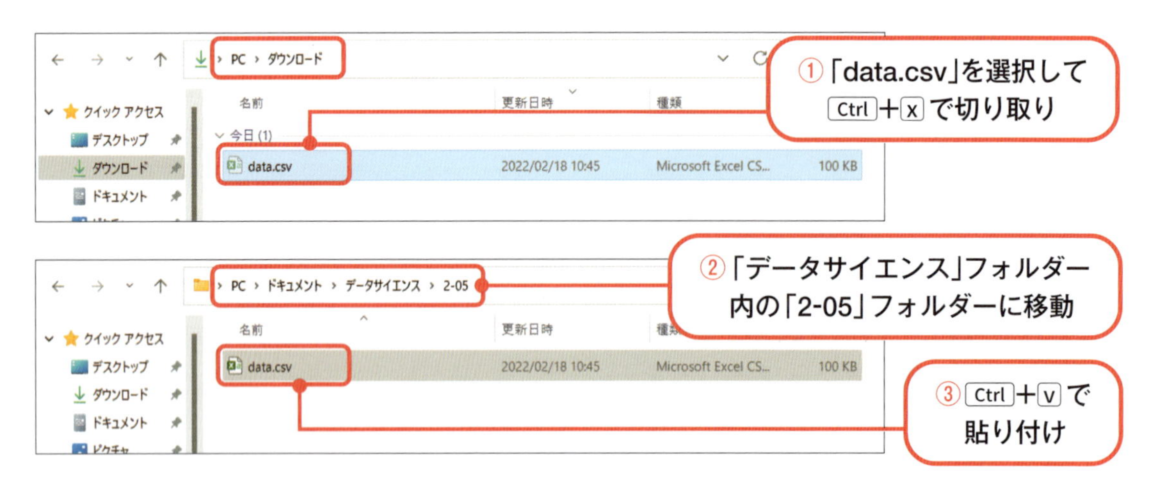

Step 3 ファイル名の変更

「data.csv」ファイルのファイル名を「5地点5年分.csv」に変更しましょう。

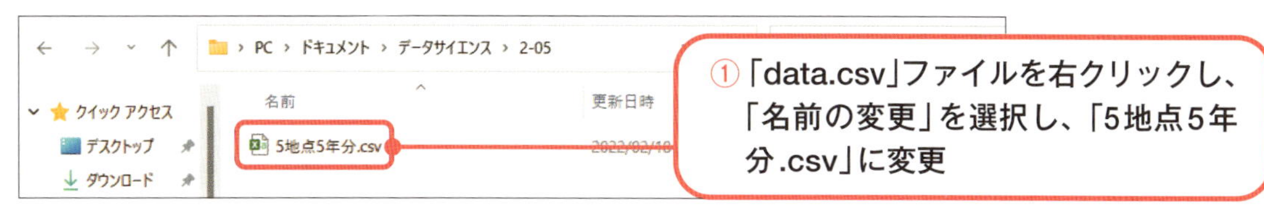

参考▶ 2-2-2 Step 3 (p.59)

Step 4 CSVファイルをExcelブックファイルに変換

Step 3で作成した「5地点5年分.csv」ファイルをExcelブックファイル形式に変換し、「2-05.xlsx」というファイル名で保存しましょう。

参考▶ 2-2-2 Step 4 (p.59 ~ p.60)

2-5-3 データクリーニング

2016年から2020年までの5年分の東京の日別平均気温のグラフを作成して可視化しましょう。

Step 1 必要のない行と列の削除

「2-05.xlsx」ファイルを開き、2016年から2020年までの東京の月別平均気温のグラフを作成するのに必要のない行や列を削除し右図のようにしましょう。

- C列からP列と5行目を削除
- A2とB4を表示のように入力
- A列の幅を年月日の数値が見えるように拡げる

	A	B	C	D
1	ダウンロードした時刻：2022/02/18 11:13:39			
2	2016年から2020年までの東京の日別平均気温			
3				
4	年月日	東京		
5	2016/1/1	7.5		
6	2016/1/2	7.3		
7	2016/1/3	9.3		
8	2016/1/4	9.2		
9	2016/1/5	10.9		
10	2016/1/6	8.9		
11	2016/1/7	8.7		
12	2016/1/8	6.8		
13	2016/1/9	7.3		
14	2016/1/10	7.9		
15	2016/1/11	7.1		
16	2016/1/12	3.4		
17	2016/1/13	4.3		
18	2016/1/14	6		
19	2016/1/15	5.6		
20	2016/1/16	6.5		
21	2016/1/17	5.8		

Step 2 ウィンドウ枠の固定

1,831行目まであるので、下にスクロールしても4行目までは常に表示されるように設定しましょう。

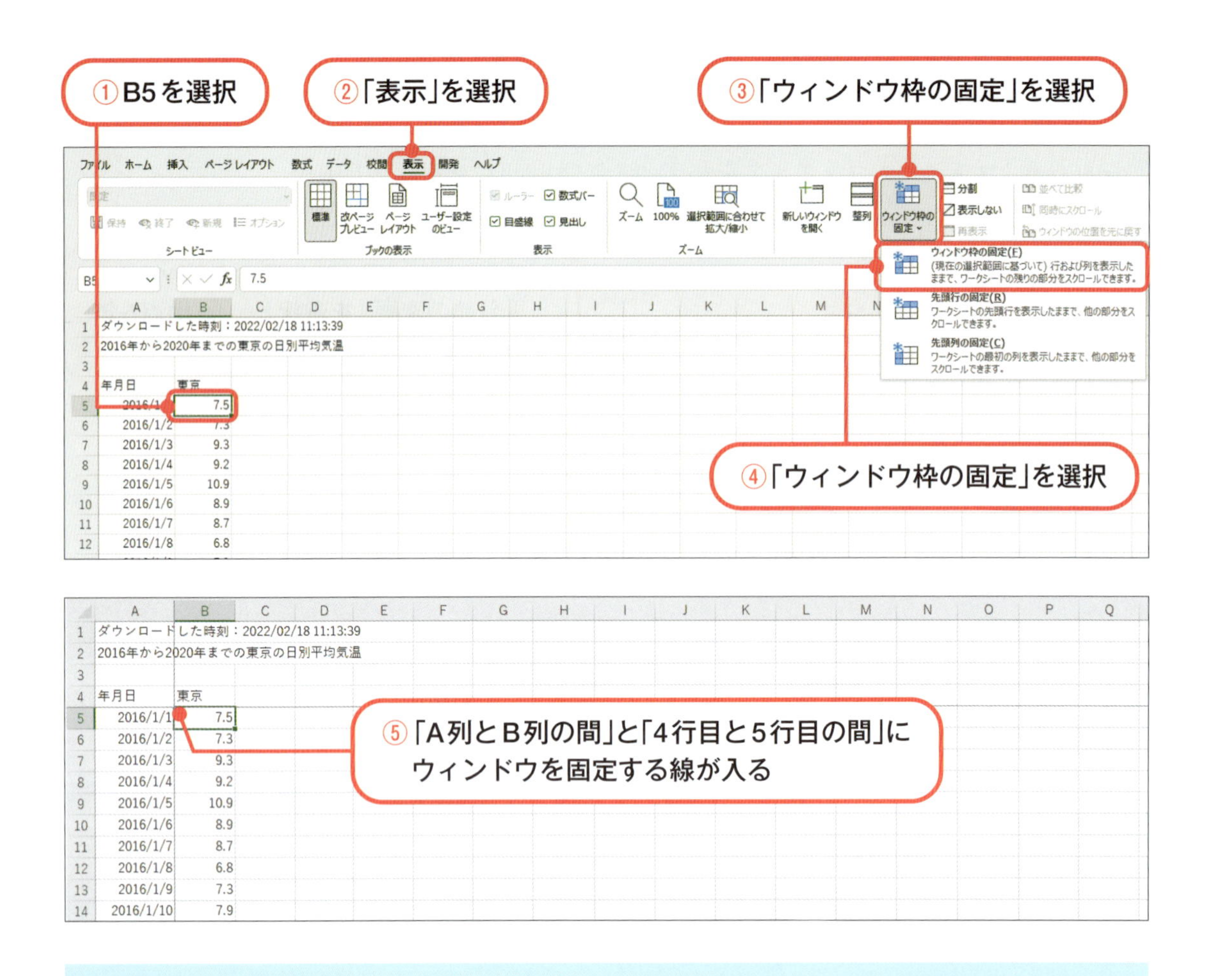

ウィンドウ枠を固定することで、下にスクロールしても4行目までは常に表示されます。

Step 3 気温を小数第1位までの表示に変更

小数第1位までの表示にするセル(B5:B1831)を選択します(手順①、②)。次に、小数の表示を小数第1位までの表示にしましょう(手順③、④)。

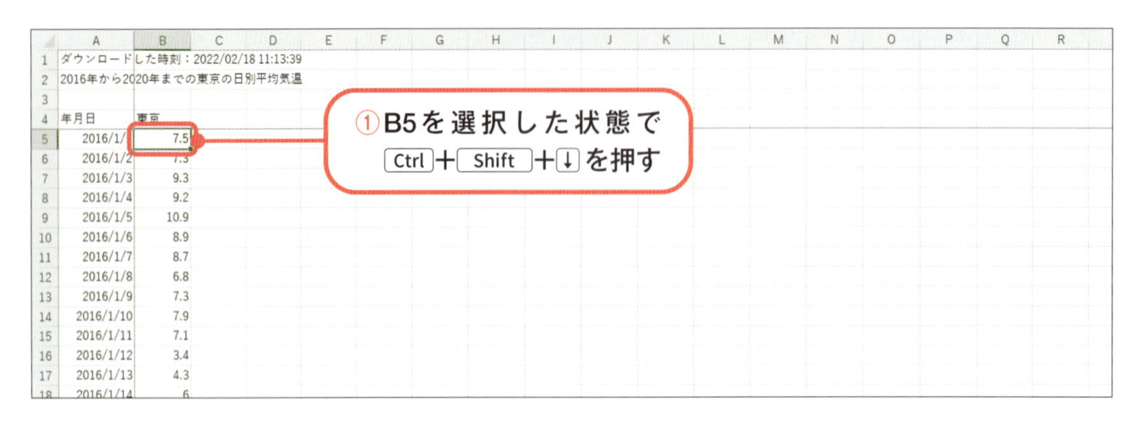

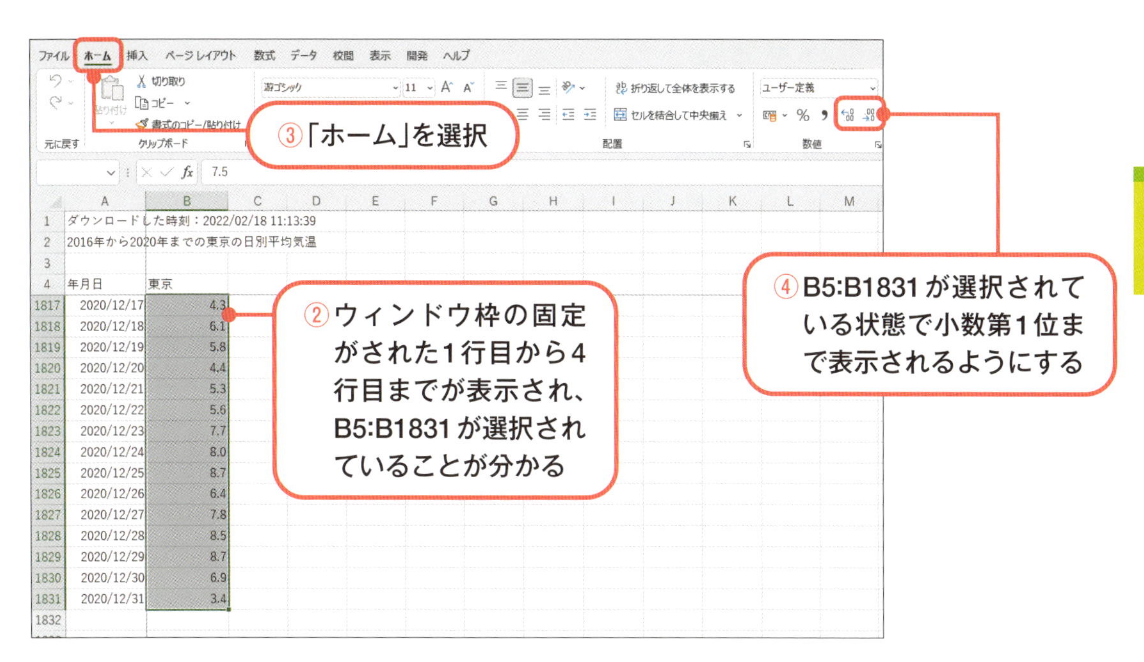

注意　年月日のA列が「######」と表示されている場合がありますが、列幅を拡げると正しく年月日が表示されます。

Step 4 5行目に移動

B1831からA5に移動し、シート上部を表示しましょう。

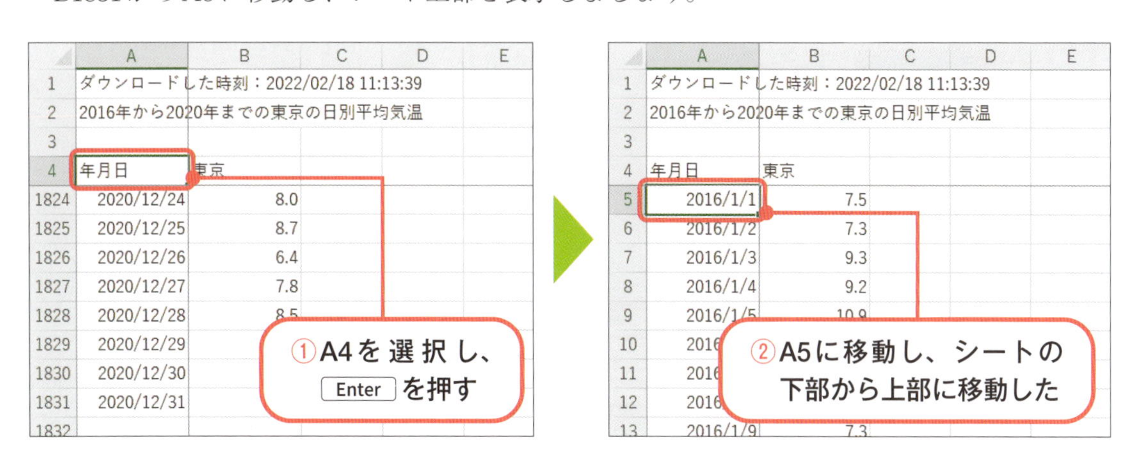

Step 5 年月日の表示を変更

次に、年月日の表示を変更しましょう。年月日を変更するセル(A5:A1831)を選択します(手順①)。

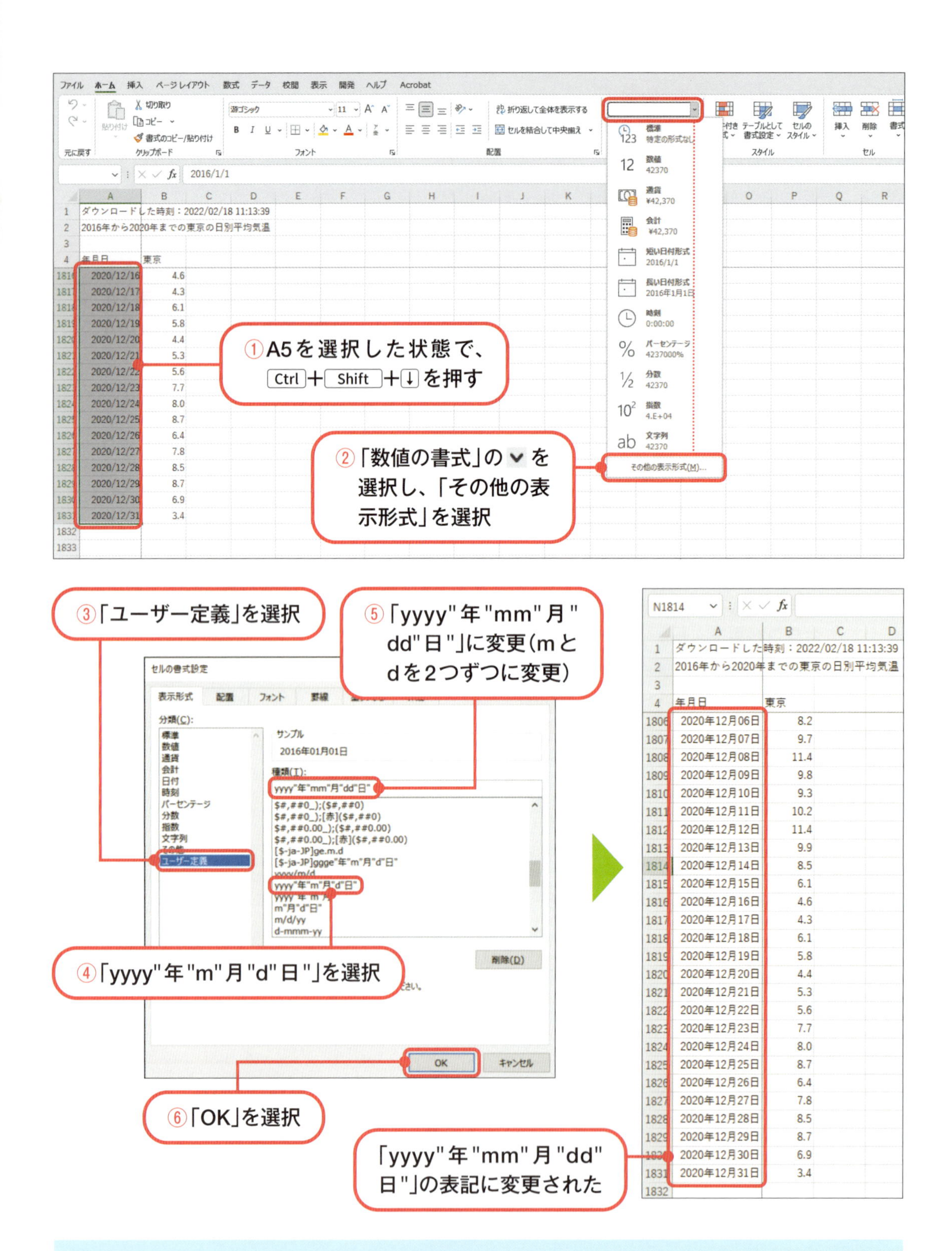

yyyy"年"m"月"d"日"だと「2020年1月1日」と表示されますが、yyyy"年"mm"月"dd"日"に設定すると、「2020年01月01日」と表示されます。

2-5-4 平均と標準偏差、平均±標準偏差の算出

Step 1 行の挿入

4行目の上に2行挿入し、年月日が6行目になるようにしましょう。

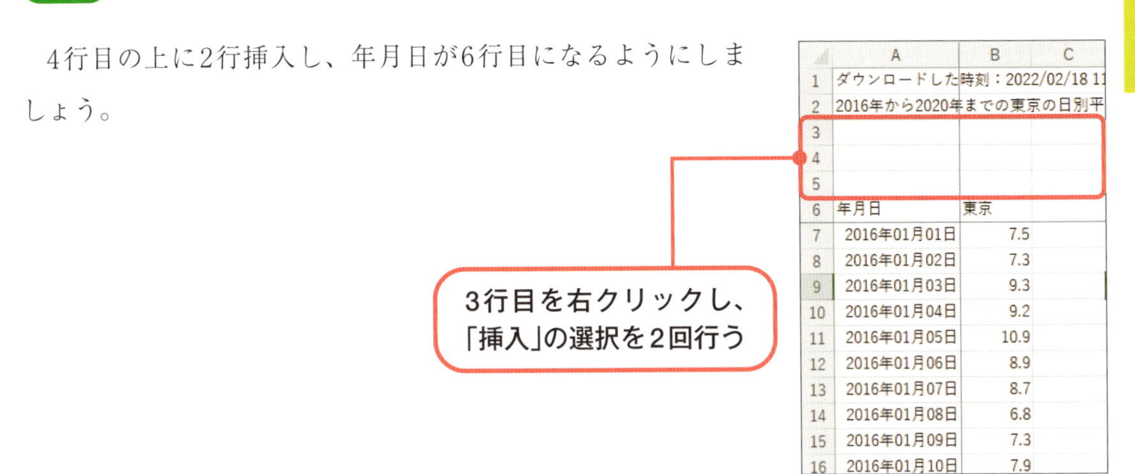

Step 2 平均の算出

A6を選択して Enter を押し、シート上部を表示しましょう。次に、平均を算出しましょう。

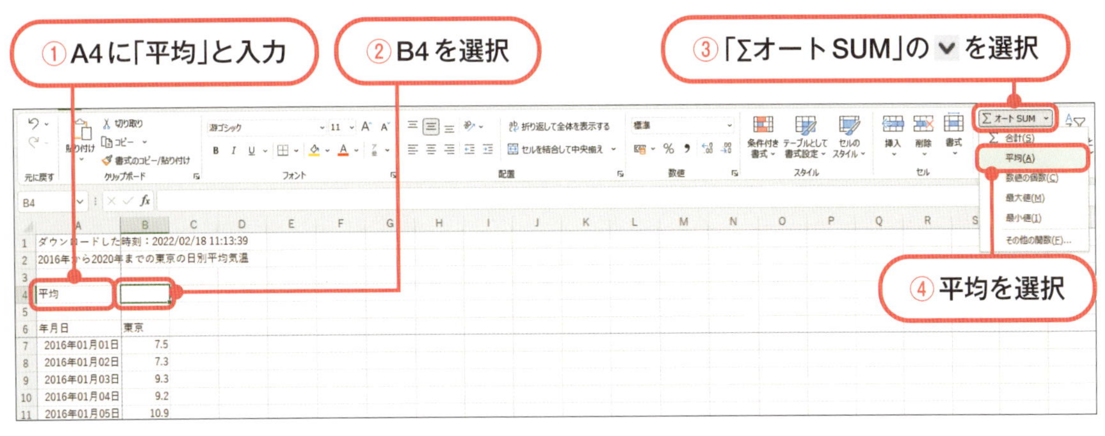

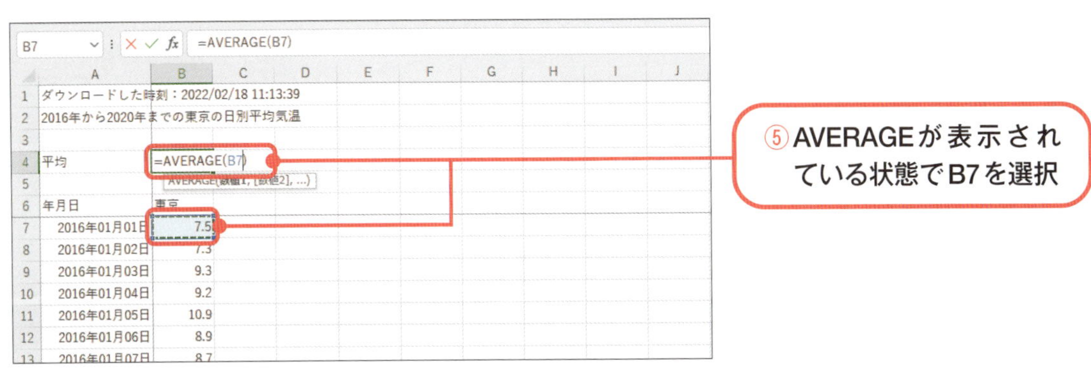

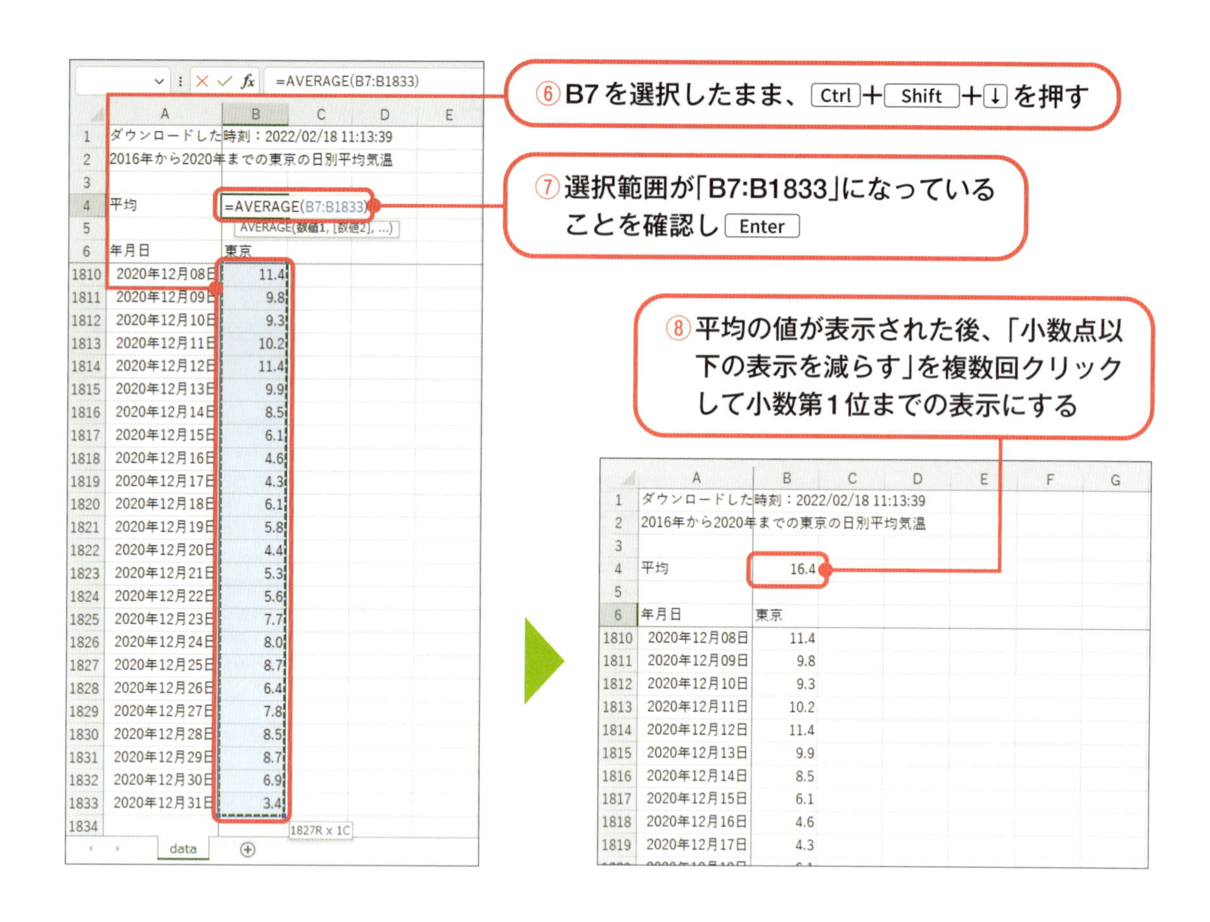

Step 3 標準偏差の算出、シート上部を表示

A6を選択して Enter を押し、シート上部を表示しましょう。次に、B5に標準偏差を算出しましょう。

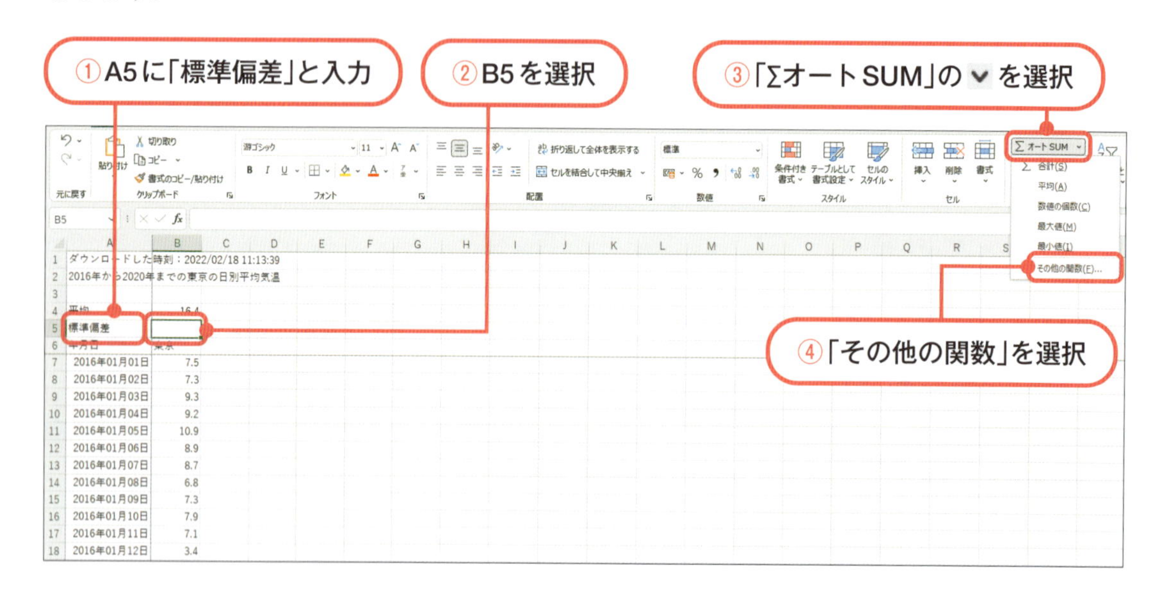

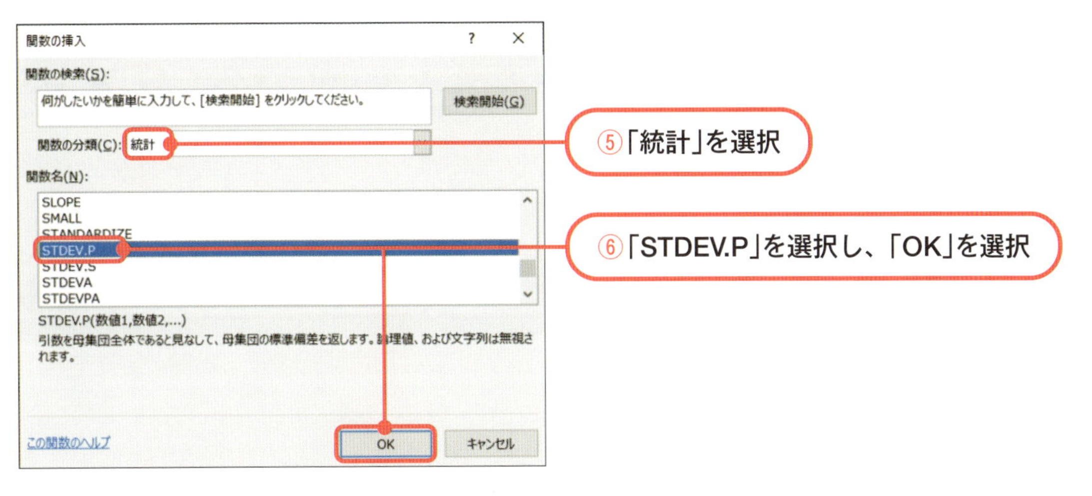
関数の挿入
関数の検索(S):
何がしたいかを簡単に入力して、[検索開始] をクリックしてください。
検索開始(G)
関数の分類(C): 統計
関数名(N):
SLOPE
SMALL
STANDARDIZE
STDEV.P
STDEV.S
STDEVA
STDEVPA
STDEV.P(数値1,数値2,...)
引数を母集団全体であると見なして、母集団の標準偏差を返します。論理値、および文字列は無視されます。
この関数のヘルプ
OK
キャンセル
⑤「統計」を選択
⑥「STDEV.P」を選択し、「OK」を選択

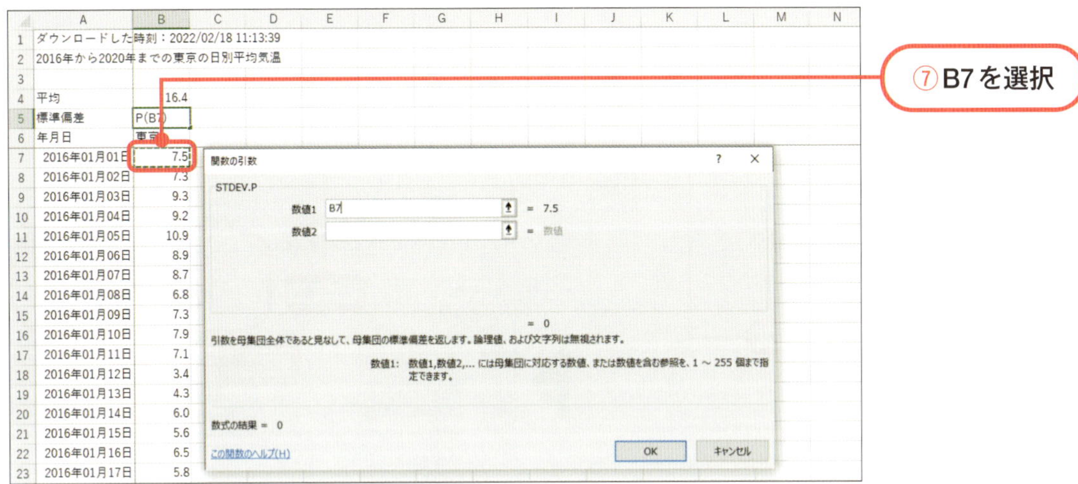
ダウンロードした時刻：2022/02/18 11:13:39
2016年から2020年までの東京の日別平均気温
平均
16.4
標準偏差
年月日
関数の引数
STDEV.P
数値1
B7
= 7.5
数値2
引数を母集団全体であると見なして、母集団の標準偏差を返します。論理値、および文字列は無視されます。
数式の結果 = 0
OK
キャンセル
⑦B7を選択

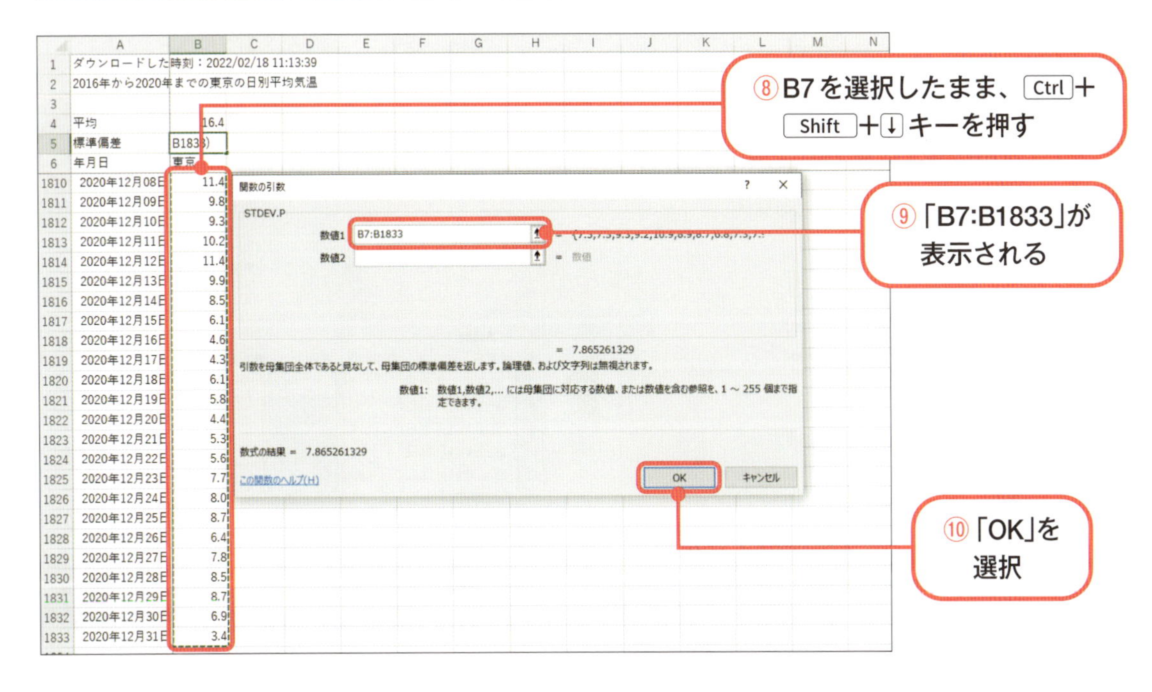
関数の引数
STDEV.P
数値1
B7:B1833
= 7.865261329
数式の結果 = 7.865261329
OK
キャンセル
⑧B7を選択したまま、Ctrl+Shift+↓キーを押す
⑨「B7:B1833」が表示される
⑩「OK」を選択

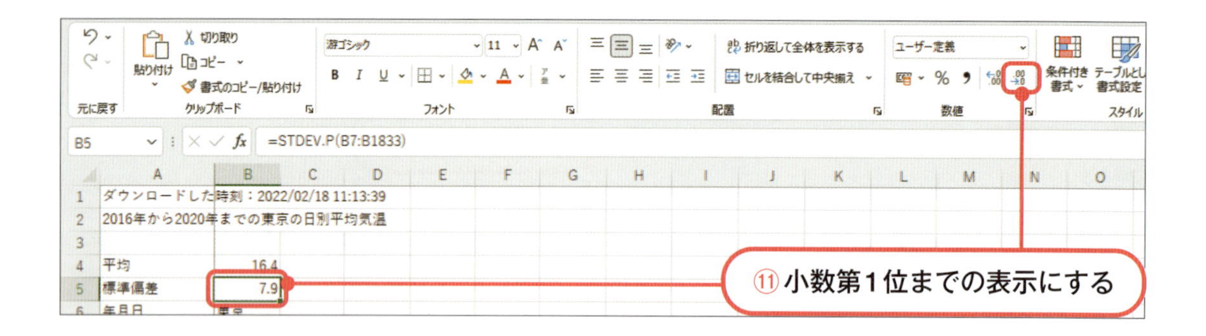

Step 4 平均と標準偏差の値のコピー

平均と標準偏差の値をコピーして貼り付け、C7:D1833を小数第1位までの表示に変更しましょう。

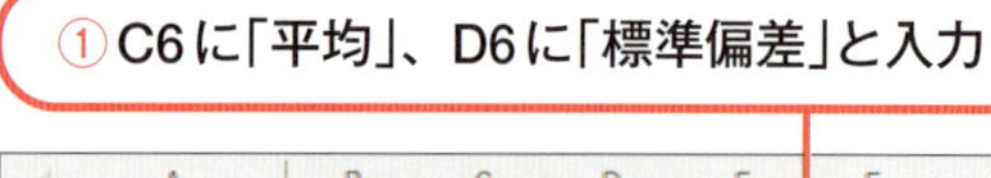

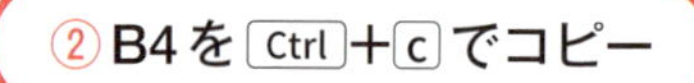

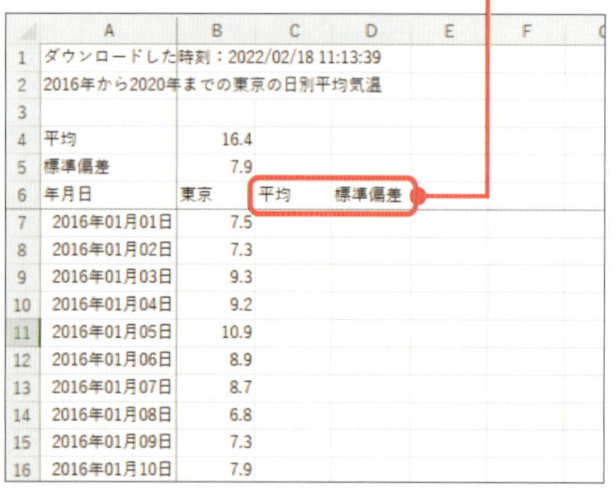

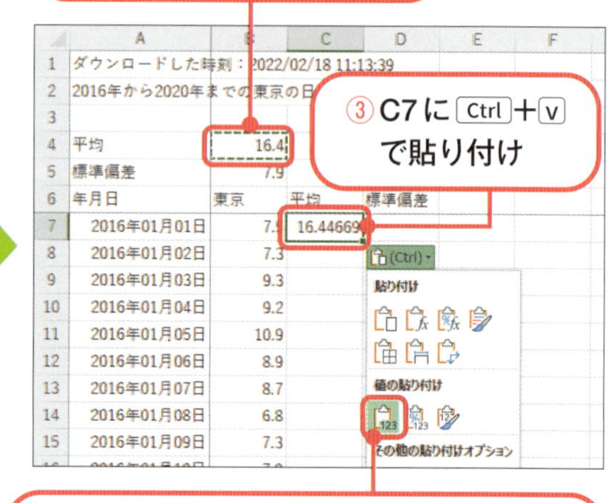

④「貼り付けのオプション」の「値」を選択

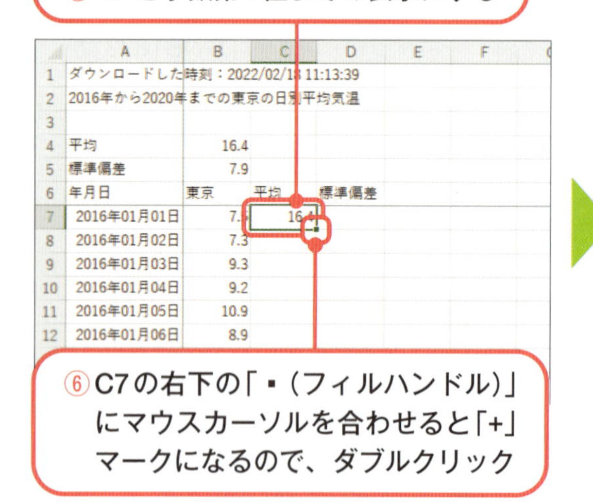

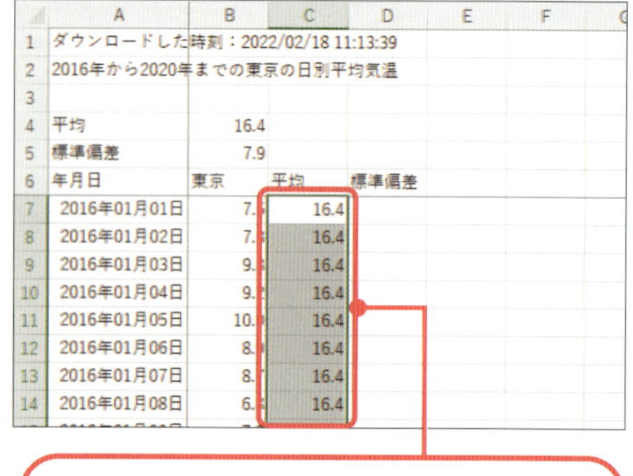

⑦ C7の値がC1833までコピーされる

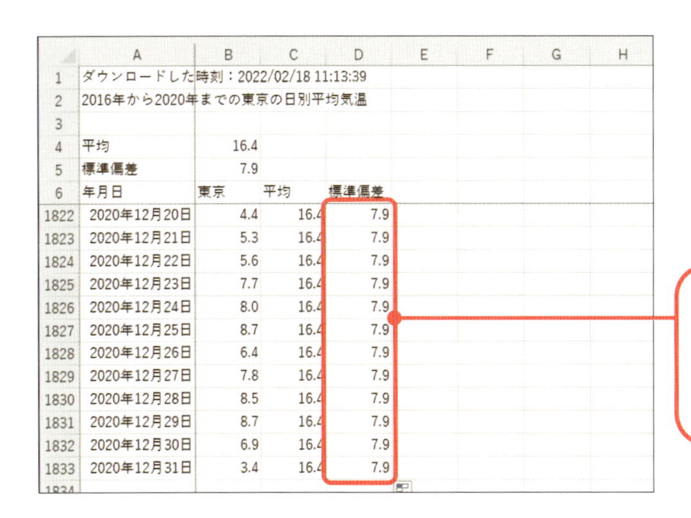

⑧標準偏差も同様にして、B5の値をコピーしD7に貼り付けて小数第1位までの表示にし、D7:D1833までコピーする

Step 5 平均±標準偏差の算出

平均＋標準偏差と平均－標準偏差の値を計算し、2列まとめてオートフィルでコピーしましょう。

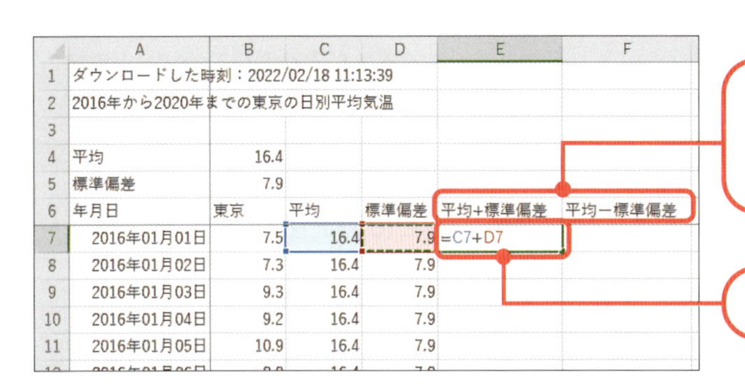

①E6に「平均＋標準偏差」、F6に「平均－標準偏差」と入力し、列幅を調整

②E7に半角で「=C7+D7」と入力

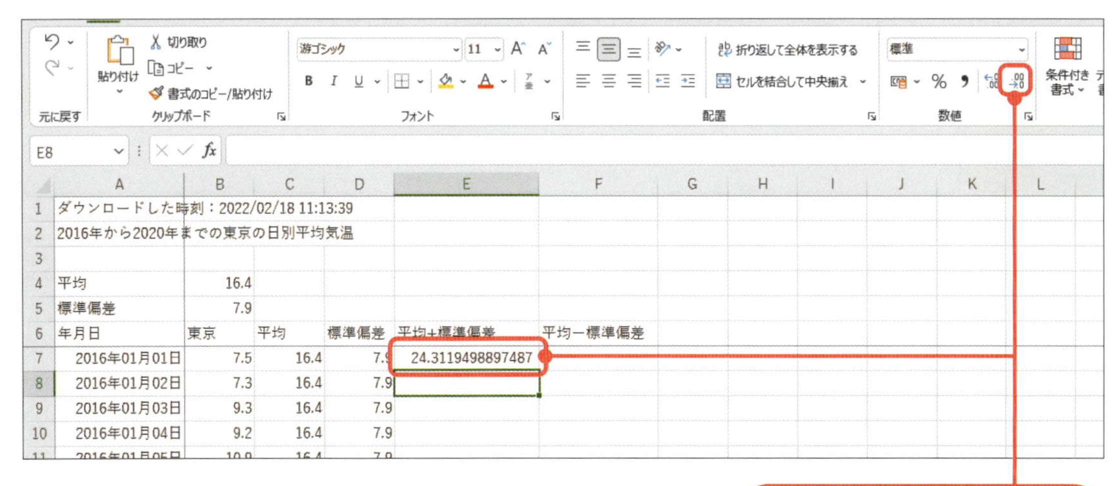

③小数第1位の表示にする

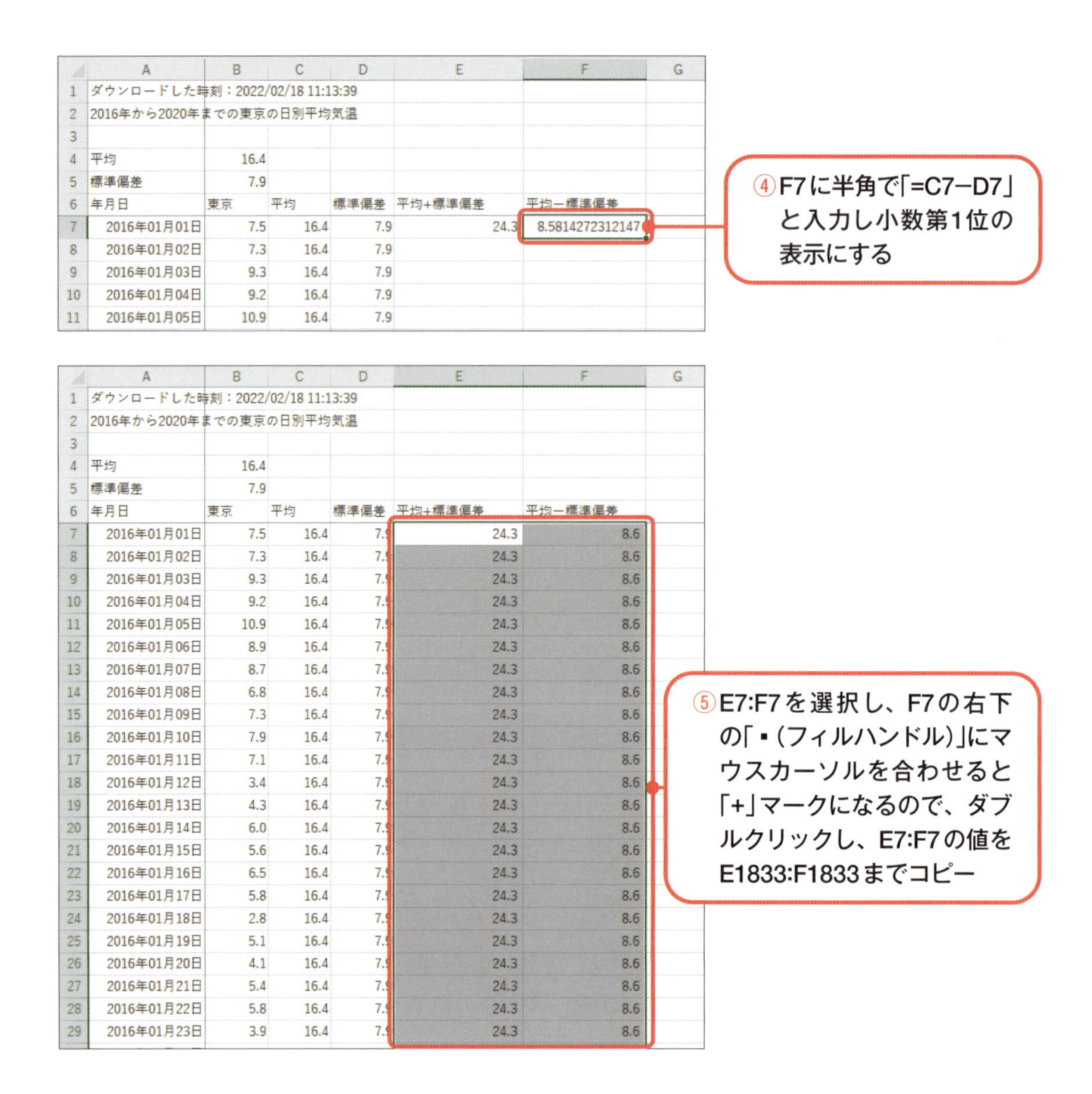

	A	B	C	D	E	F	G
1	ダウンロードした時刻：2022/02/18 11:13:39						
2	2016年から2020年までの東京の日別平均気温						
3							
4	平均	16.4					
5	標準偏差	7.9					
6	年月日	東京	平均	標準偏差	平均+標準偏差	平均−標準偏差	
7	2016年01月01日	7.5	16.4	7.9	24.3	8.5814272312147	
8	2016年01月02日	7.3	16.4	7.9			
9	2016年01月03日	9.3	16.4	7.9			
10	2016年01月04日	9.2	16.4	7.9			
11	2016年01月05日	10.9	16.4	7.9			

	A	B	C	D	E	F	G
1	ダウンロードした時刻：2022/02/18 11:13:39						
2	2016年から2020年までの東京の日別平均気温						
3							
4	平均	16.4					
5	標準偏差	7.9					
6	年月日	東京	平均	標準偏差	平均+標準偏差	平均−標準偏差	
7	2016年01月01日	7.5	16.4	7.9	24.3	8.6	
8	2016年01月02日	7.3	16.4	7.9	24.3	8.6	
9	2016年01月03日	9.3	16.4	7.9	24.3	8.6	
10	2016年01月04日	9.2	16.4	7.9	24.3	8.6	
11	2016年01月05日	10.9	16.4	7.9	24.3	8.6	
12	2016年01月06日	8.9	16.4	7.9	24.3	8.6	
13	2016年01月07日	8.7	16.4	7.9	24.3	8.6	
14	2016年01月08日	6.8	16.4	7.9	24.3	8.6	
15	2016年01月09日	7.3	16.4	7.9	24.3	8.6	
16	2016年01月10日	7.9	16.4	7.9	24.3	8.6	
17	2016年01月11日	7.1	16.4	7.9	24.3	8.6	
18	2016年01月12日	3.4	16.4	7.9	24.3	8.6	
19	2016年01月13日	4.3	16.4	7.9	24.3	8.6	
20	2016年01月14日	6.0	16.4	7.9	24.3	8.6	
21	2016年01月15日	5.6	16.4	7.9	24.3	8.6	
22	2016年01月16日	6.5	16.4	7.9	24.3	8.6	
23	2016年01月17日	5.8	16.4	7.9	24.3	8.6	
24	2016年01月18日	2.8	16.4	7.9	24.3	8.6	
25	2016年01月19日	5.1	16.4	7.9	24.3	8.6	
26	2016年01月20日	4.1	16.4	7.9	24.3	8.6	
27	2016年01月21日	5.4	16.4	7.9	24.3	8.6	
28	2016年01月22日	5.8	16.4	7.9	24.3	8.6	
29	2016年01月23日	3.9	16.4	7.9	24.3	8.6	

2-5-5 グラフの作成

日別平均気温の折れ線グラフに平均の値と平均±標準偏差の値を入れたグラフを作成しましょう。

Step 1 グラフの作成に必要なデータの確認

グラフ作成に必要なデータを青に塗りつぶしましょう。グラフ作成に必要なデータは年月日と気温のデータ、平均、平均+標準偏差、平均−標準偏差です。

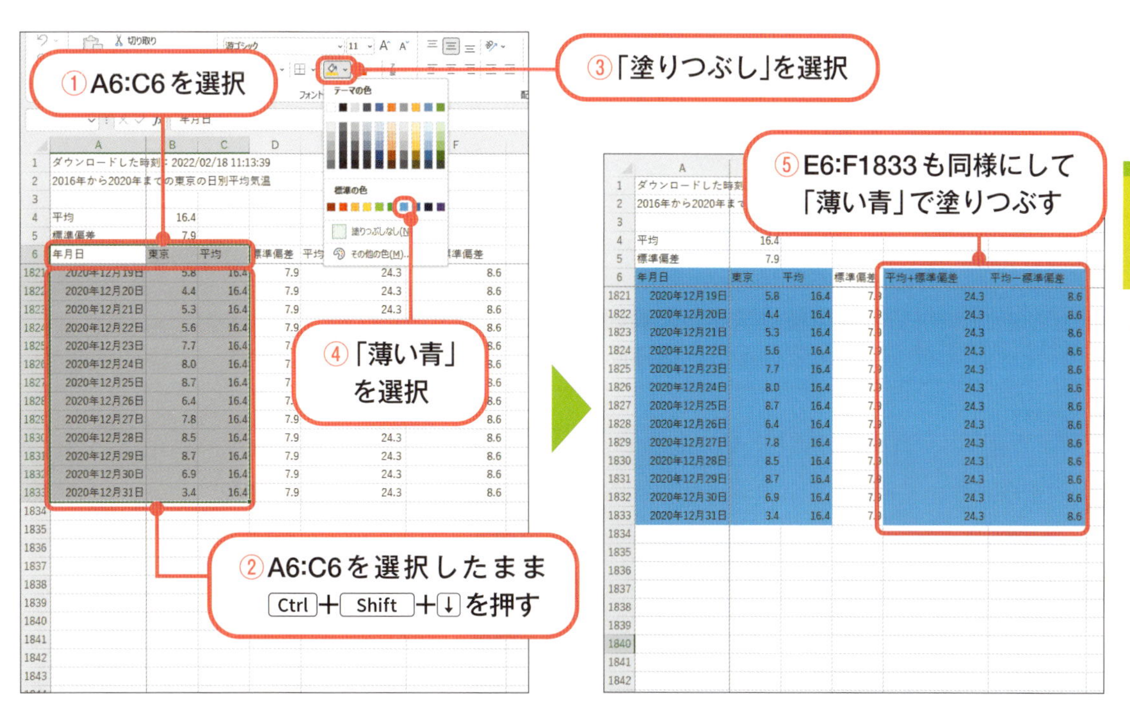

Step 2 グラフの作成

Step 1で青に塗りつぶしたところを使ってグラフを作成しましょう。

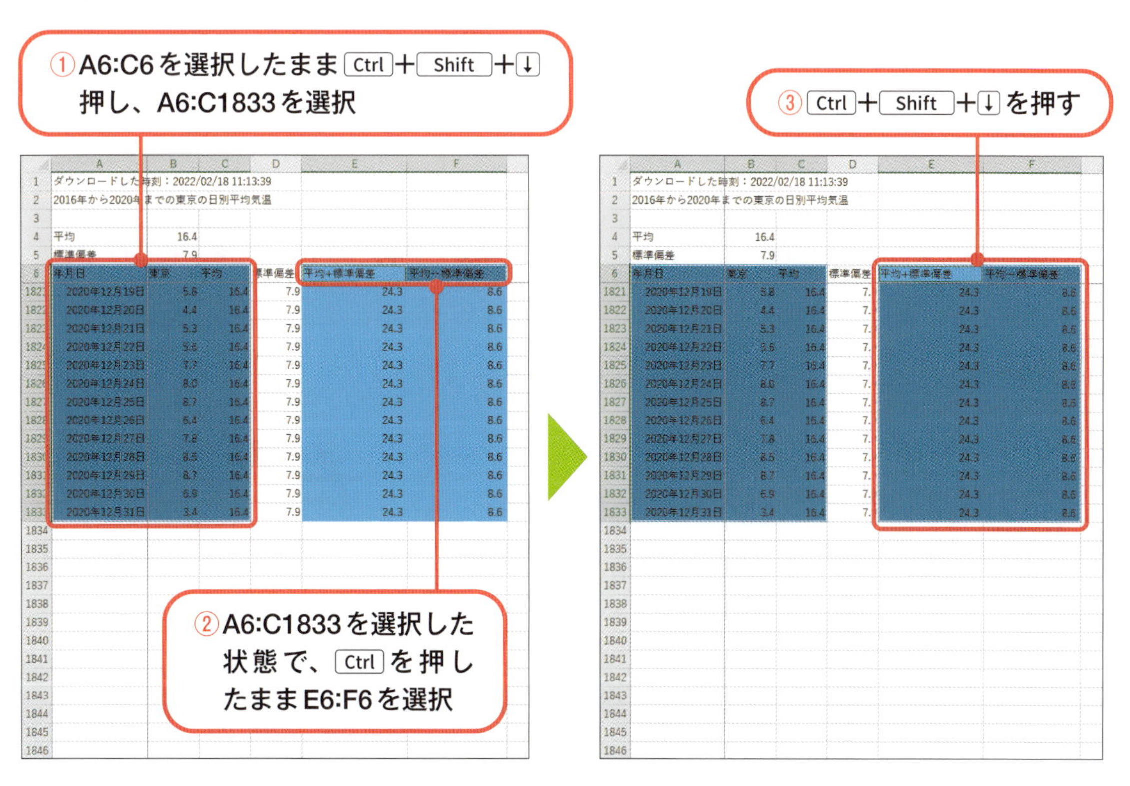

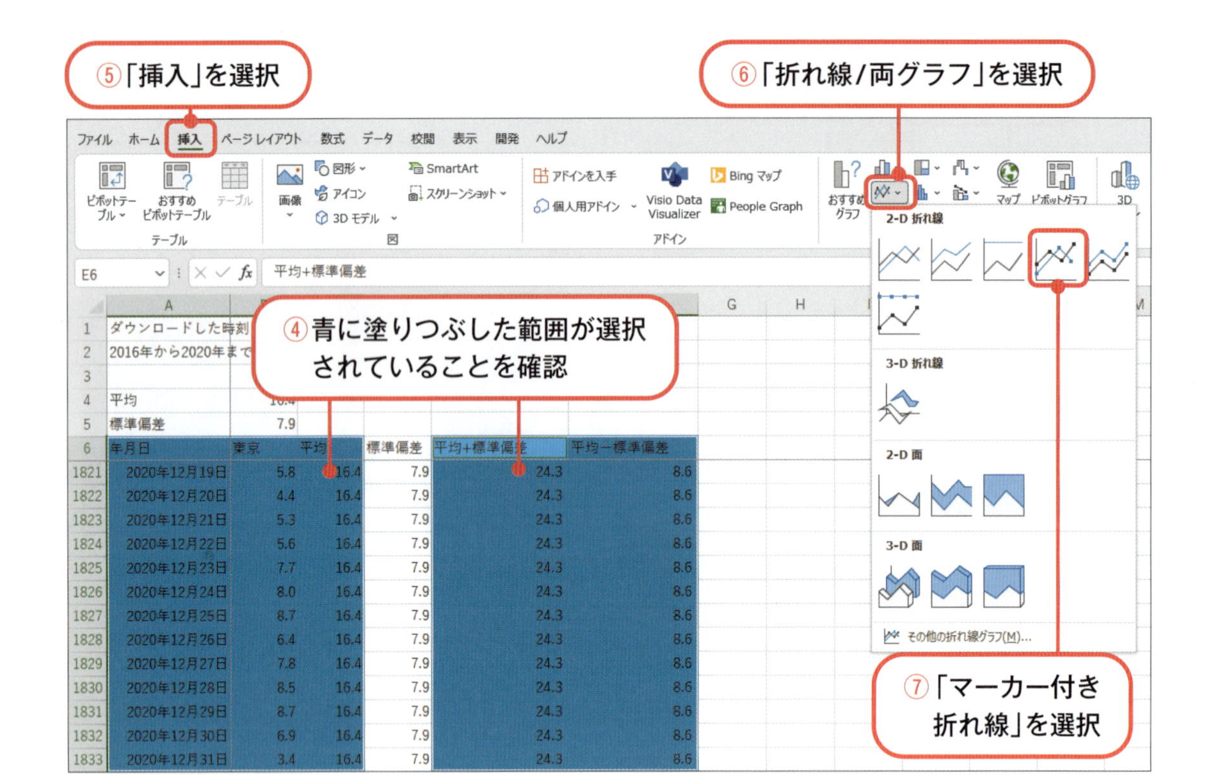

Step 3 ウィンドウ枠の固定の解除

ウィンドウ枠を固定したままだと、グラフが切れて表示されてしまうので、ウィンドウ枠の固定を解除しましょう。

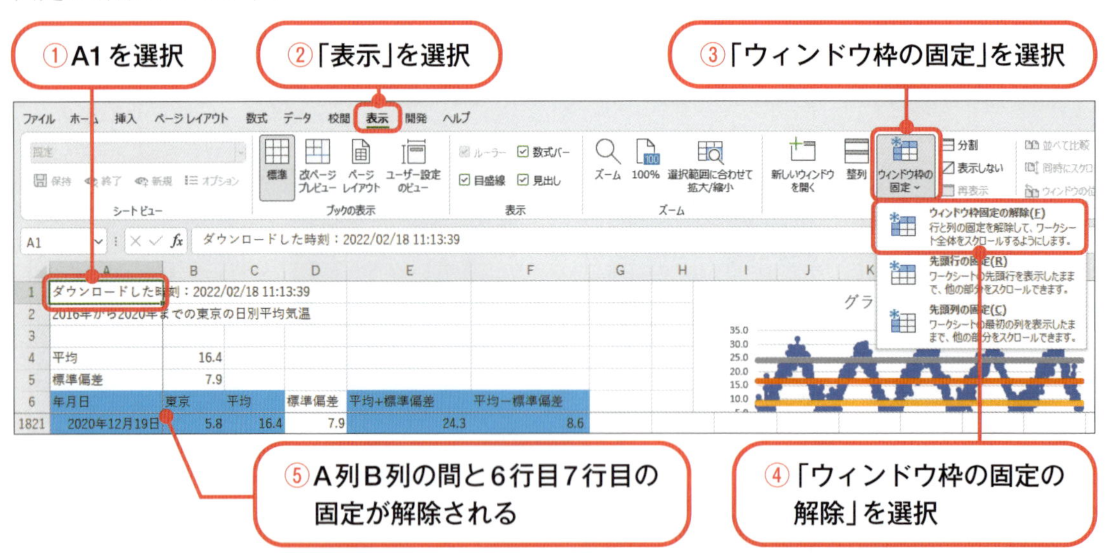

注意 平均と平均±標準偏差の線は、データが大量にあるため、マーカーが無いように見えています。そのため、Step 5でマーカーを消す操作は必要です。

Step 4 グラフの表示を編集 1

グラフを大きくし、以下の通りグラフの表示を編集しましょう。

- グラフタイトルを「5年分の日別平均気温(℃)」と入力。
- グラフの枠線を黒の1.5ptに設定。
- グラフタイトルのフォントサイズを14ptに、縦(値)軸・横(項目)軸・凡例のフォントサイズを11ptに設定し、全てのフォントを游ゴシック、フォントの色を黒に設定。
- 縦(値)軸の軸を0から40の10毎の表示に設定。
- 横(項目)軸の線の色を黒に設定。

参考▶ 2-2-4 (p.63 ~ p.65)

注意 1 「選択したグラフに適用される書式は複雑であり、表示に時間がかかる可能性があります。この書式の適用を続けますか？」と表示された場合は、「はい」を選択します。

注意 2 Excelのバージョンによっては、グラフの色が異なります。色が異なる場合は、書籍の画像に近い色を選択しましょう。

Step 5 グラフの表示を編集 2

平均と平均±標準偏差のマーカーを消しましょう。また、平均±標準偏差の線の色を「灰色、アクセント3」で統一し、グラフを完成させましょう。

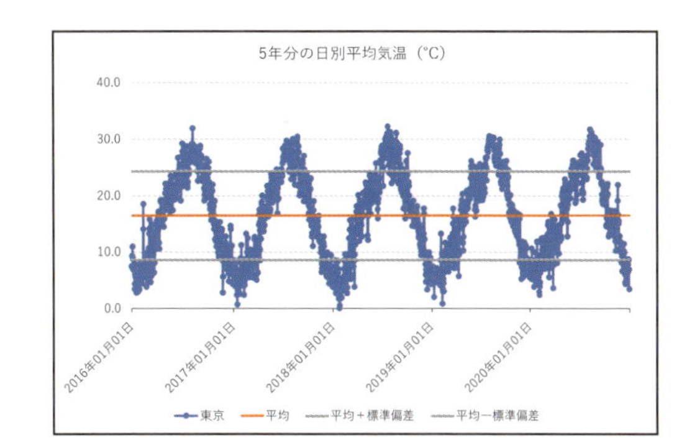

参考▶ 2-4-5 Step 5 (p.93 ~ p.94)

コラム 分散と偏差値

標準偏差と同様に、分散もデータのばらつきを表す指標です。元来、標準偏差は分散の値の平方根を取って求められる数です。一般的にグラフの中に、ばらつきの指標を可視化するときは、標準偏差が用いられます。

偏差値とは、あるデータの平均を50に、標準偏差を10になるように調整した値のことです。偏差値60以上は上位約15%、偏差値70以上は上位約2%程度に位置することになります。

2-6 基本統計量の算出と箱ひげ図

箱ひげ図では、平均や標準偏差からでは分からないデータの分布を簡単に把握することができます。本節では、東京、札幌、那覇の5年分の日別平均気温から基本統計量（データの個数・平均・標準偏差・最大値・中央値・最小値）を算出する方法を学習します。さらに、箱ひげ図を作成して、箱ひげ図の見方を確認します。また、データを扱うときに便利なオートフィルターの機能も学習します。

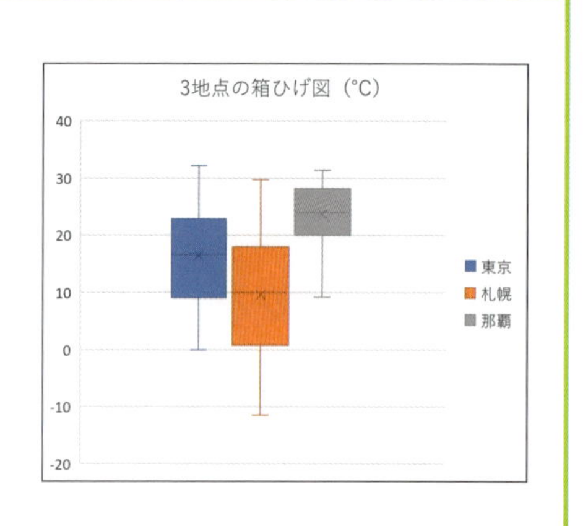

2-6-1 作業用フォルダーの作成とファイルの準備

Step 1 作業用フォルダーの作成

本節で学習するファイルを保存するための「2-06」フォルダーを、2-1-1で作成した「データサイエンス」フォルダーの中に作成しましょう。

参考▶ 2-1-1 Step 2（p.39 ～ p.40）

Step 2 ファイルのコピーとファイル形式の変換

「2-05」フォルダーから「2-06」フォルダーに、「5地点5年分.csv」ファイルをコピーしましょう。さらに「5地点5年分.csv」のファイル形式をExcelブックファイル形式に変換し、「2-06.xlsx」というファイル名で保存しましょう。

参考▶ 2-3-1 Step 2（p.72 ～ p.73）：ファイルのコピー
参考▶ 2-2-2 Step 4（p.59 ～ p.60）：ファイル形式の変換

2-6-2 データクリーニング

Step 1 必要のない行と列の削除

「2-06.xlsx」ファイルを開き、2016年から2020年までの東京・札幌・那覇の日別平均気温に関係のない羽田と昭和(南極)の列、および品質情報と均質番号の列と、5行目を削除し、右図のようにしましょう。

	A	B	C	D	E
1	ダウンロードした時刻：2022/02/18 11:13:39				
2	2016年から2020年までの3地点の日別平均気温				
3					
4	年月日	東京	札幌	那覇	
5	2016/1/1	7.5	-1.1	18.1	
6	2016/1/2	7.3	1.6	20.2	
7	2016/1/3	9.3	0.3	21.2	
8	2016/1/4	9.2	-1.7	19.8	
9	2016/1/5	10.9	-3.9	22.5	
10	2016/1/6	8.9	-2.3	19.5	
11	2016/1/7	8.7	-2.7	19.1	
12	2016/1/8	6.8	-2.5	16.6	
13	2016/1/9	7.3	-3.6	17.1	
14	2016/1/10	7.9	-4.2	18.3	
15	2016/1/11	7.1	-6.7	19.4	
16	2016/1/12	3.4	-6.4	18.2	
17	2016/1/13	4.3	-4.2	15.9	
18	2016/1/14	6	-3.7	15.1	
19	2016/1/15	5.6	-6.3	16.6	
20	2016/1/16	6.5	-5	17.5	
21	2016/1/17	5.8	-5.1	19.5	

Step 2 ウィンドウ枠の固定

B6でウィンドウ枠の固定をしましょう。

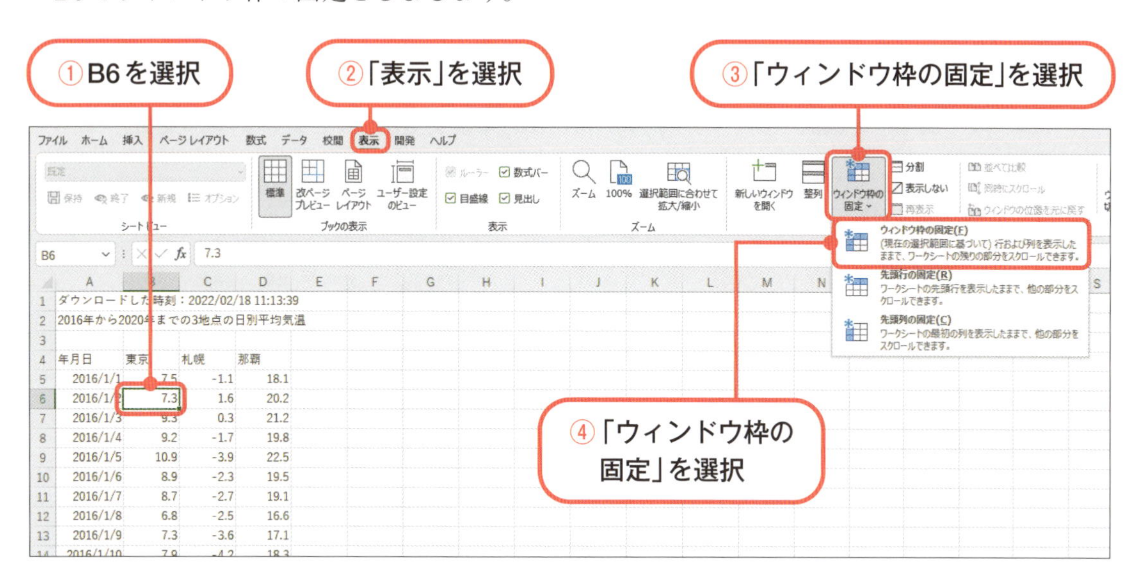

2-5-3 Step 2ではB5を選択してウィンドウ枠の固定をしましたが、ここではB6を選択してウィンドウ枠の固定をします。この後の作業で、その違いを体験してください。

Step 3 気温を小数第１位までの表示に変更

3地点の気温を小数第1位までの表示に変更しましょう。

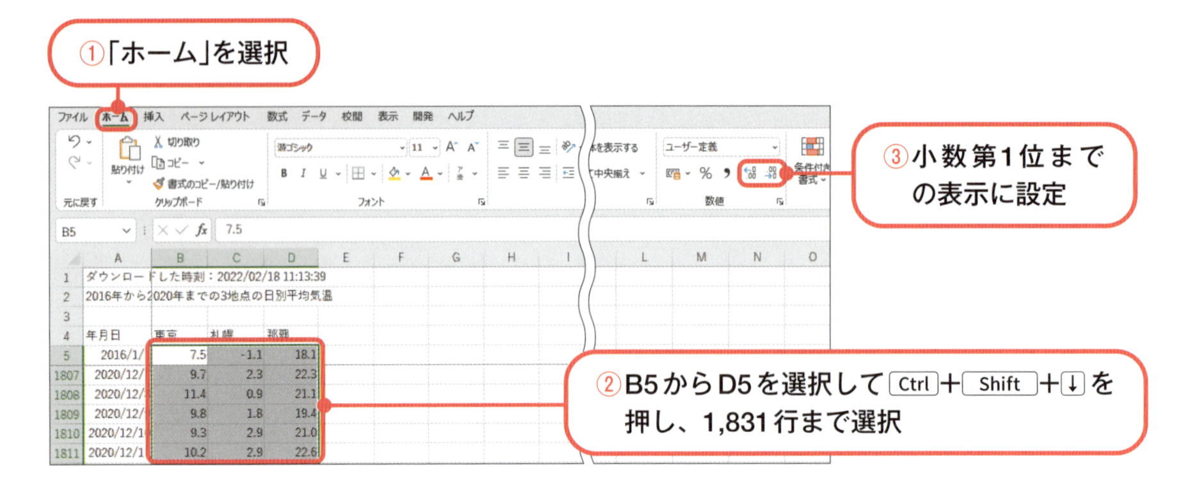

Step 4 年月日の表示を変更

年月日の表示形式を変更しましょう。

① A5を選択した状態で、Ctrl + Shift + ↓ を押し、年月日の表示を変更するセル（A5:A1831）を選択する。

②「数値の書式」の ∨ から「その他の表示形式」を選択する。

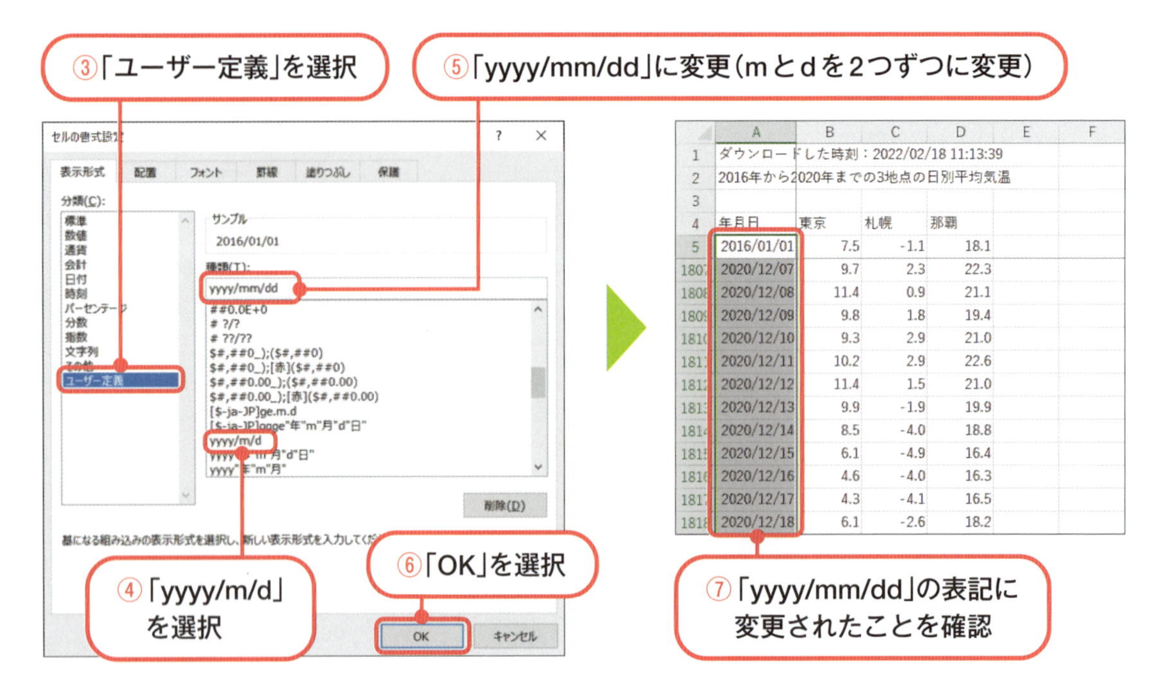

2-6-3 オートフィルター

Step 1 オートフィルターの設定

オートフィルターとは、条件を設定してデータを絞り込む機能のことです。年月日、東京・札幌・那覇にオートフィルターを設定しましょう。

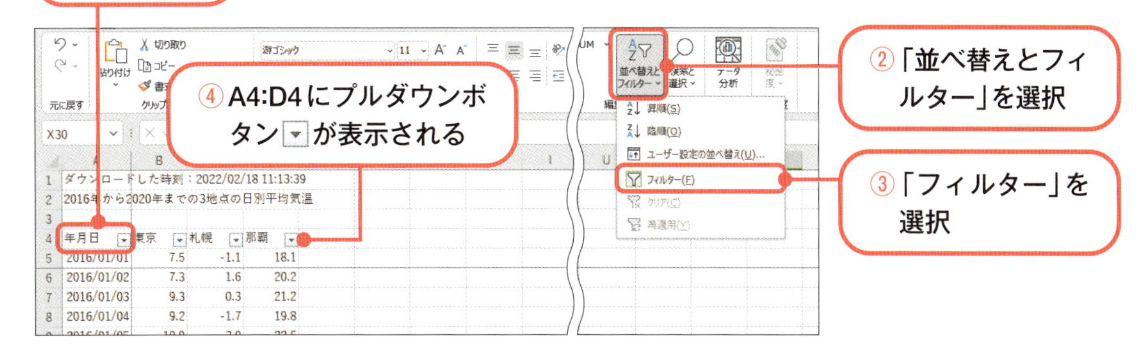

Step 2 データの抽出

2020年だけの年月日のデータを抽出しましょう。

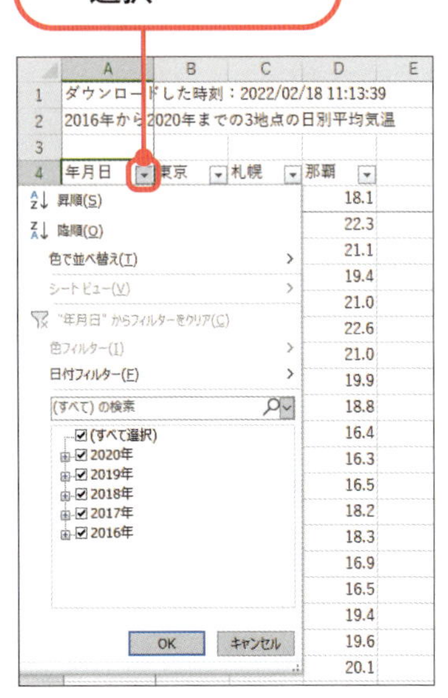

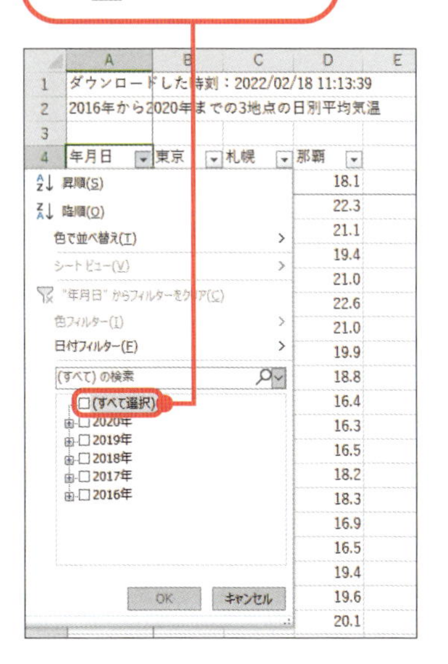

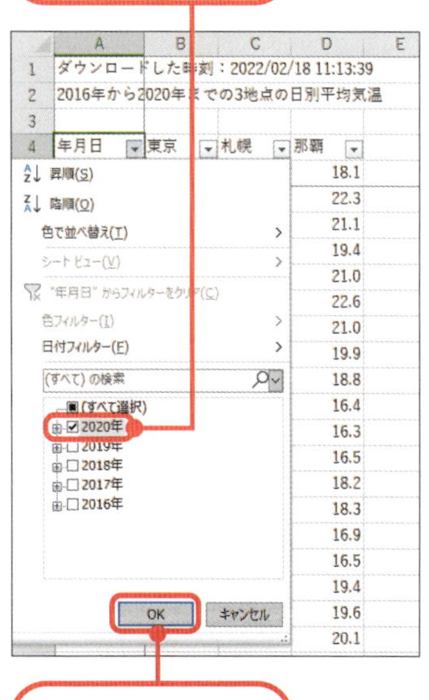

今度はフィルターをクリアしましょう。

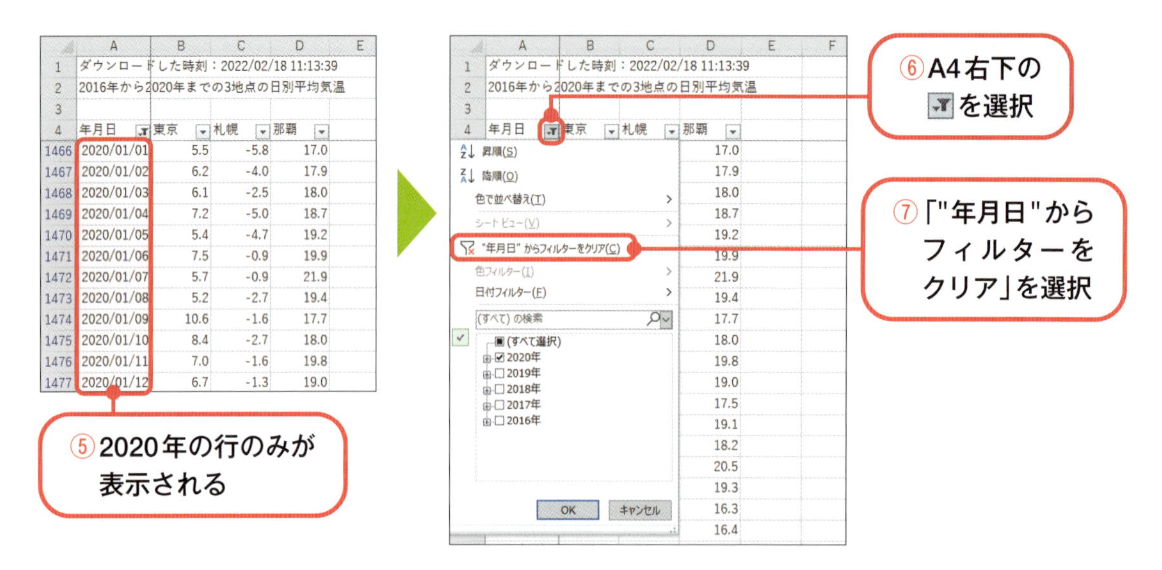

Step 3 フィルターを使った並べ替え

東京の日別平均気温を小さい順（昇順）、大きい順（降順）に並べ替えてみましょう。

【昇順】小さい順に並べましょう。

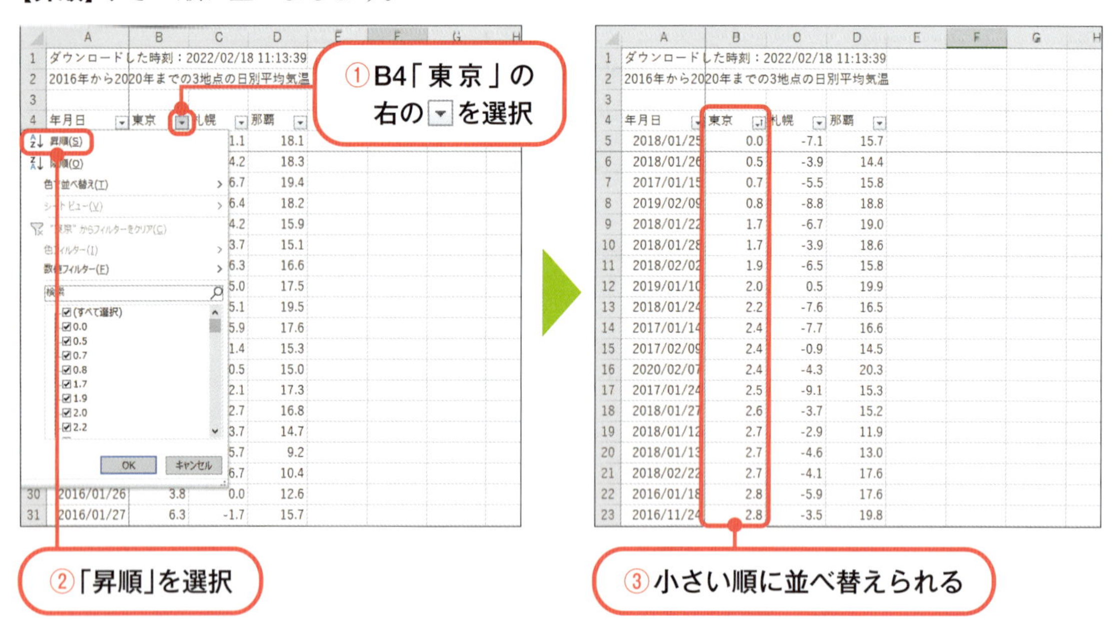

【降順】大きい順に並べましょう。

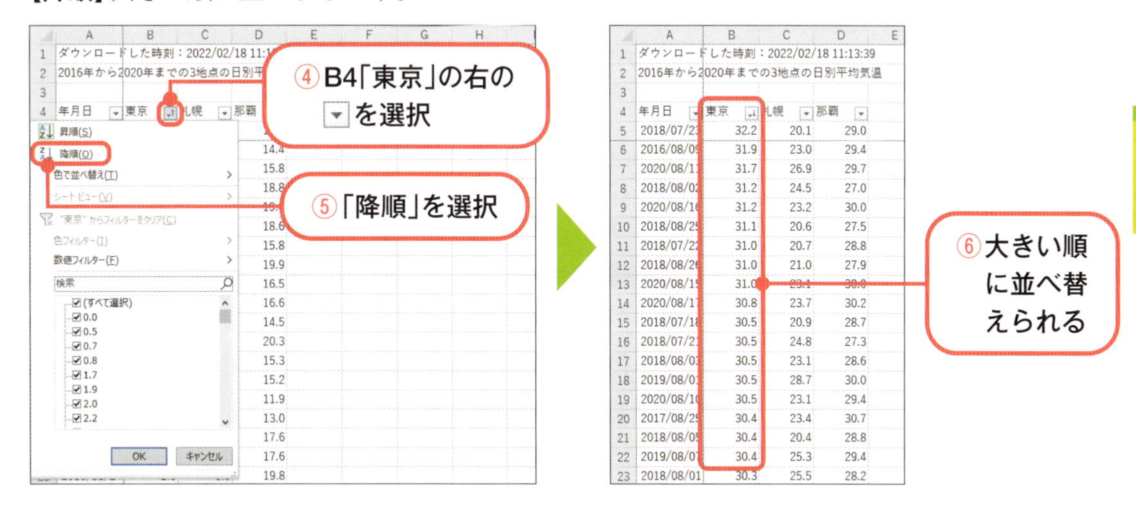

【昇順】年月日を小さい順に並べて元に戻しましょう。

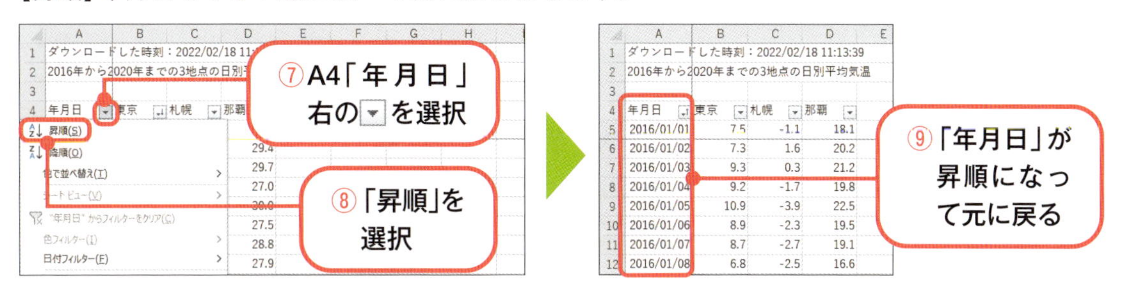

Step 4 トップテンフィルター

トップテンフィルターを使って上位10項目、下位10項目を抽出してみましょう。

【上位10項目】上位10項目を抽出します。

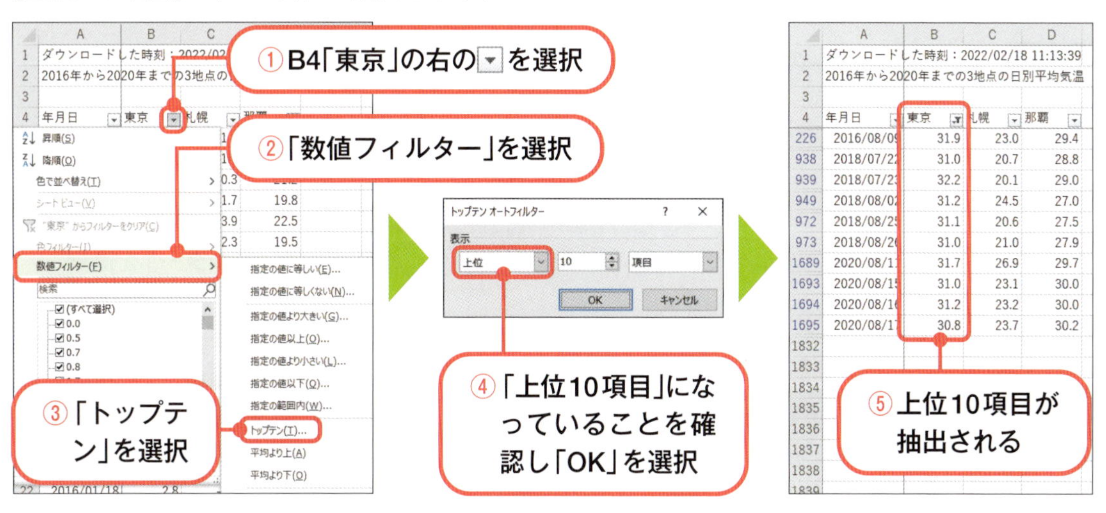

【下位10項目】下位10項目を抽出します。

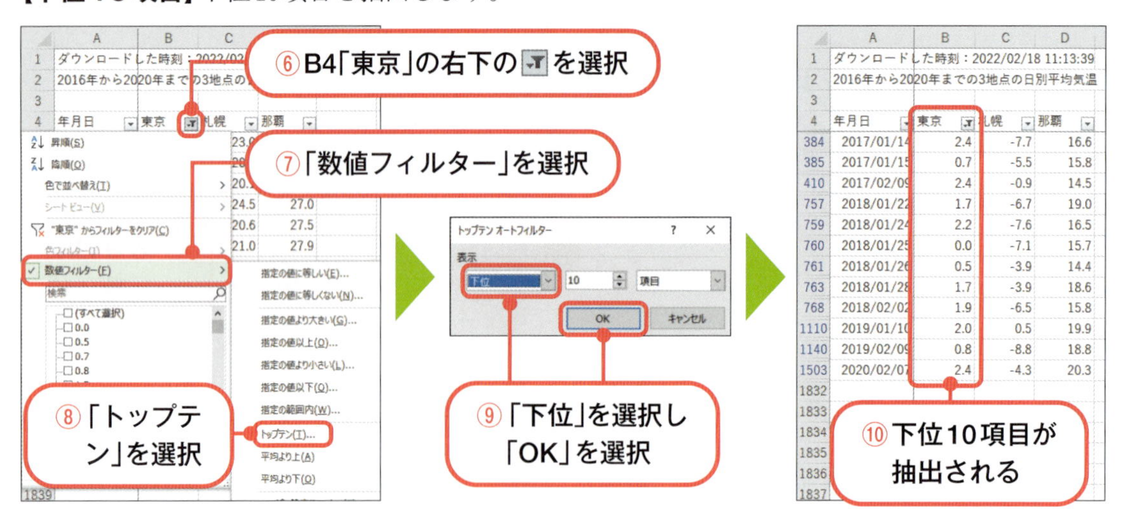

注意　データによって同順位があるため、ちょうど10個抽出されるわけではありません。

【元に戻す】

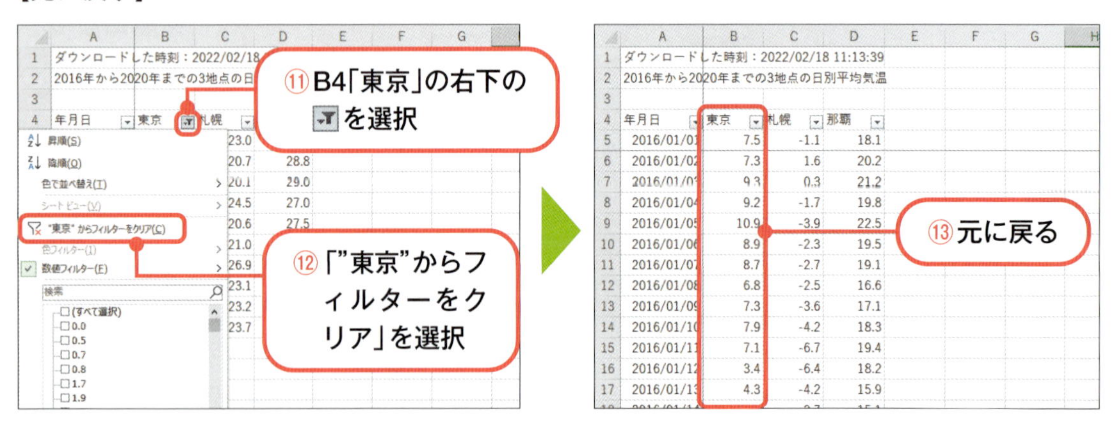

Step 5 オートフィルターの解除

オートフィルターを解除しましょう。

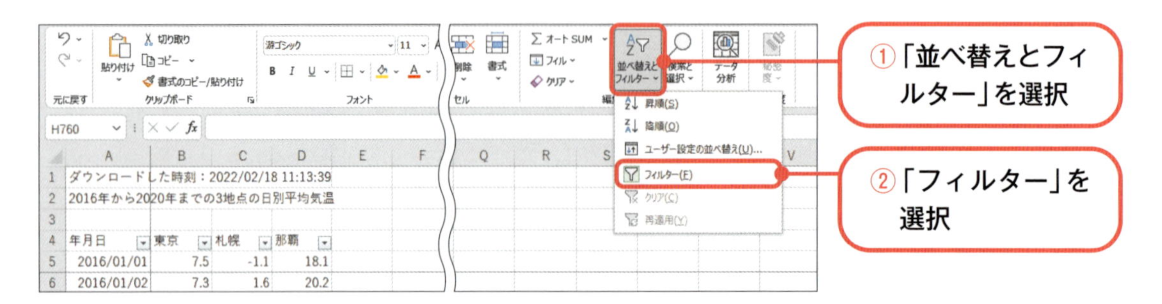

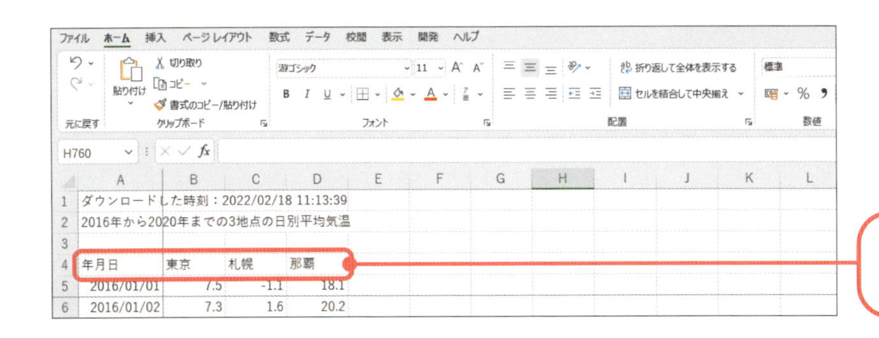

2-6-4 基本統計量

データの特徴を表す値を基本統計量と呼びます。ここでは、基本統計量であるデータの個数、平均、標準偏差、最大値、中央値、最小値を求めてみましょう。

Step 1 行の挿入

3行目から10行目を選択し行を挿入しましょう。

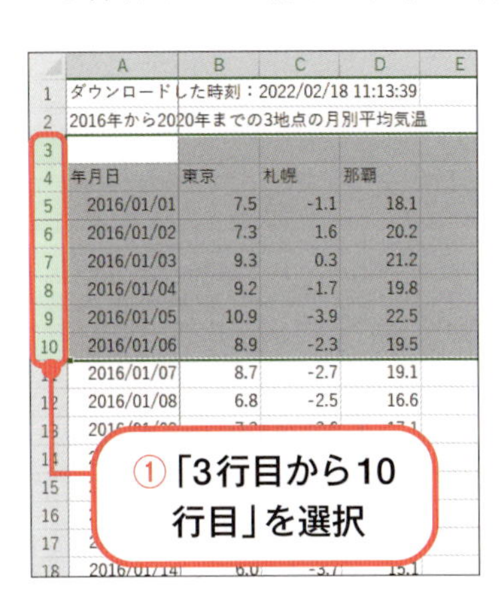

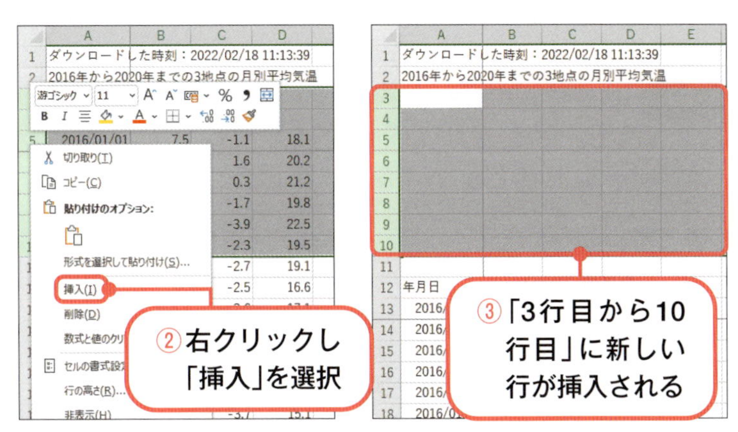

Step 2 基本統計量の項目の入力

A4からA10に右図のように入力しましょう。

- A4：基本統計量
- A5：データの個数
- A6：平均
- A7：標準偏差
- A8：最大値
- A9：中央値
- A10：最小値

	A	B	C	D	E
1	ダウンロードした時刻：2022/02/18 11:13:39				
2	2016年から2020年までの3地点の日別平均気温				
3					
4	基本統計量				
5	データの個数				
6	平均				
7	標準偏差				
8	最大値				
9	中央値				
10	最小値				

Step 3 平均の算出

東京の日別平均気温の平均を算出しましょう。

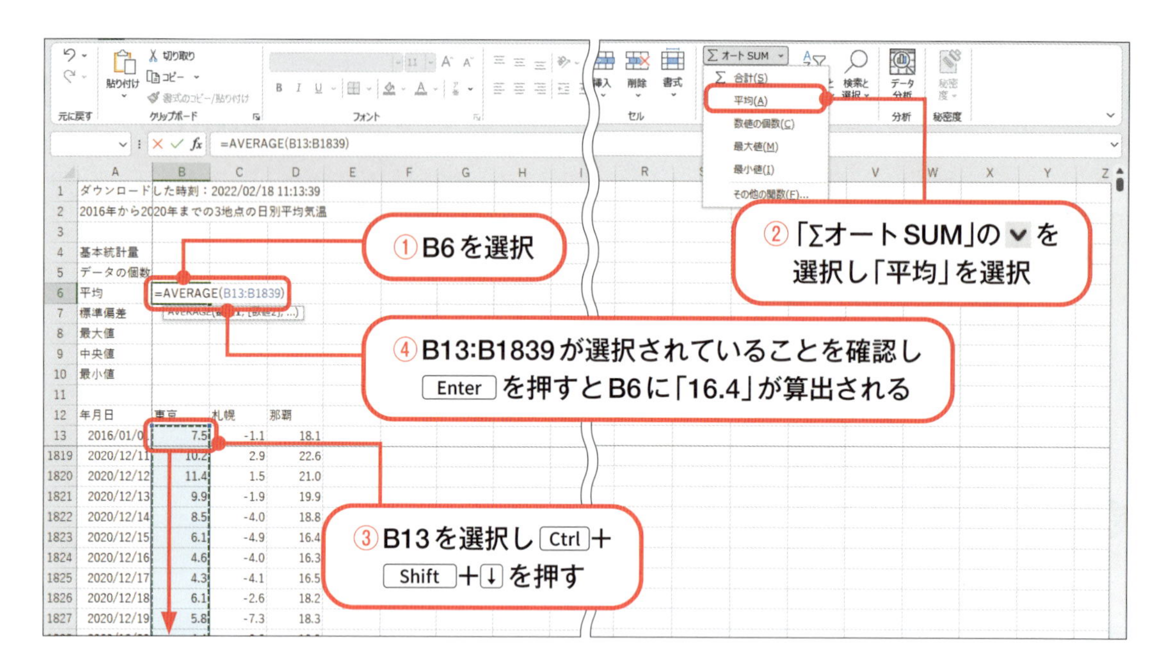

Step 4 標準偏差の算出

東京の日別平均気温の標準偏差を算出しましょう。

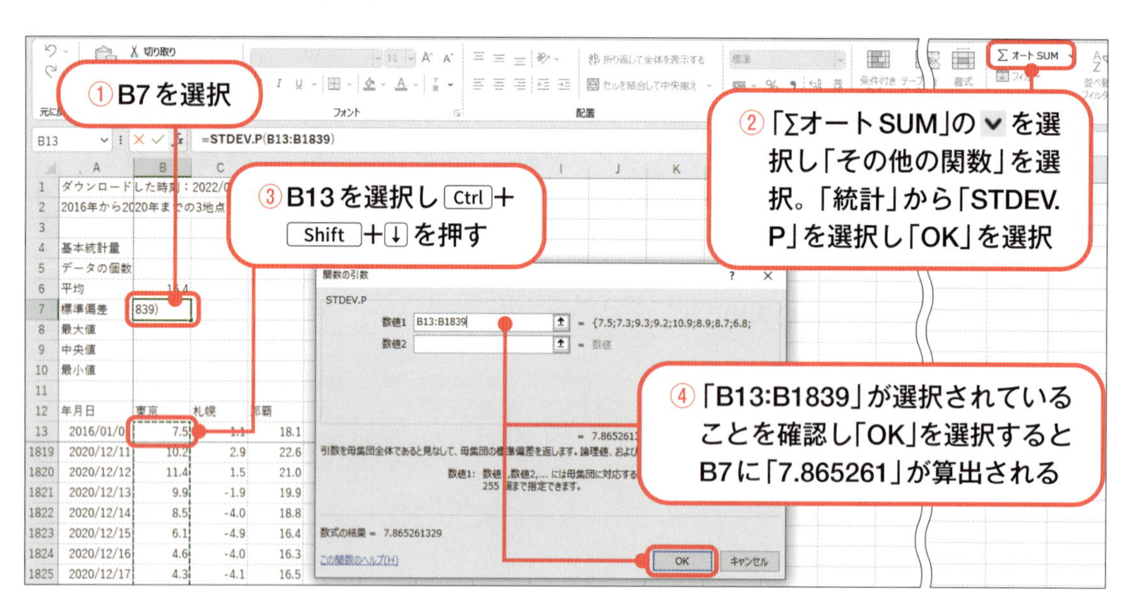

参考▶ 2-4-4 Step 1 (p.86 ～ p.87)

Step 5 データの個数を数える

東京の日別平均気温のデータの個数を数えましょう。

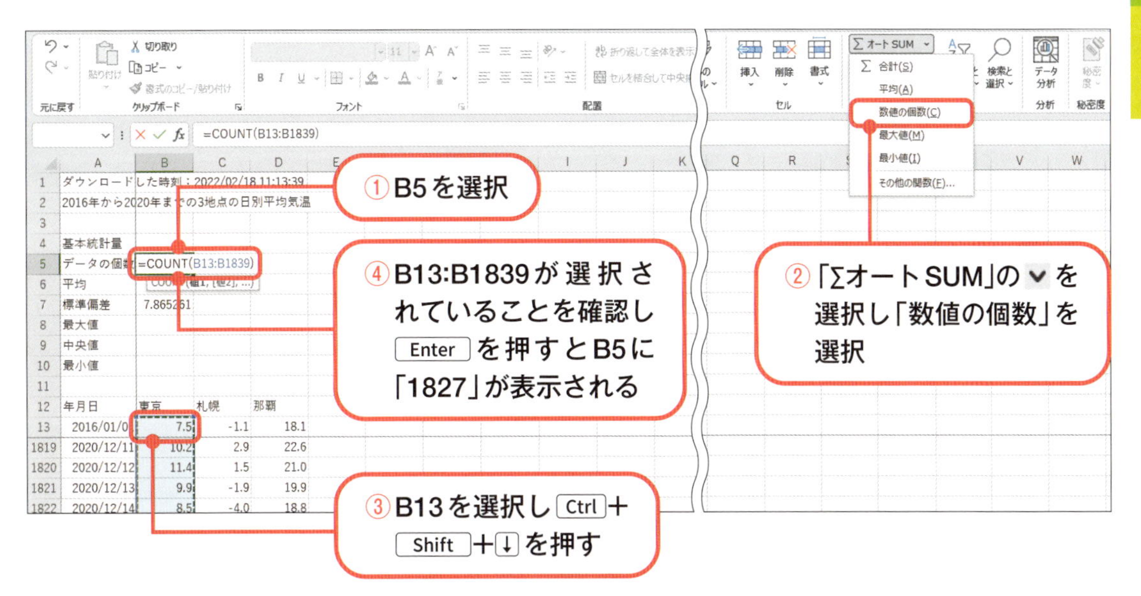

Step 6 最大値

東京の日別平均気温の最大値を表示しましょう。

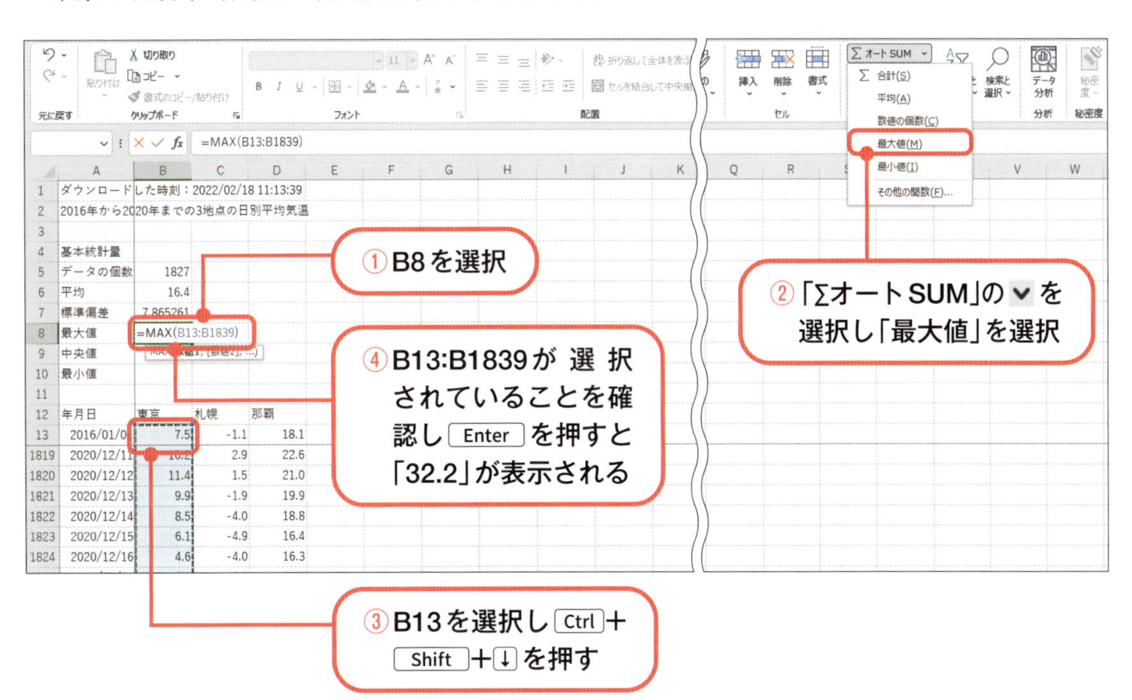

Step 7 中央値

東京の日別平均気温の中央値を表示しましょう。

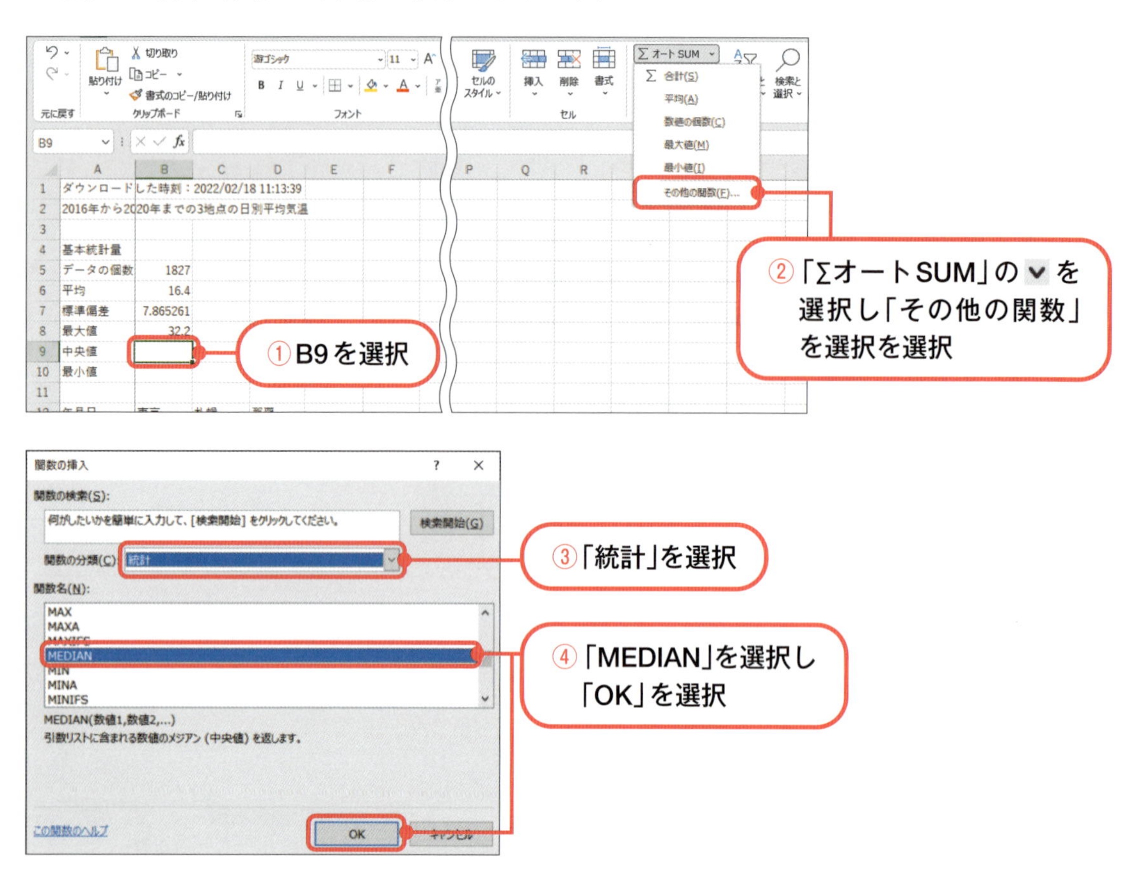

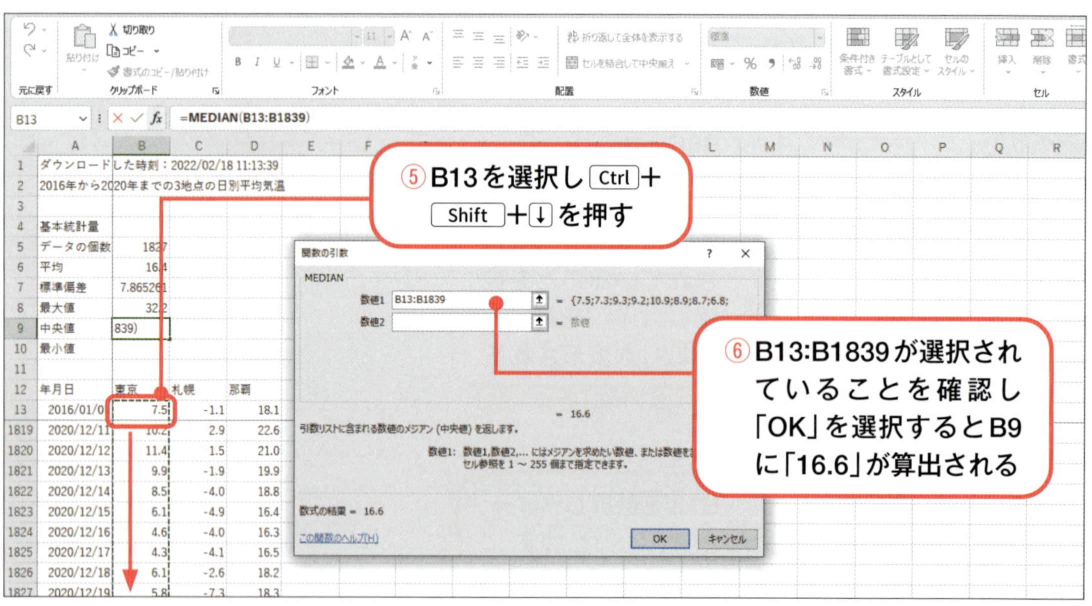

Step 8 最小値

東京の日別平均気温の最小値を表示しましょう。

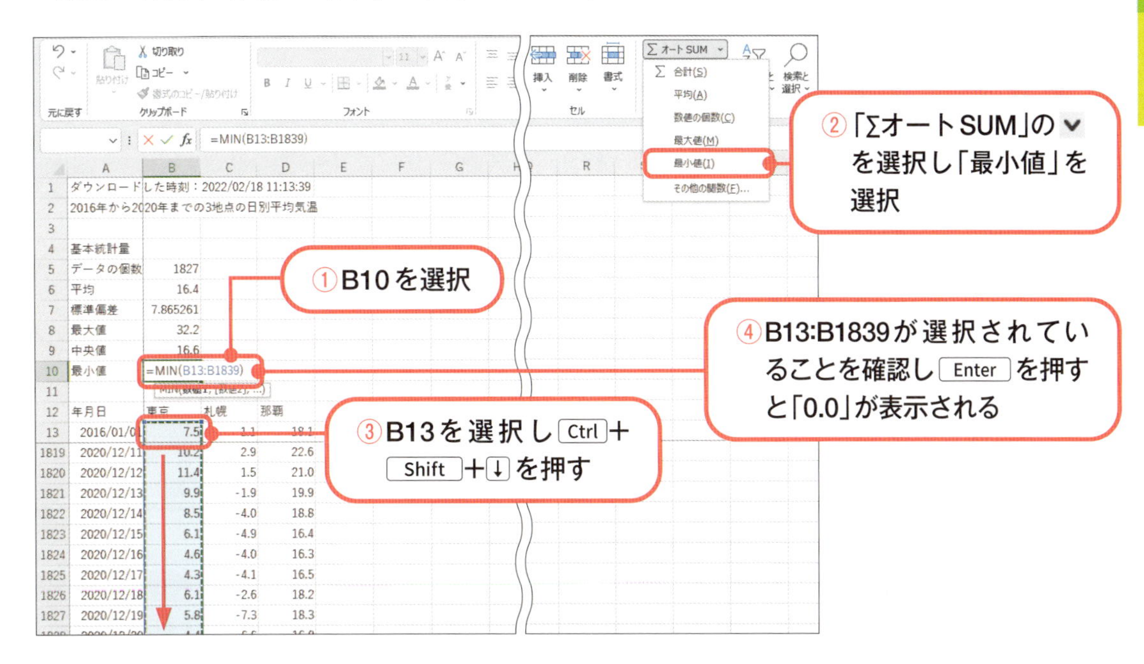

Step 9 基本統計量のコピー

東京の基本統計量をオートフィルでコピーし、札幌と那覇の基本統計量を表示しましょう。

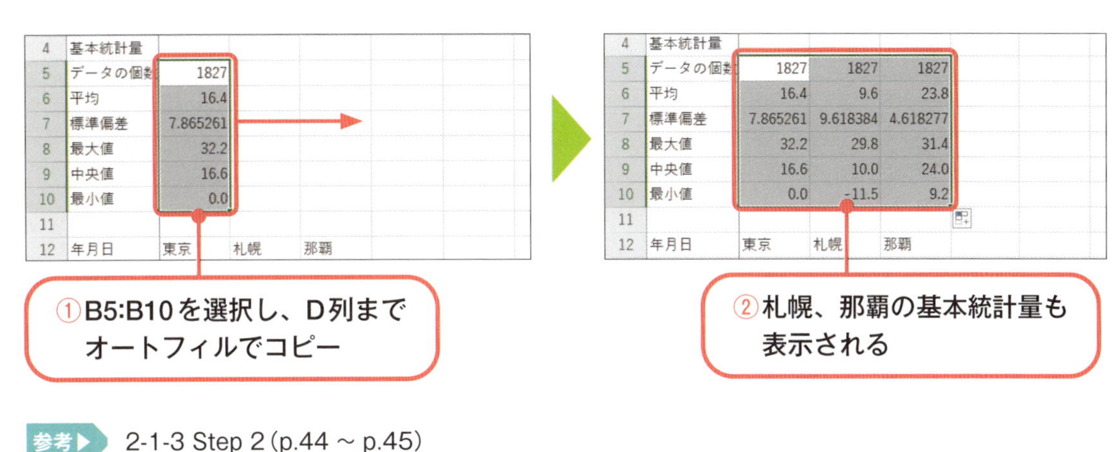

参考▶ 2-1-3 Step 2（p.44 ～ p.45）

Step 10 小数点以下の表示

図のように小数点以下の表示を設定しましょう。

- データの個数：整数（小数点以下なし）の表示
- それ以外：小数第1位までの表示

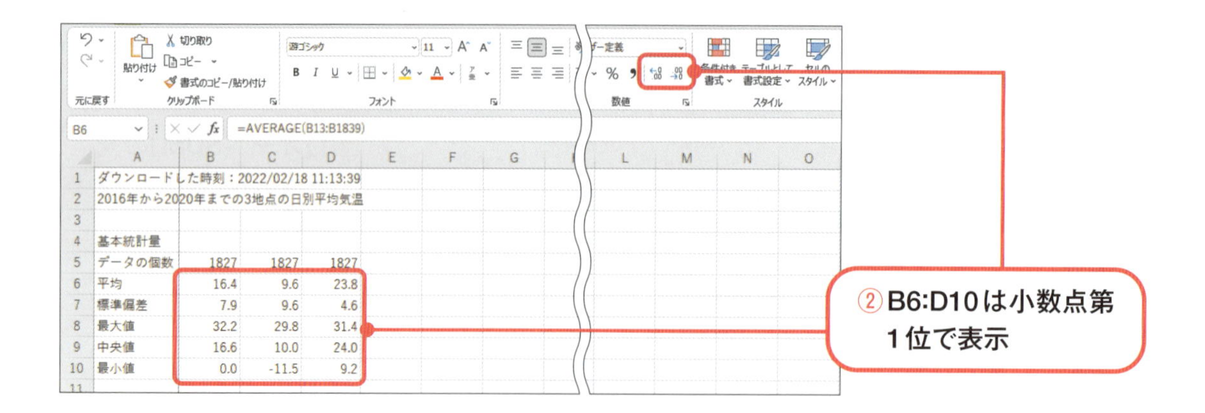

2-6-5 箱ひげ図

東京・札幌・那覇の気温の箱ひげ図を作成してみましょう。

> **注意** Excel 2016では以下の手順で箱ひげ図が作成できないので、サポートページを参照してください。

Step 1 箱ひげ図の作成

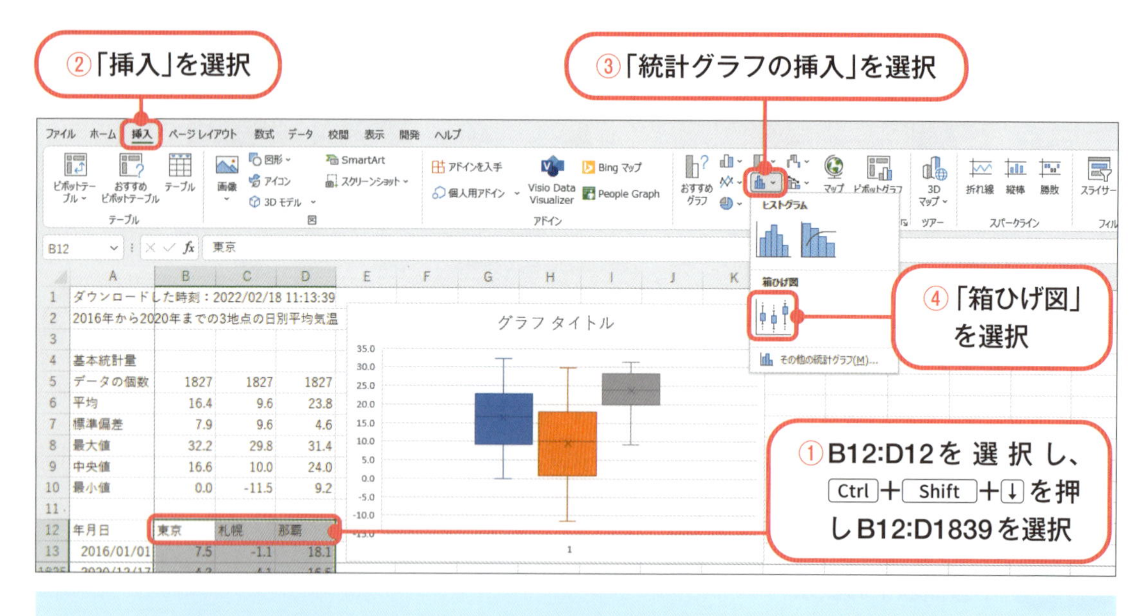

> **注意** Excelのバージョンによっては、グラフの色が異なります。

Step 2 凡例の追加

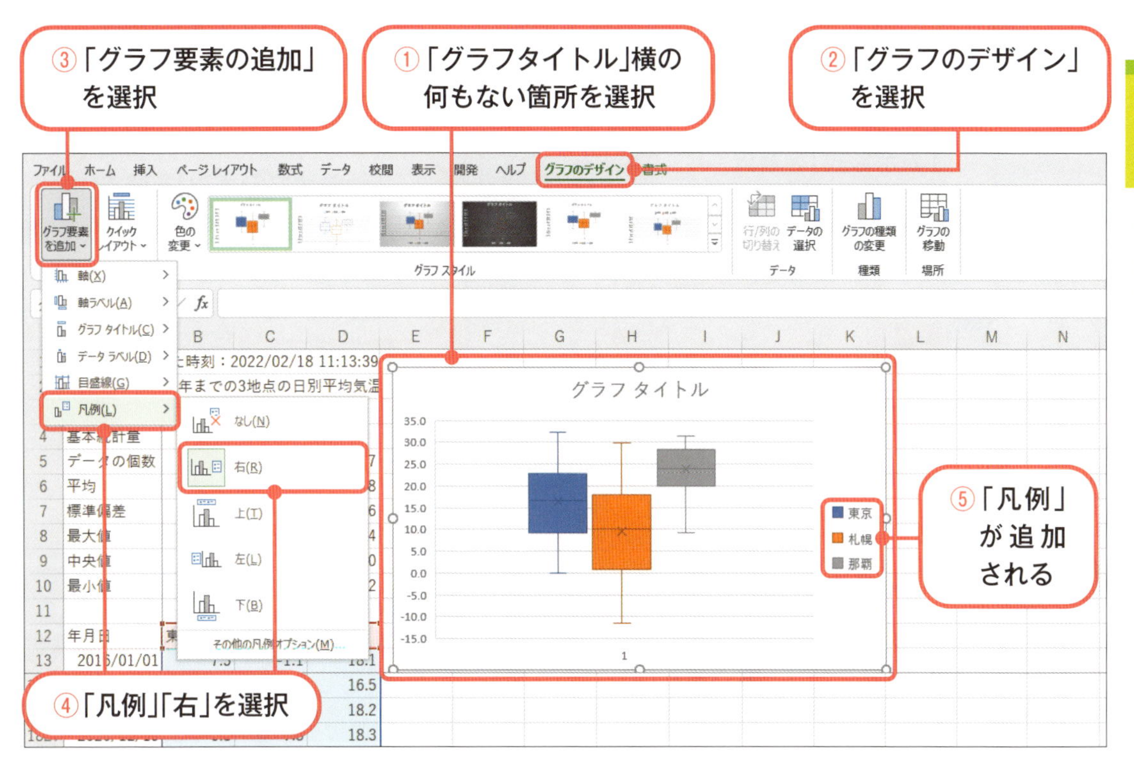

Step 3 グラフの表示を編集

以下の通りグラフの表示を編集しましょう。

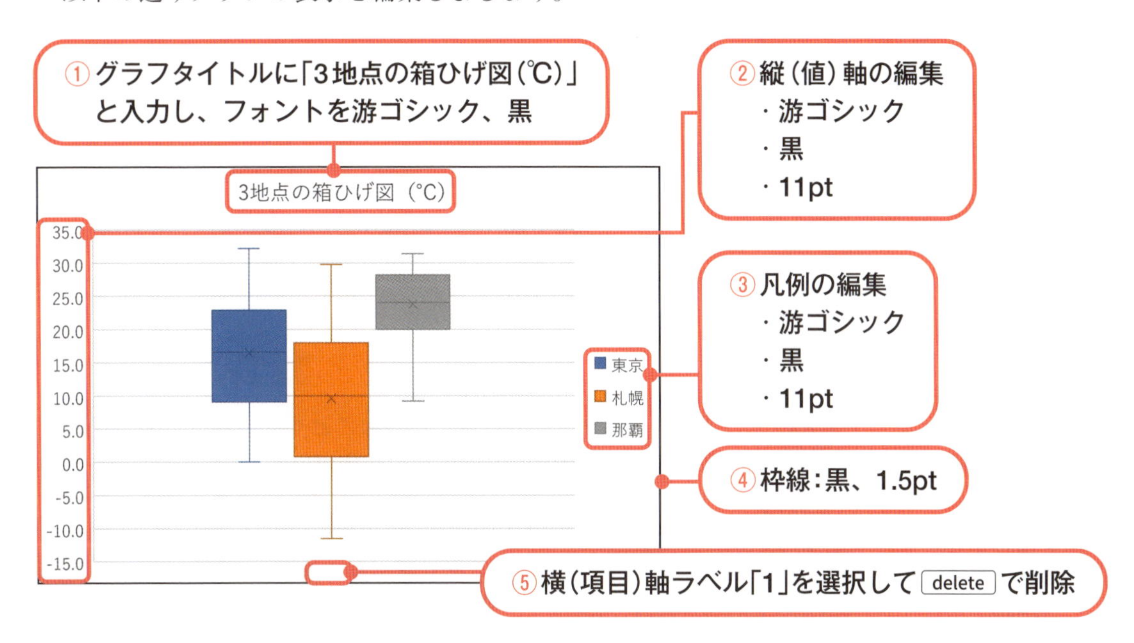

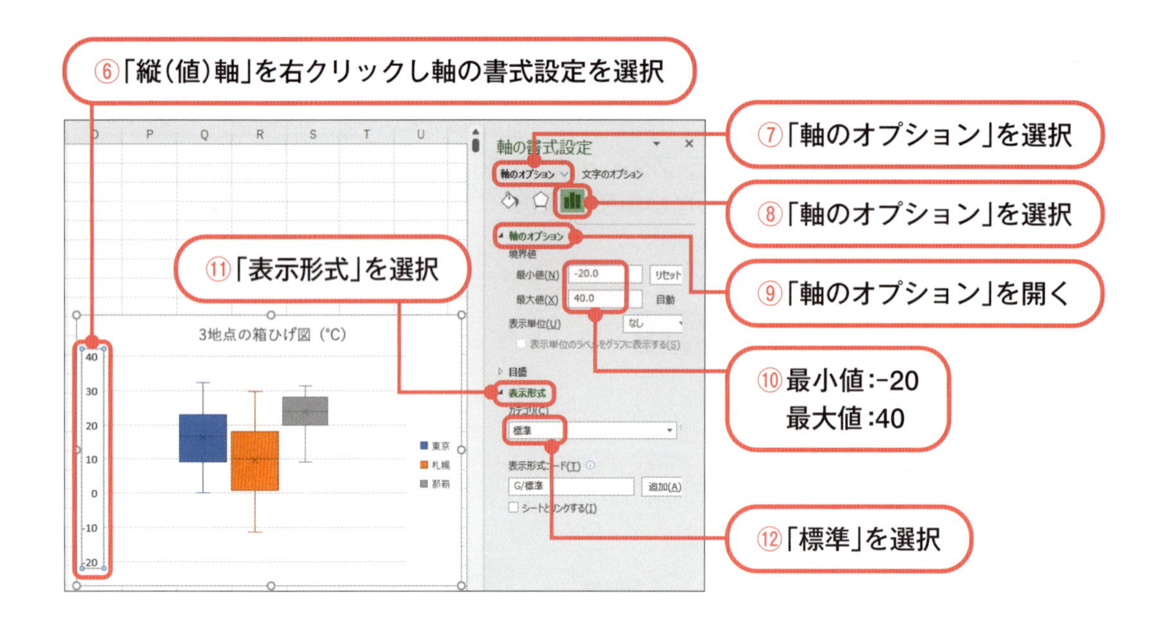

Step 4 箱ひげ図の見方

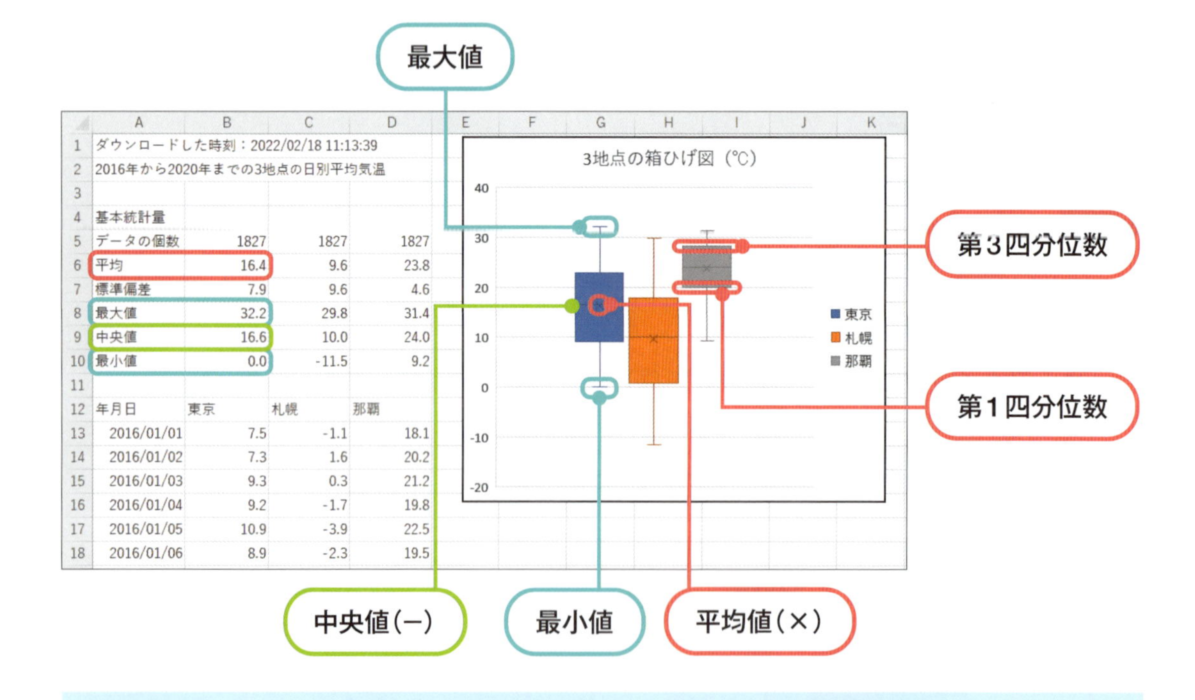

	A	B	C	D
1	ダウンロードした時刻：2022/02/18 11:13:39			
2	2016年から2020年までの3地点の日別平均気温			
3				
4	基本統計量			
5	データの個数	1827	1827	1827
6	平均	16.4	9.6	23.8
7	標準偏差	7.9	9.6	4.6
8	最大値	32.2	29.8	31.4
9	中央値	16.6	10.0	24.0
10	最小値	0.0	-11.5	9.2
11				
12	年月日	東京	札幌	那覇
13	2016/01/01	7.5	-1.1	18.1
14	2016/01/02	7.3	1.6	20.2
15	2016/01/03	9.3	0.3	21.2
16	2016/01/04	9.2	-1.7	19.8
17	2016/01/05	10.9	-3.9	22.5
18	2016/01/06	8.9	-2.3	19.5

四分位数とは、データを大きさの順に並べたときに４等分する値のことです。箱ひげ図の箱の上の辺が第３四分位数、下の辺が第１四分位数を示しています。那覇（灰色）の箱ひげ図は、上のひげが短く、下のひげが長くなっています。つまり、全体的にデータが上のほうに偏って分布しているということが分かります。それに対して、東京（青）と札幌（オレンジ）は上のひげと下のひげがほぼ同じ長さなので、概ね均等に分布していることが分かります。

2-7 度数分布表とヒストグラムの作成

度数分布表やヒストグラムでは、数値データを一定の範囲に区切って、その範囲内での数を把握することでデータの偏り等を知ることができます。本節では、右図のような度数分布表とヒストグラムを作成する方法を学習します。

階級	東京の度数
-20~-10	0
-10~0	0
0~10	519
10~20	600
20~30	675
30~40	33

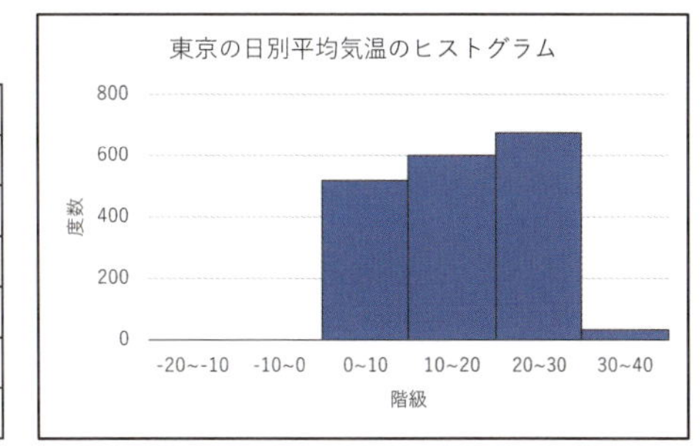

2-7-1 作業用フォルダーの作成とファイルの準備

Step 1 作業用フォルダーの作成

本節で学習するファイルを保存するための「2-07」フォルダーを、2-1-1で作成した「データサイエンス」フォルダーの中に作成しましょう。

参考▶ 2-1-1 Step 2 (p.39 ~ p.40)

Step 2 ファイルのコピーとファイル形式の変換

「2-02」フォルダーから「2-07」フォルダーに、「3地点2021月別.csv」ファイルをコピーしましょう。さらに、「3地点2021月別.csv」のファイル形式をExcelブックファイル形式に変換し、「2-07.xlsx」というファイル名で保存しましょう。

参考▶ 2-3-1 Step 2 (p.72 ~ p.73) ファイルのコピー
参考▶ 2-2-2 Step 4 (p.59 ~ p.60) ファイル形式の変換

2-7-2 度数分布表とヒストグラムの作成 1

2-7-4では、5年分の日別平均気温データを用いて度数分布表とヒストグラムを作成しますが、ここでは練習として、東京の月別平均気温のデータを用いて作成方法を確認しましょう。

Step 1 データクリーニング

「2-07.xlsx」ファイルを開き、右図のように東京の月別平均気温に関して必要のないC列からJ列および5行目を削除し、表示形式を整えましょう。

	A	B	C
1	ダウンロードした時刻：2022/(		
2	2021年の東京の月別平均気温		
3			
4	年月	平均気温(℃)	
5	01月	5.4	
6	02月	8.5	
7	03月	12.8	
8	04月	15.1	
9	05月	19.6	
10	06月	22.7	
11	07月	25.9	
12	08月	27.4	
13	09月	22.3	
14	10月	18.2	
15	11月	13.7	
16	12月	7.9	

表示形式を「mm"月"」に変更

Step 2 度数分布表の作成の準備

以下のように文字を入力して表を作成しましょう。

また、以下の書式設定も行いましょう。

- F6:H6→中央揃え
- F7:F10→中央揃え
- F6:H10→罫線「格子」

参考▶ 2-1-3 Step 3(p.45 ~ p.48)

	A	B	C	D	E	F	G	H
1	ダウンロードした時刻：2022/02/28 12:36:45							
2	2021年の東京の月別平均気温							
3								
4	年月	平均気温(℃)		度数分布表				
5	01月	5.4		階級幅:10				
6	02月	8.5				階級	度数	度数
7	03月	12.8			9.9	0~10		
8	04月	15.1			19.9	10~20		
9	05月	19.6			29.9	20~30		
10	06月	22.7			39.9	30~40		
11	07月	25.9						
12	08月	27.4						
13	09月	22.3						

E7:E10の「9.9、19.9、29.9、39.9」の値は、Step 4で使用します。平均気温のデータが0.1単位間隔であるため、各階級の最大値より0.1小さい値を入力しています。

Step 3 度数分布表の作成 1

階級毎に色分けをして、各階級の度数を目視で数えてみましょう。

- 階級：0 ～ 10
- 階級：10 ～ 20
- 階級：20 ～ 30
- 階級：30 ～ 40

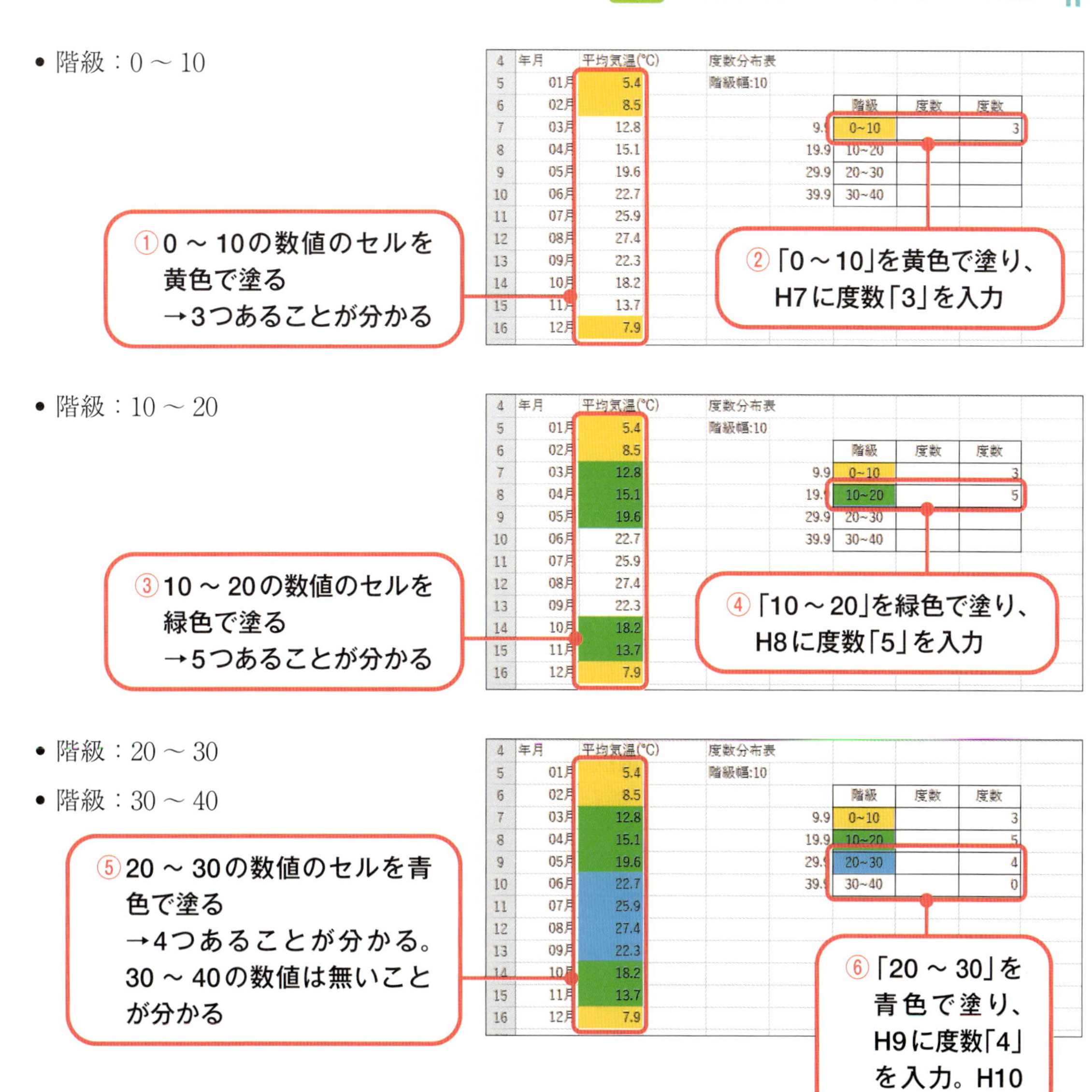

Step 4 度数分布表の作成２

Step 3では、目視で数えて度数を入力しました。ここでは自動的に度数を算出する方法について学習します。

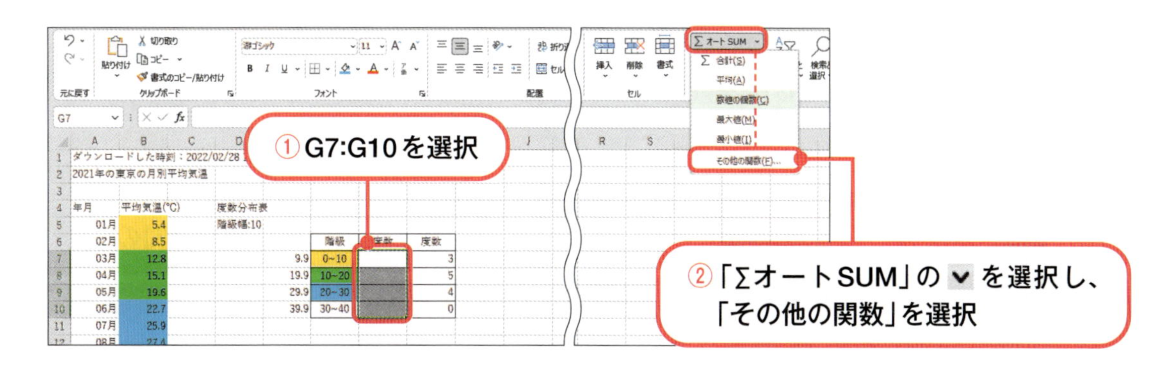

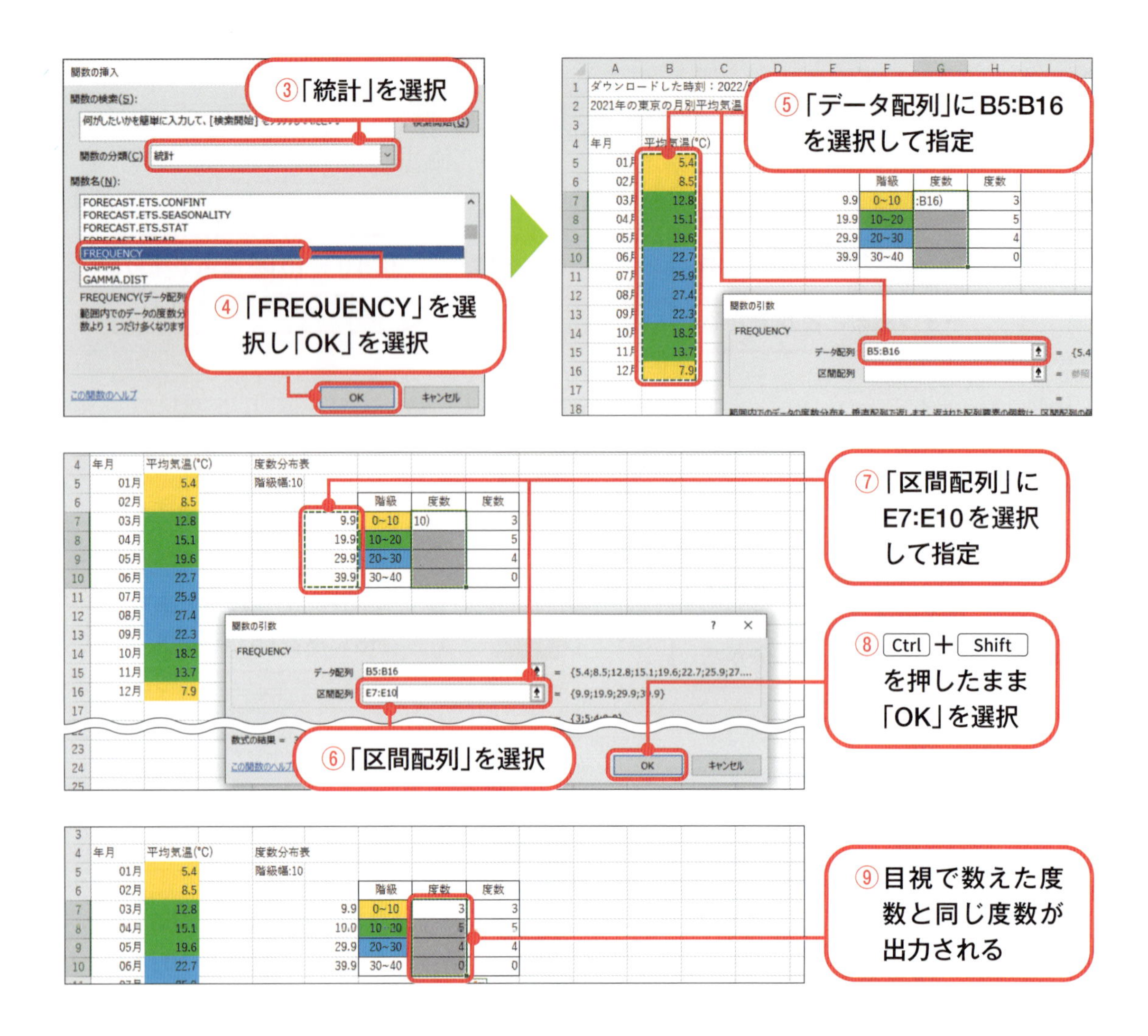

Step 5 ヒストグラムの作成

ヒストグラムは度数分布表の可視化に適したグラフです。東京の日別平均気温のヒストグラムを作成しましょう。

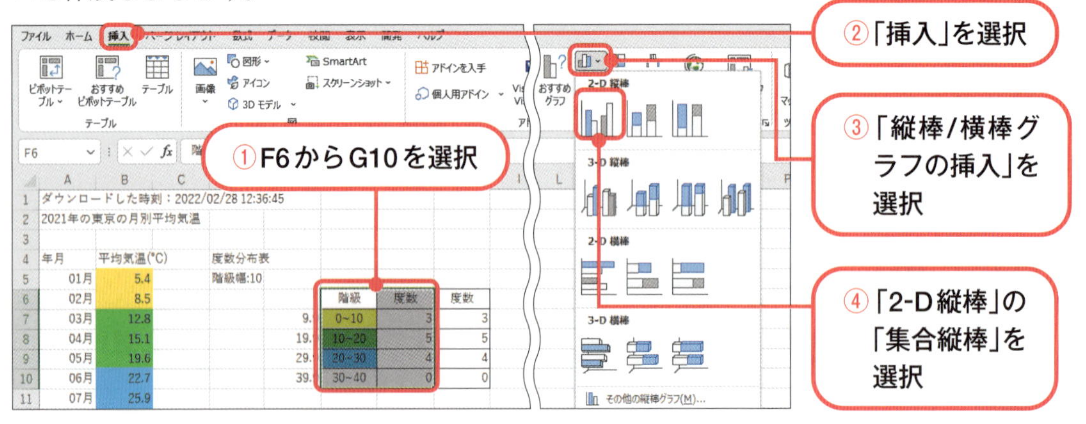

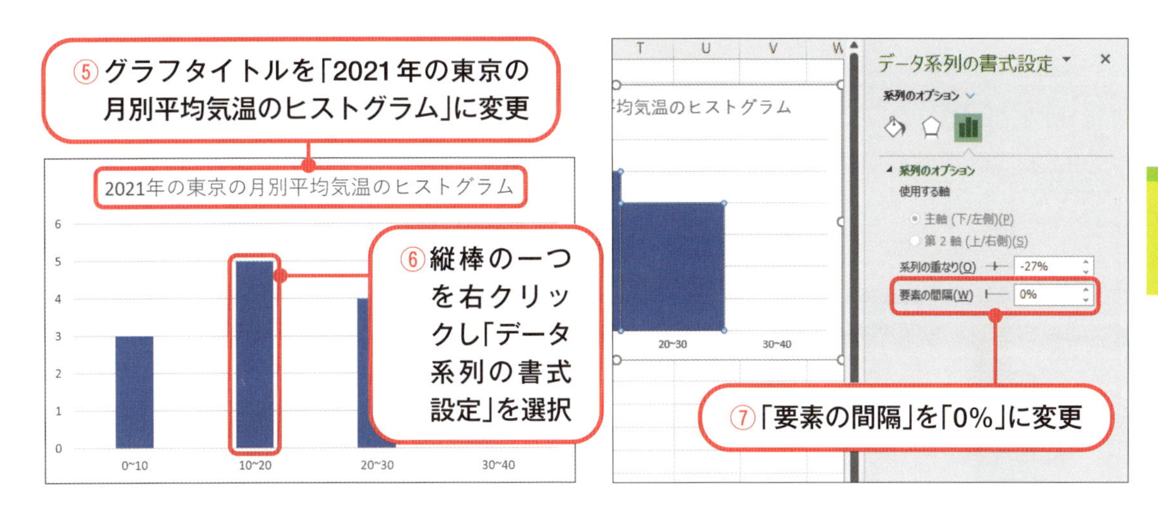

注意 ⑤でグラフタイトルが2行になった場合はグラフのサイズを横に大きくしましょう。

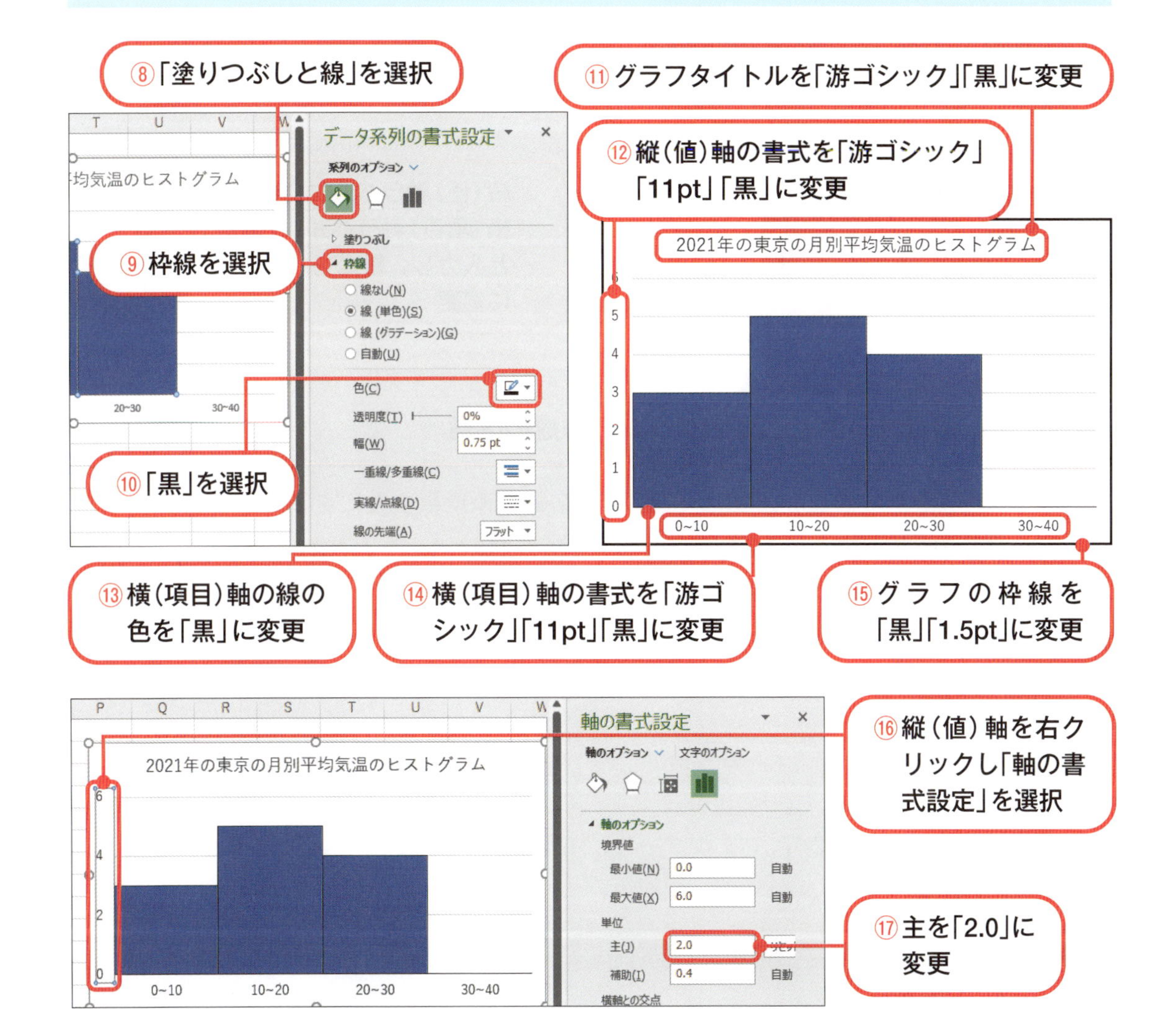

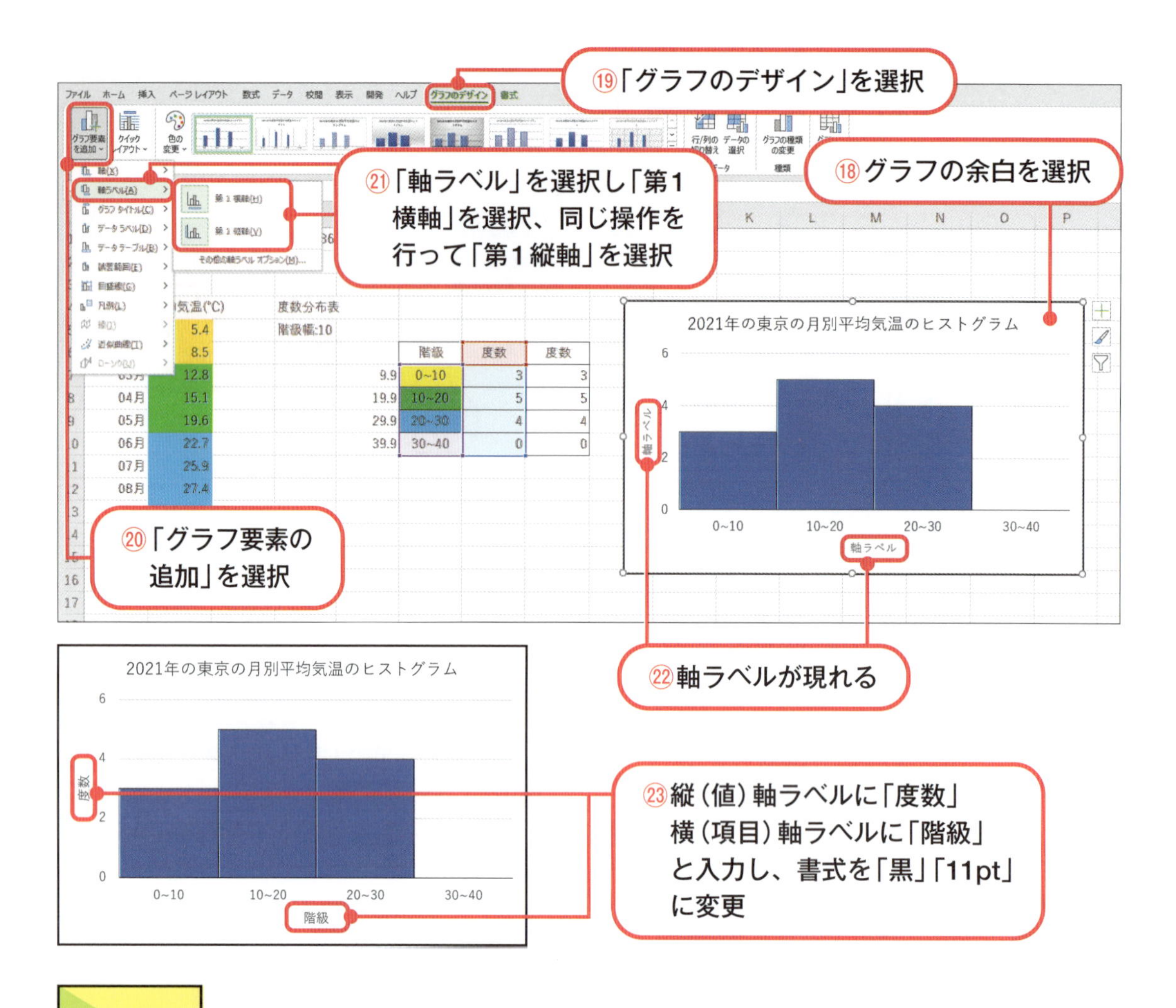

2-7-3 度数分布表とヒストグラムの作成の準備

2-7-2では、データの個数が12個だったので、各階級の度数を数えることができましたが、データ数が多くなると困難です。2-7-4では1,827個の3地点5年分の日別データを用いて度数分布表とヒストグラムを作成します。本項では、その度数分布表とヒストグラム作成の準備を行います。

Step 1 ファイルの移動

「2-05」フォルダーから「2-07」フォルダーに、「5地点5年分.csv」ファイルをコピーしましょう。

参考▶ 2-3-1 Step 2（p.72 ～ p.73）

Step 2 シートの追加

「5地点5年分.csv」ファイルを開き、「2-07.xlsx」ファイルと並べて表示し、「5地点5年分.csv」ファイルのシートを移動し、「2-07.xlsx」ファイルの「3地点2021月別」シートの右側に追加しましょう。

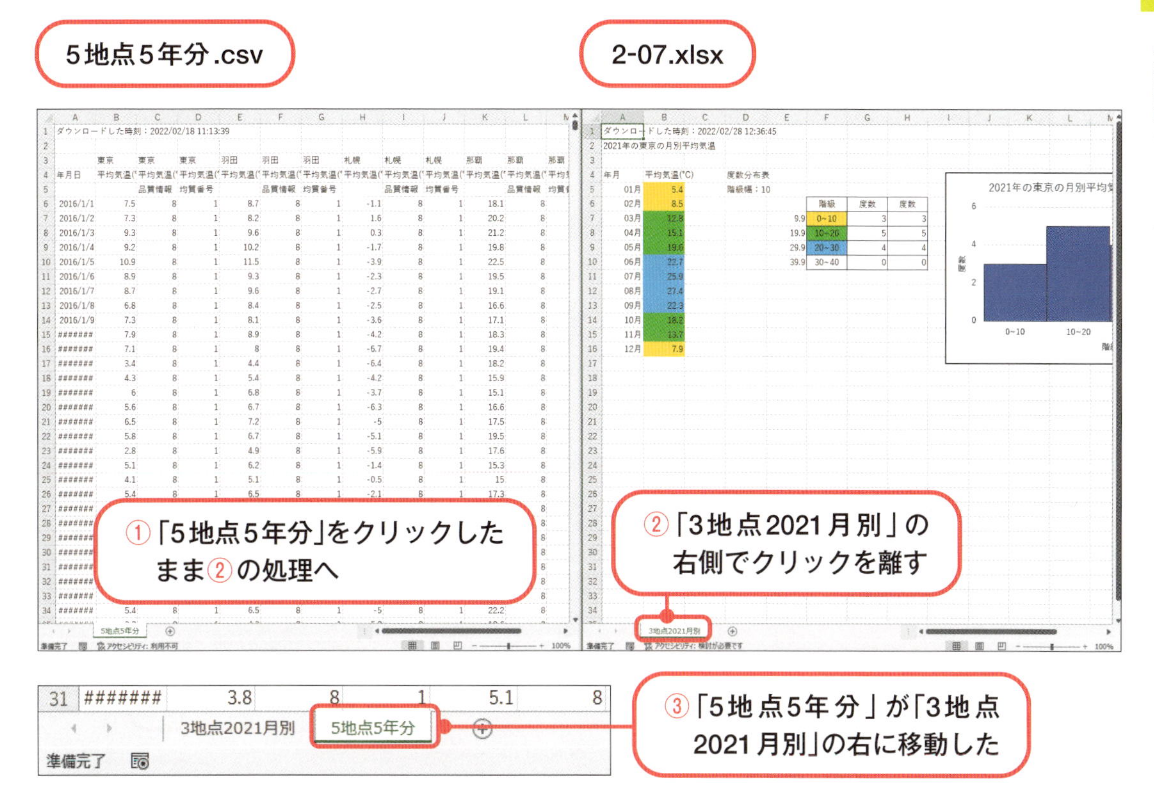

Step 3 ウィンドウ枠の固定

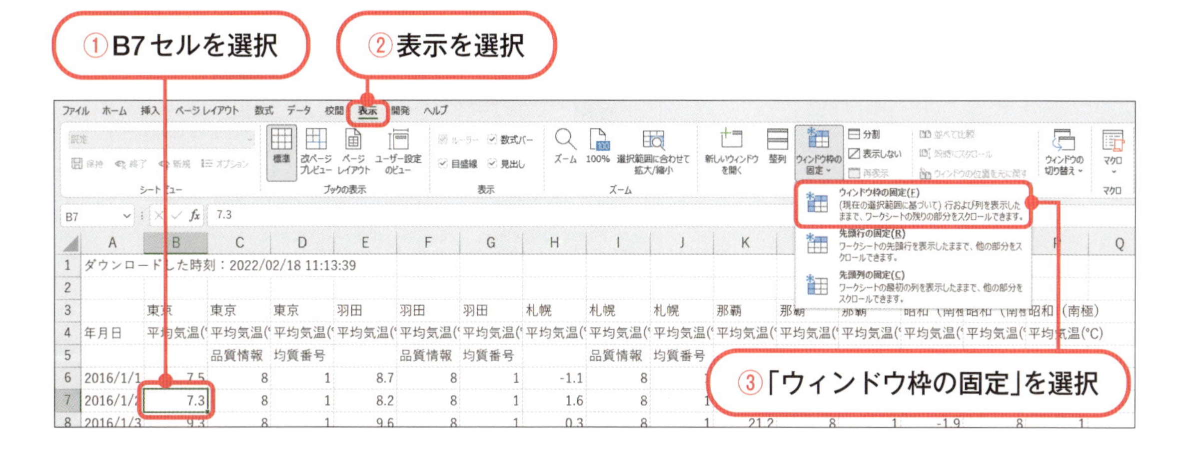

Step 4 データクリーニング

必要のない列や行を削除し、右図のようにしましょう。

- 羽田と昭和（南極）の列、東京・札幌・那覇の品質情報と均質番号の列を削除
- 5行目を削除
- 3行目の東京・札幌・那覇を切り取り、4行目の平均気温（℃）に貼り付け
- A2に「2016年から2020年までの3地点の日別平均気温」と入力
- 年月日の表示形式を「yyyy"年"mm"月"dd"日"」に変更
- 気温を小数第1位まで表示

	A	B	C	D
1	ダウンロードした時刻：2022/02/18 11:13:39			
2	2016年から2020年までの3地点の日別平均気温			
3				
4	年月日	東京	札幌	那覇
5	2016年01月01日	7.5	-1.1	18.1
6	2016年01月02日	7.3	1.6	20.2
7	2016年01月03日	9.3	0.3	21.2
8	2016年01月04日	9.2	-1.7	19.8
9	2016年01月05日	10.9	-3.9	22.5
10	2016年01月06日	8.9	-2.3	19.5
11	2016年01月07日	8.7	-2.7	19.1
12	2016年01月08日	6.8	-2.5	16.6
13	2016年01月09日	7.3	-3.6	17.1
14	2016年01月10日	7.9	-4.2	18.3
15	2016年01月11日	7.1	-6.7	19.4
16	2016年01月12日	3.4	-6.4	18.2
17	2016年01月13日	4.3	-4.2	15.9
18	2016年01月14日	6.0	-3.7	15.1
19	2016年01月15日	5.6	-6.3	16.6
20	2016年01月16日	6.5	-5.0	17.5
21	2016年01月17日	5.8	-5.1	19.5
22	2016年01月18日	2.8	-5.9	17.6
23	2016年01月19日	5.1	-1.4	15.3
24	2016年01月20日	4.1	-0.5	15.0
25	2016年01月21日	5.4	-2.1	17.3

Step 5 最大値と最小値の算出

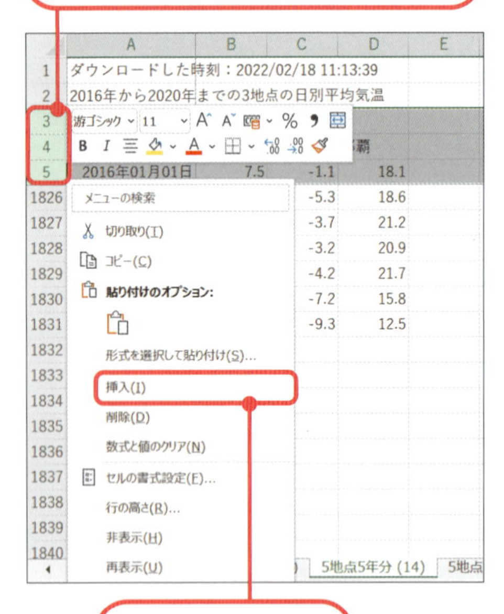

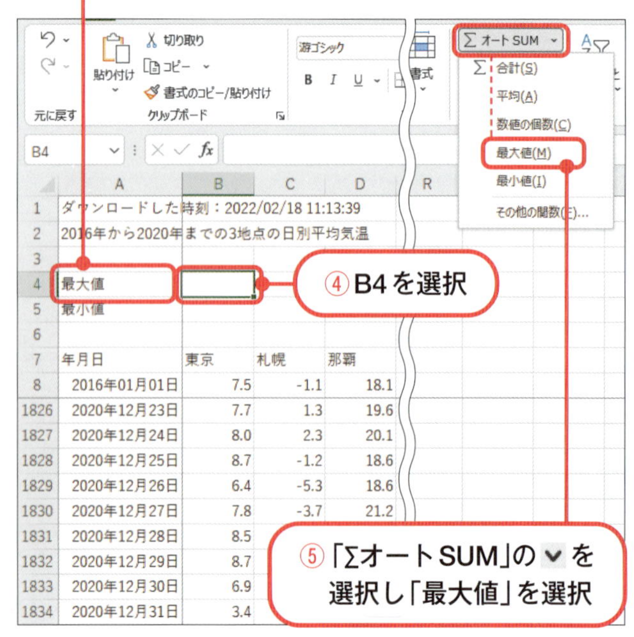

⑥ B8を選択し、Ctrl＋Shift＋↓を押し、B1834まで選択しEnterを押す

⑦ B5を選択し「Σオート SUM」の ⌄ を選択し、「最小値」を選択

⑨ 最大値・最小値が表示された

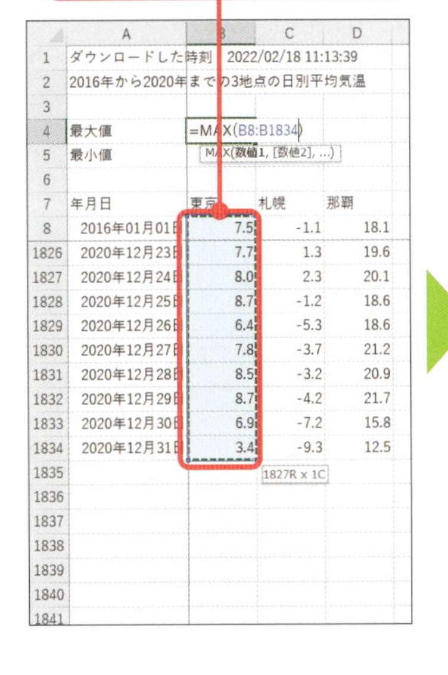

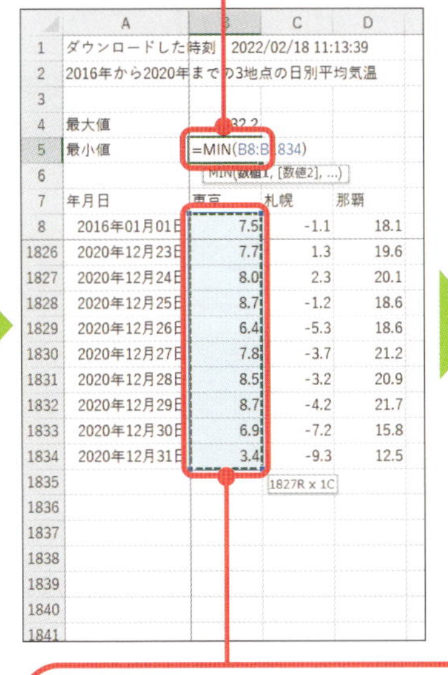

⑧ B8を選択しCtrl＋Shift＋↓を押しB1834まで選択しEnterを押す

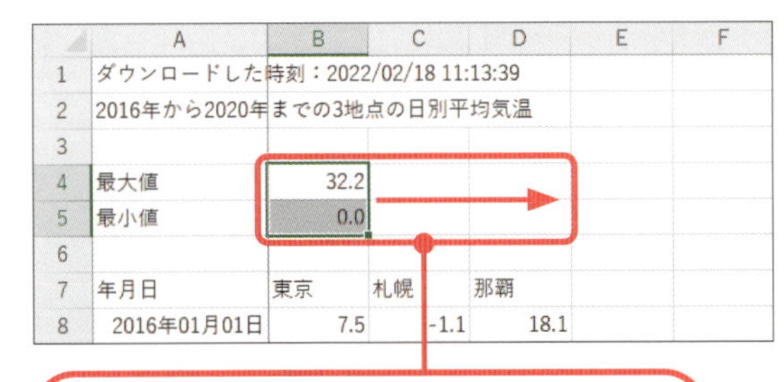

	A	B	C	D	E	F
1	ダウンロードした時刻：2022/02/18 11:13:39					
2	2016年から2020年までの3地点の日別平均気温					
3						
4	最大値	32.2	29.8	31.4		
5	最小値	0.0	-11.5	9.2		
6						
7	年月日	東京	札幌	那覇		
8	2016年01月01日	7.5	-1.1	18.1		

⑩ B4:B5を選択し右下の「▪（フィルハンドル）」にマウスカーソルを合わせD4:D5までオートフィル

⑪ 東京・札幌・那覇の日別平均気温の最大値・最小値が表示される

2-7-4 度数分布表とヒストグラムの作成2

本項では、1,827個の日別データを用いて度数分布表とヒストグラムを作成します。

Step 1 度数分布表の作成の準備

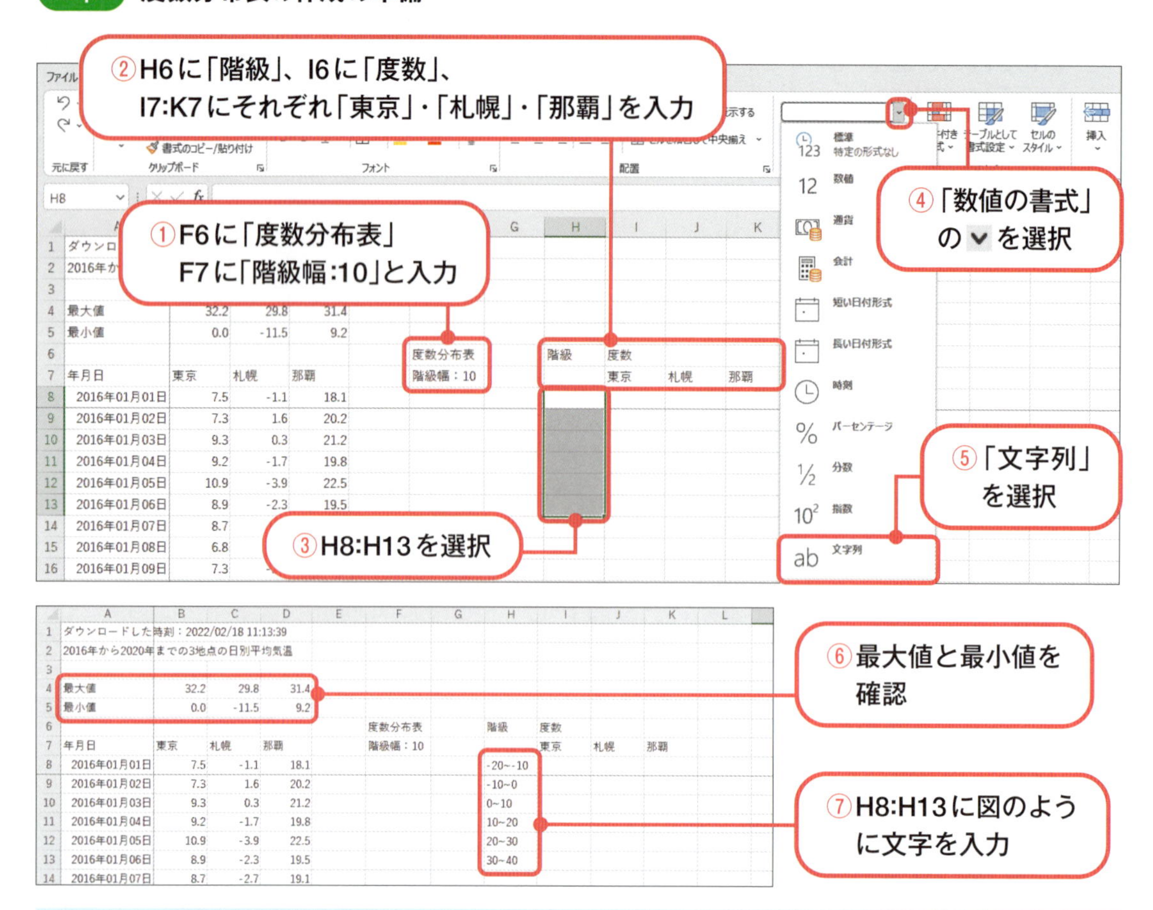

注意 1 2-7-3で最大値が32.2、最小値が−11.5と確認しましたので、それらの値が含まれるように階級を−20から40に設定しました。

注意 2 手順③～⑤で文字列に設定した理由は、H8やH9にマイナスから始まる数字があると、Excelがそれらを数式と判断し、エラーが表示されることを避けるためです。

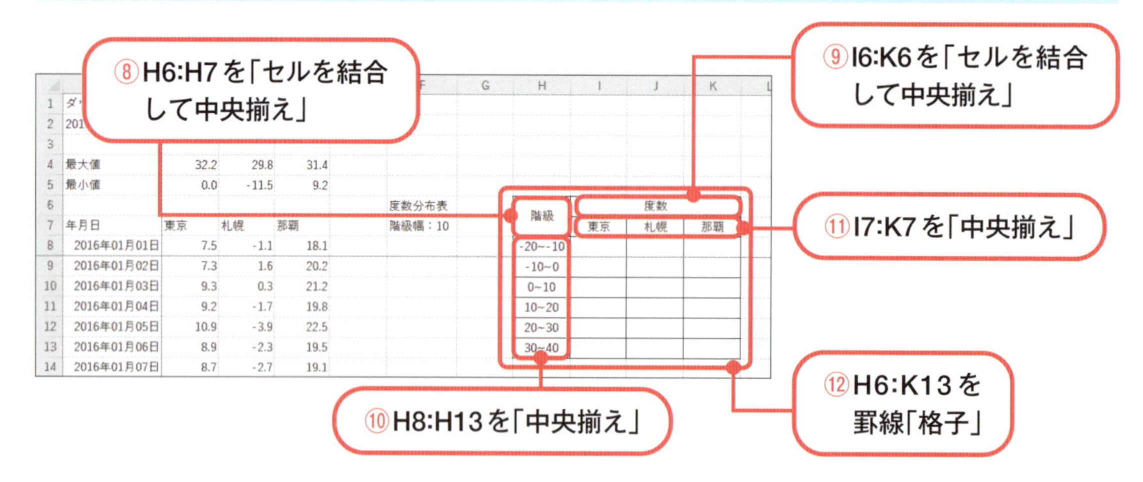

Step 2 度数分布表の作成 1

東京の日別平均気温の度数分布表を作成しましょう。

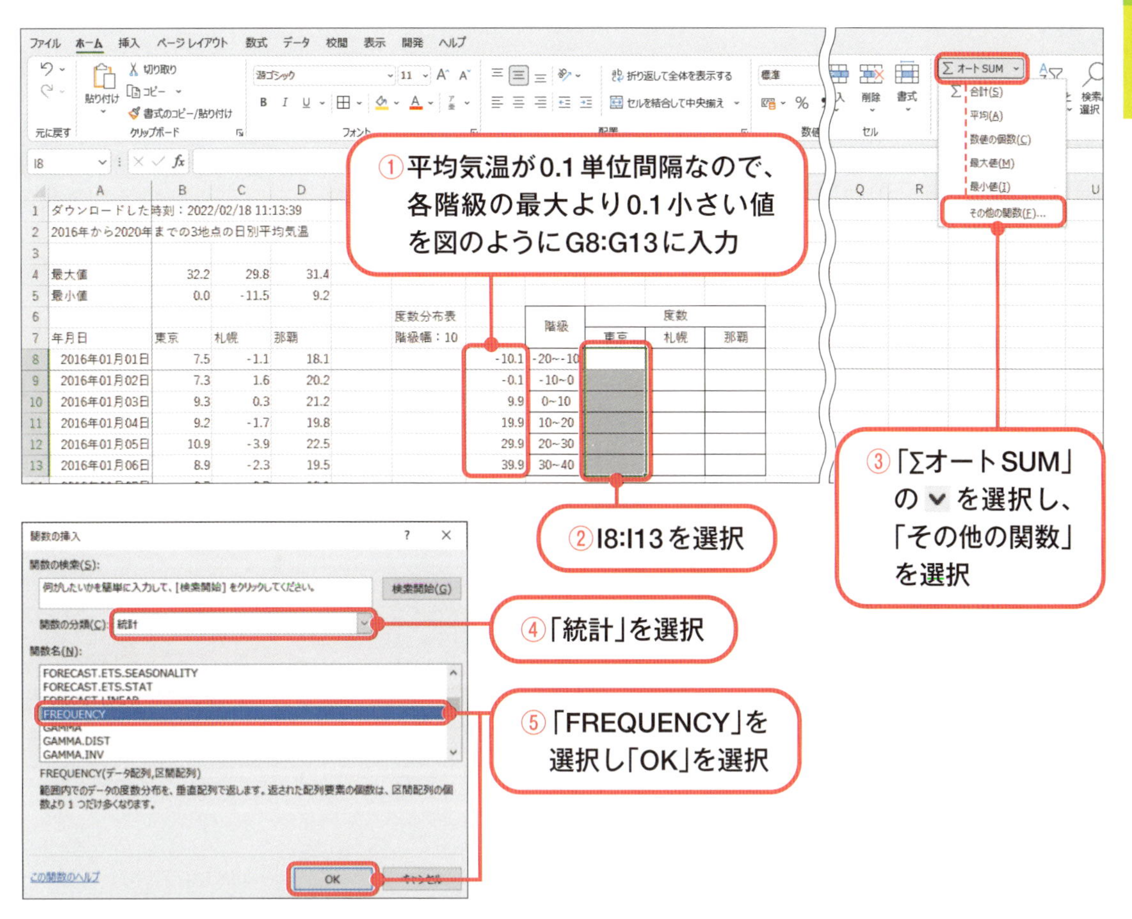

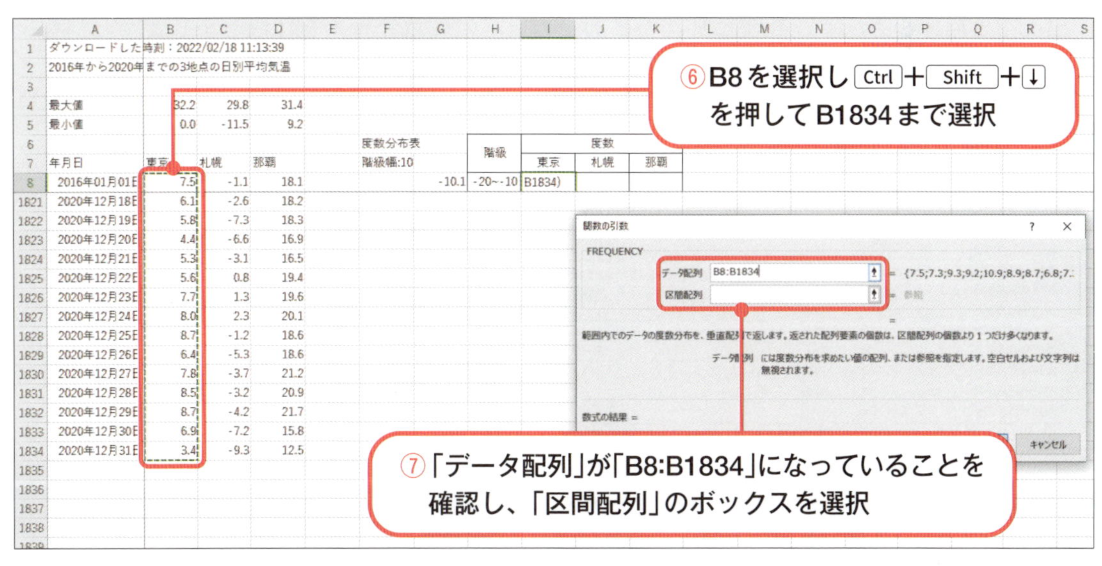

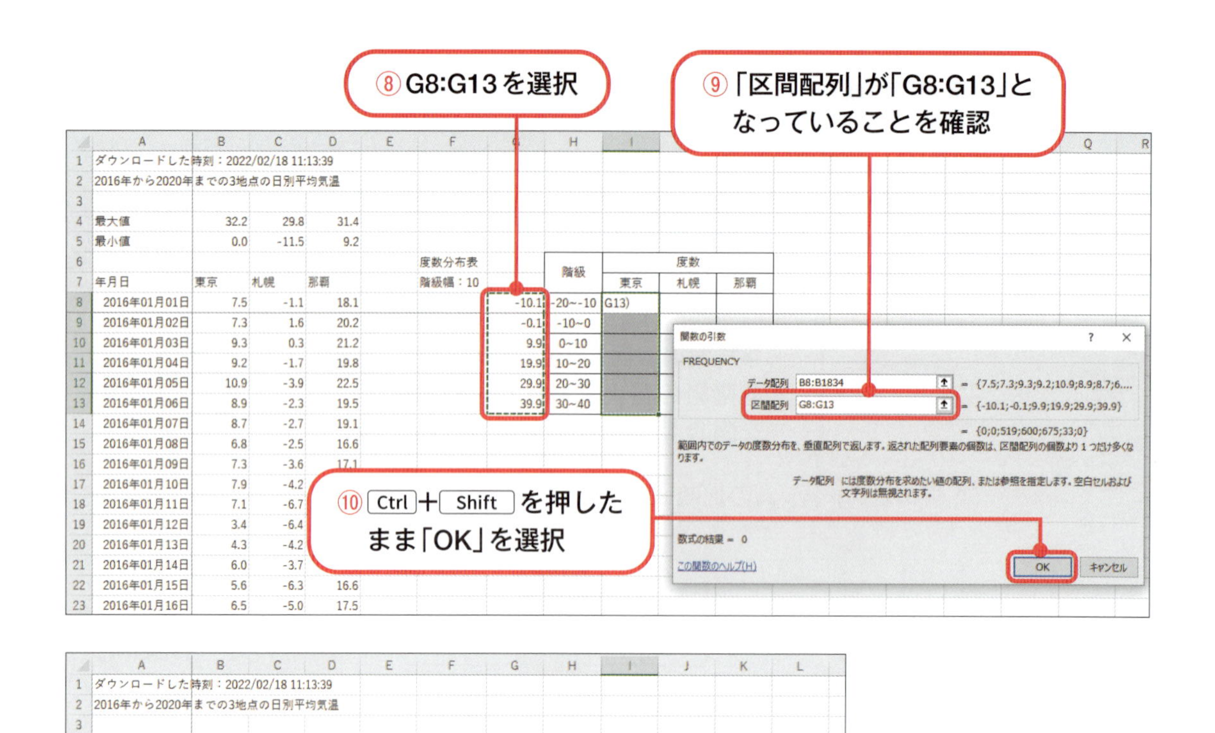

	A	B	C	D	E	F	G	H	I	J	K	L
1	ダウンロードした時刻：2022/02/18 11:13:39											
2	2016年から2020年までの3地点の日別平均気温											
3												
4	最大値	32.2	29.8	31.4								
5	最小値	0.0	-11.5	9.2								
6						度数分布表		階級	度数			
7	年月日	東京	札幌	那覇		階級幅：10			東京	札幌	那覇	
8	2016年01月01日	7.5	-1.1	18.1			-10.1	-20~-10	0			
9	2016年01月02日	7.3	1.6	20.2			-0.1	-10~0	0			
10	2016年01月03日	9.3	0.3	21.2			9.9	0~10	519			
11	2016年01月04日	9.2	-1.7	19.8			19.9	10~20	600			
12	2016年01月05日	10.9	-3.9	22.5			29.9	20~30	675			
13	2016年01月06日	8.9	-2.3	19.5			39.9	30~40	33			
14	2016年01月07日	8.7	-2.7	19.1								

⑪度数が表示される

Step 3 度数分布表の作成２

Step 2と同様の方法で、札幌と那覇の日別平均気温の度数分布表を作成しましょう。

	A	B	C	D	E	F	G	H	I	J	K	L
1	ダウンロードした時刻：2022/02/18 11:13:39											
2	2016年から2020年までの3地点の日別平均気温											
3												
4	最大値	32.2	29.8	31.4								
5	最小値	0.0	-11.5	9.2								
6						度数分布表		階級	度数			
7	年月日	東京	札幌	那覇		階級幅：10			東京	札幌	那覇	
8	2016年01月01日	7.5	-1.1	18.1			-10.1	-20~-10		2	0	
9	2016年01月02日	7.3	1.6	20.2			-0.1	-10~0		399	0	
10	2016年01月03日	9.3	0.3	21.2			9.9	0~10	51	511	1	
11	2016年01月04日	9.2	-1.7	19.8			19.9	10~20	60	585	443	
12	2016年01月05日	10.9	-3.9	22.5			29.9	20~30	67	330	1271	
13	2016年01月06日	8.9	-2.3	19.5			39.9	30~40	3	0	112	
14	2016年01月07日	8.7	-2.7	19.1								
15	2016年01月08日	6.8	-2.5	16.6								
16	2016年01月09日	7.3	-3.6	17.1								

注意　これまで学習した相対参照を使ったオートフィルでは度数分布表は作成できません。

Step 4 ヒストグラムの作成

東京と札幌のヒストグラムを作成しましょう。東京はH8:I13を選択し、札幌はH8:H13とJ8:J13を選択し、ヒストグラムを作成します。また、ヒストグラムを見やすくするため、ウィンドウ枠の固定を解除し、2-7-2のStep 5に従って、ヒストグラムを編集しましょう。

参考▶ 2-5-5 Step 3 (p.112)：ウィンドウ枠の固定解除

参考▶ 2-7-2 Step 5 (p.132 ～ p.134)：ヒストグラムの作成

Step 5 東京と札幌のヒストグラムの比較

縦（値）軸の範囲を揃えて表示しないと比較できません。東京と札幌の縦（値）軸の範囲を「0から800」の200毎の表示に揃えましょう。

今回は、2枚のグラフを縦に並べて比較してみます。東京のヒストグラムと札幌のヒストグラムを比較すると、東京は気温が高い方に偏っていて、札幌は気温が低い方に偏っていることが分かります。

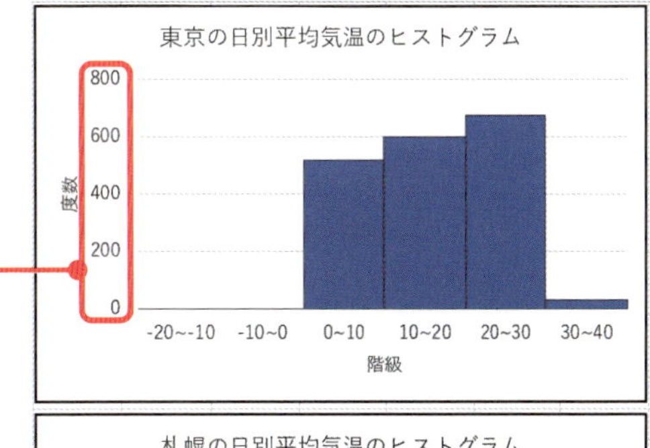

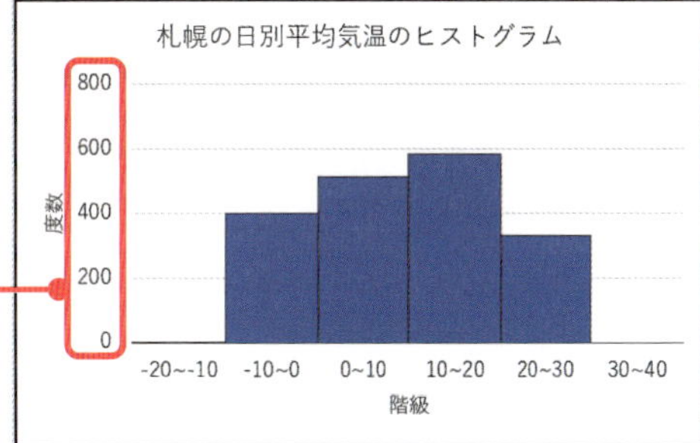

範囲を揃えるため「0から800」の200毎の表示に変更

注意 本節では度数分布表を学習したため、縦棒グラフからヒストグラムを作成しました。度数分布表を作らずに、データからヒストグラムを直接作ることもできます。

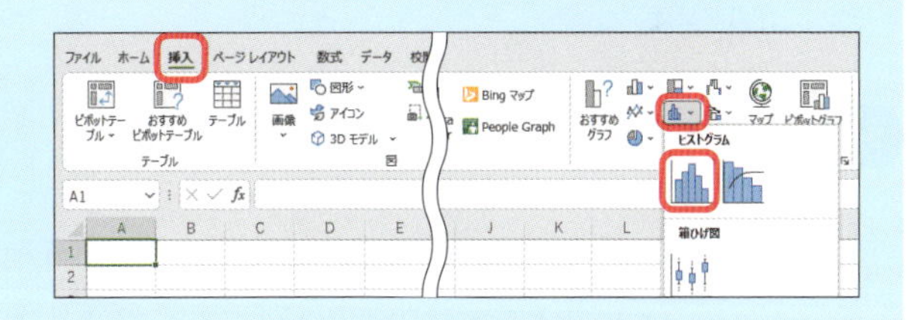

コラム 平均値・中央値・最頻値

度数が最も大きい値を最頻値と呼びます。図のように、平均値・中央値・最頻値が必ずしも一致するわけではないことに注意しましょう。

平均値はAVERAGE関数、中央値はMEDIAN関数、最頻値はMODE関数で求めることができます。

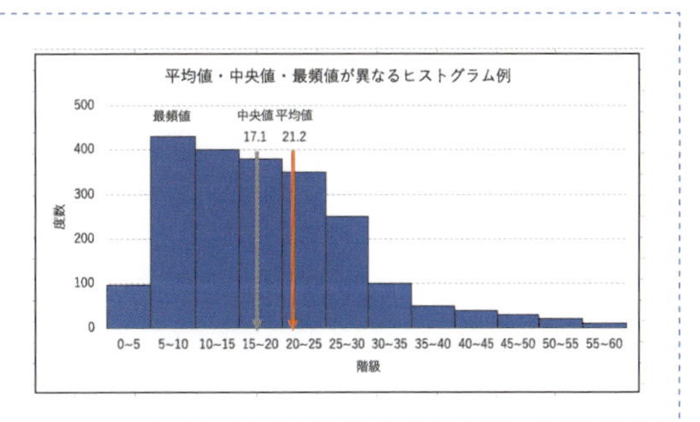

2-8 散布図の作成と相関係数の算出

散布図の作成や相関係数を算出することで、2種類のデータ間の相関関係を知ることができます。本節では、東京と羽田・那覇・南極の日別平均気温の散布図を作成します。また、それぞれの相関係数を算出し、散布図との関係性を確認します。

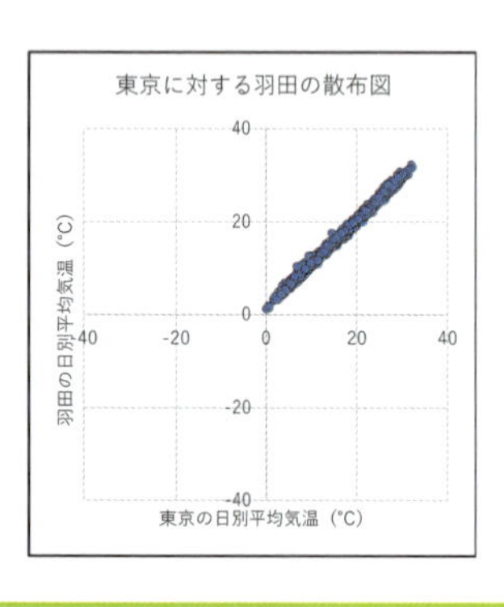

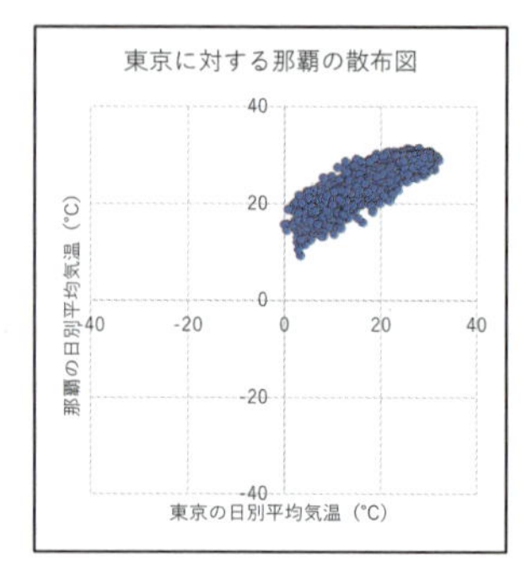

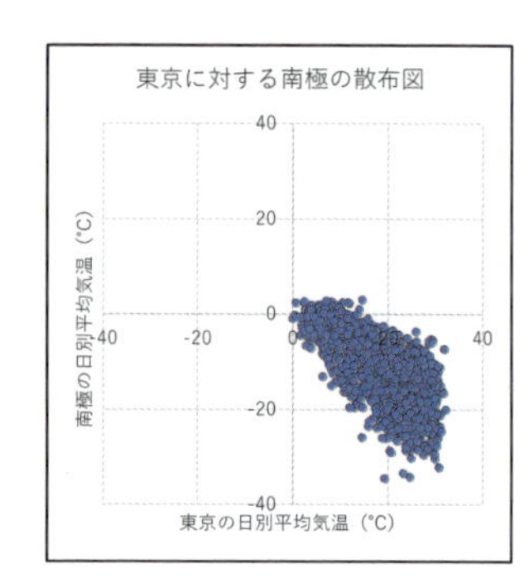

2-8-1 作業用フォルダーの作成とファイルの準備

Step 1 作業用フォルダーの作成

本節で学習するファイルを保存するための「2-08」フォルダーを、2-1-1で作成した「データサイエンス」フォルダーの中に作成しましょう。

参考▶ 2-1-1 Step 2（p.39 ～ p.40）

Step 2 ファイルのコピーとファイル形式の変換

「2-05」フォルダーから「2-08」フォルダーに、「5地点5年分.csv」ファイルをコピーしましょう。さらに、「5地点5年分.csv」のファイル形式をExcelブックファイル形式に変換し、「2-08.xlsx」というファイル名で保存しましょう。

参考▶ 2-3-1 Step 2（p.72 ～ p.73）：ファイルのコピー
参考▶ 2-2-2 Step 4（p.59 ～ p.60）：ファイル形式の変換

2-8-2 散布図の作成

Step 1 データクリーニング

B6を選択してウィンドウ枠を固定し、必要のない列や行を削除して右図のようにしましょう。

- 札幌の列と、東京・羽田・那覇・昭和（南極）の品質情報と均質番号の列を削除
- 5行目を削除
- 3行目の東京・羽田・那覇・昭和（南極）を切り取り、4行目の平均気温（℃）に貼り付け
- A2に「2016年から2020年までの日別平均気温」と入力
- 年月日の表示形式を「yyyy/mm/dd」に変更
- 気温を小数第1位まで表示
- 「昭和（南極）」を「南極」に変更

	A	B	C	D	E
1	ダウンロードした時刻：2022/02/18 11:13:39				
2	2016年から2020年までの日別平均気温				
3					
4	年月日	東京	羽田	那覇	南極
5	2016/01/01	7.5	8.7	18.1	-0.3
1817	2020/12/17	4.3	5.6	16.5	-4.8
1818	2020/12/18	6.1	7.1	18.2	-4.2
1819	2020/12/19	5.8	7.0	18.3	-3.5
1820	2020/12/20	4.4	5.4	16.9	-4.2
1821	2020/12/21	5.3	6.9	16.5	-2.7
1822	2020/12/22	5.6	6.7	19.4	-1.5
1823	2020/12/23	7.7	8.2	19.6	-1.8
1824	2020/12/24	8.0	10.7	20.1	-1.2
1825	2020/12/25	8.7	9.7	18.6	-1.1
1826	2020/12/26	6.4	8.2	18.6	0.2
1827	2020/12/27	7.8	8.9	21.2	-0.1
1828	2020/12/28	8.5	9.6	20.9	-1.4
1829	2020/12/29	8.7	9.8	21.7	-4.5
1830	2020/12/30	6.9	10.3	15.8	-4.3
1831	2020/12/31	3.4	4.4	12.5	-3.1
1832					
1833					
1834					

Step 2 散布図の作成

東京と羽田の気温を選択して散布図を作成しましょう。

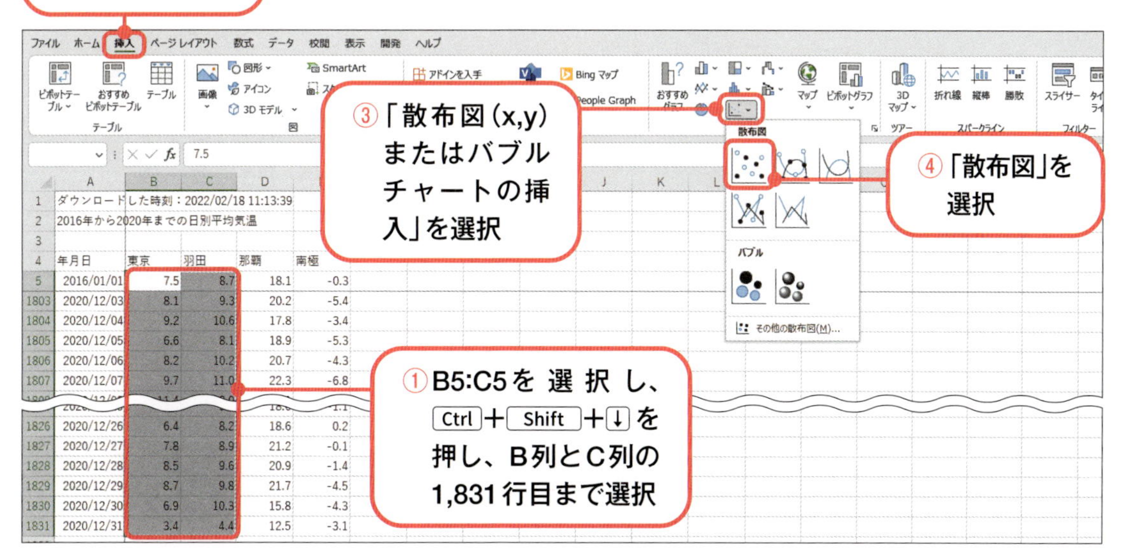

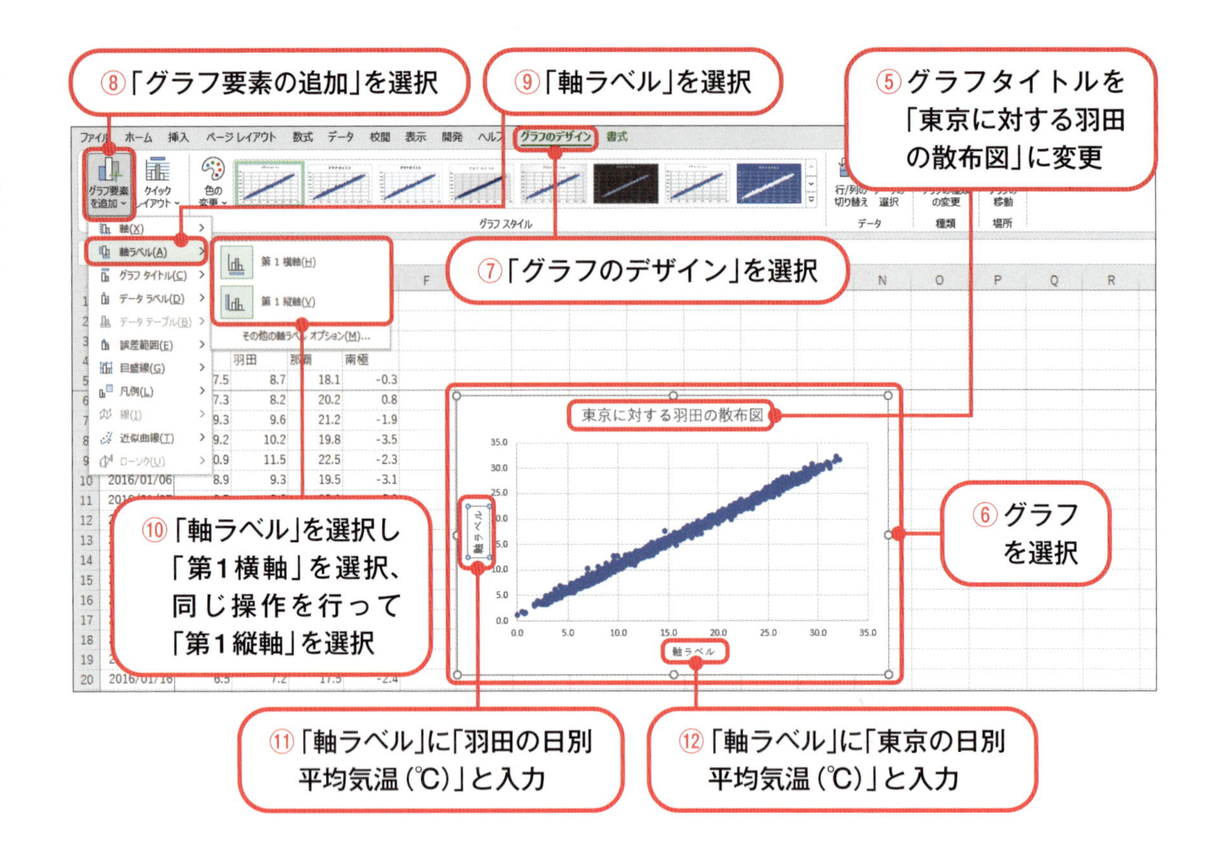

Step 3 表示する範囲を検討するため、最大値と最小値の算出

4行から6行を選択し右クリックして「挿入」を選択し、年月日の上に3行挿入しましょう。次に、A4に「最大値」、A5に「最小値」と入力しましょう。B4にはB8:B1834の最大値、B5にはB8:B1834の最小値を求めましょう。最大値・最小値は「Σオート SUM」の⌄ボタンから求めましょう。求めた最大値・最小値をオートフィルでE4:E5にコピーしましょう。

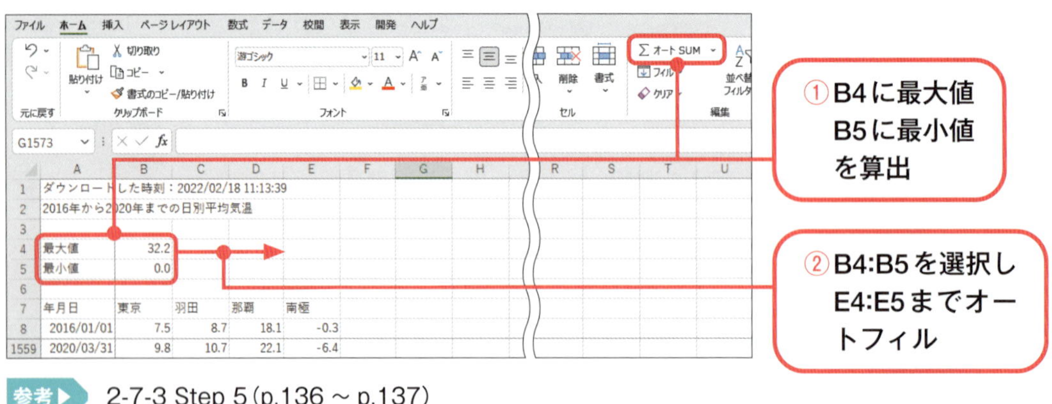

参考▶ 2-7-3 Step 5（p.136 ～ p.137）

Step 4 散布図の調整

Step 2で求めた最大値と最小値が入るように縦軸・横軸の範囲を調整しましょう。ここでは、縦軸・横軸共に−40 ～ 40の範囲にしましょう。

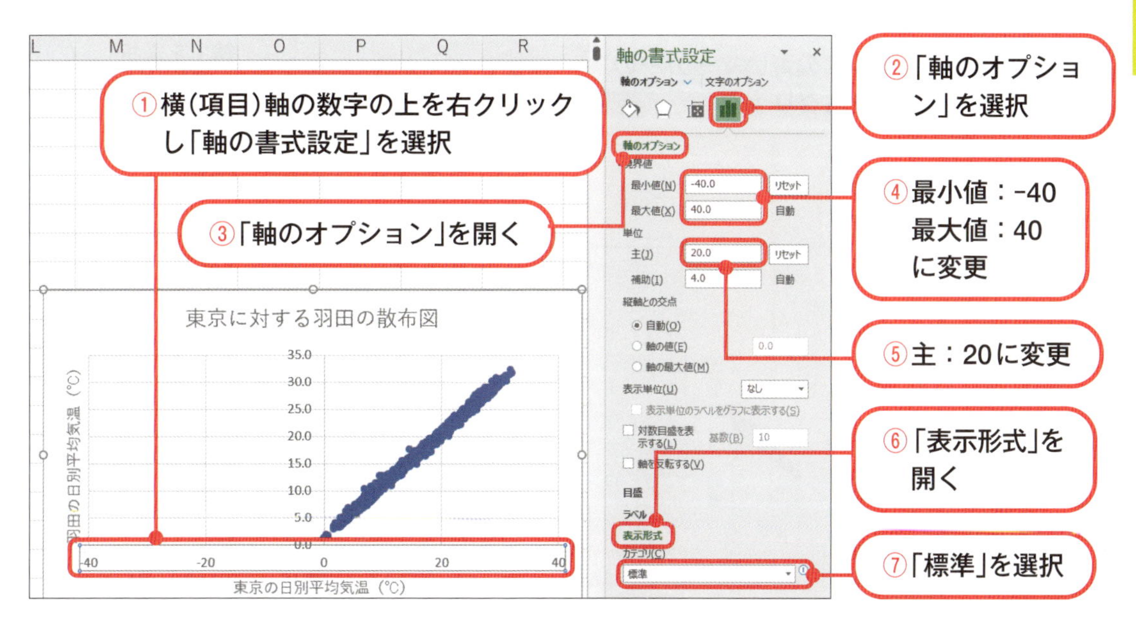

同様に、縦軸の範囲を−40 ～ 40、単位(主)を20に変更しましょう。

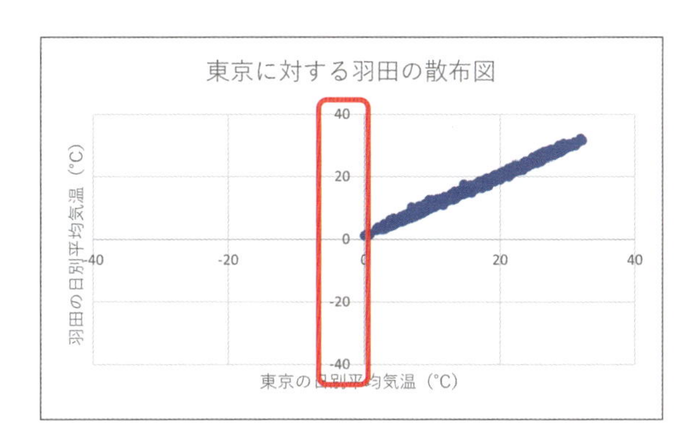

右図のようにグラフを整えましょう。

- グラフの枠線を黒の1.5ptに設定
- グラフタイトルのフォントサイズを14ptに、縦(値)軸・横(項目)軸・縦(値)軸ラベル・横(項目)軸ラベルのフォントサイズを11ptに設定し、全てのフォントを游ゴシック、フォントの色を黒に設定

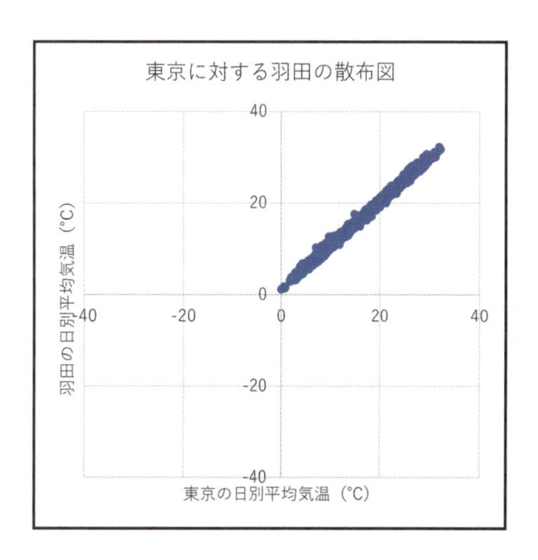

Step 5 マーカーの枠線の設定

マーカーの枠線を黒に設定して、より鮮明で分かりやすいグラフにしましょう。

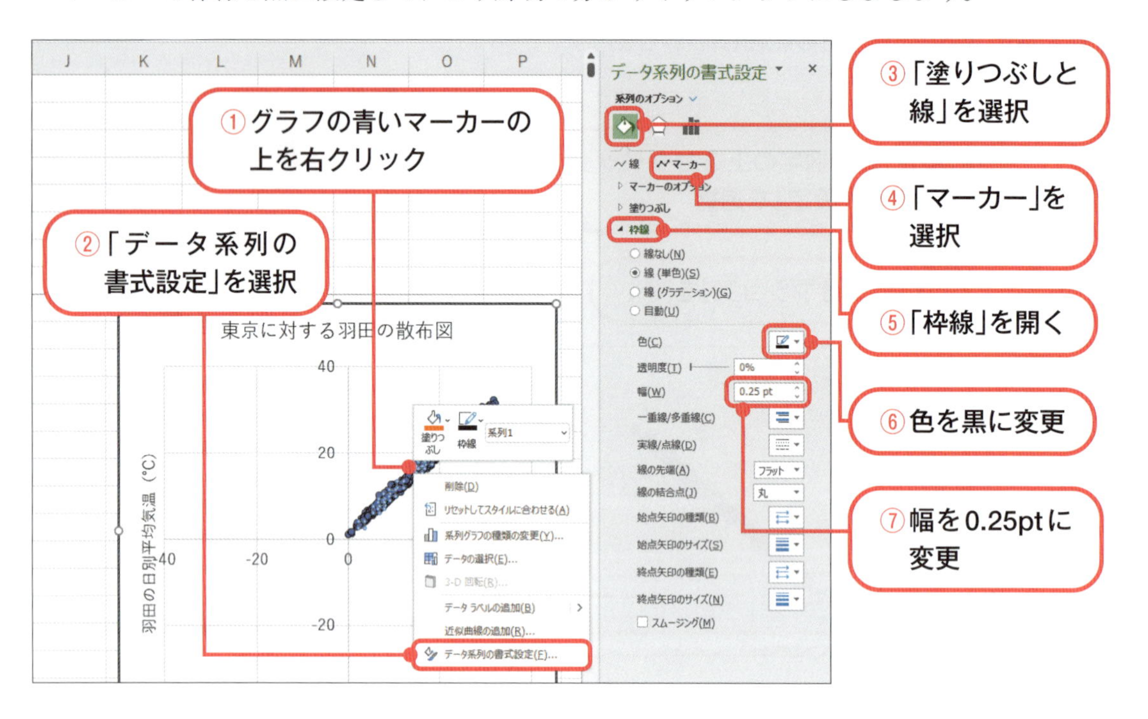

2-8-3 グラフの複製

グラフは複製することが可能です。また、複製されたグラフを編集することによって、効率的に複数のグラフを作成することができます。ここでは、散布図を複製してみましょう。

Step 1 散布図の複製

東京に対する羽田の散布図を複製して、東京に対する那覇の散布図、東京に対する南極の散布図を作成しましょう。

コラム 外れ値

散布図を作成した際に、1つのマーカーだけデータの分布から離れた場所にある場合があります。このように、データ全体から見て極端に離れた値を外れ値と呼びます。例えば、東京の気温データに50℃という値が1つ紛れ込んでいれば、そのデータは外れ値と考えられます。外れ値はデータ収集の誤りの場合もありますが、異常気象や特異な現象を示している可能性もあります。そのため、その原因を慎重に分析し、データの信頼性を確保するための適切な処理を行うことが重要です。

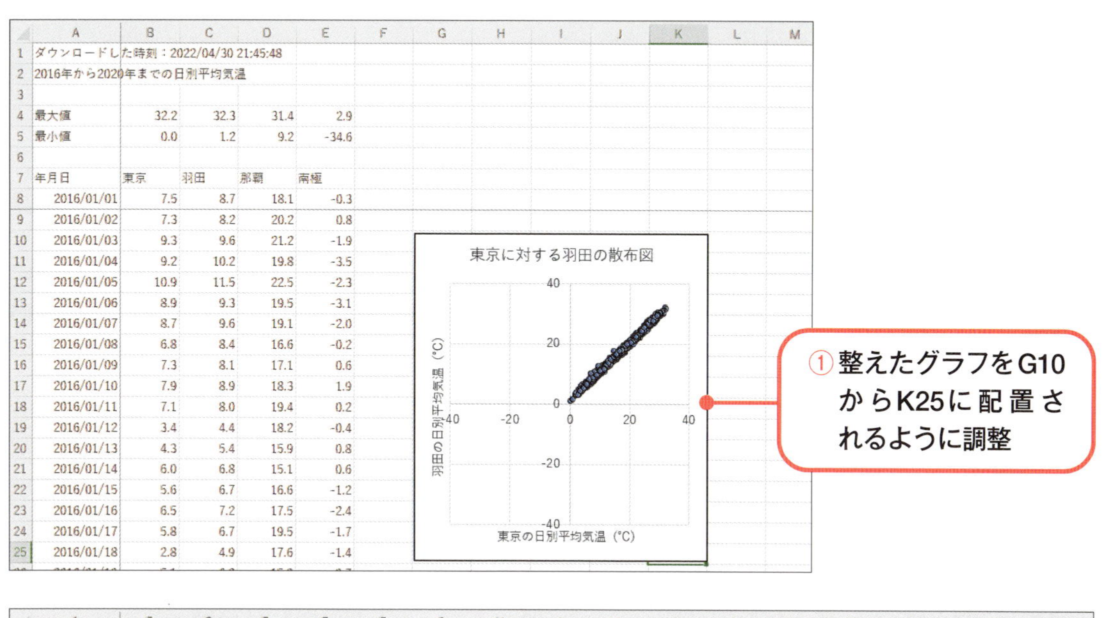
ダウンロードした時刻：2022/04/30 21:45:48
2016年から2020年までの日別平均気温
最大値 32.2 32.3 31.4 2.9
最小値 0.0 1.2 9.2 -34.6
年月日 東京 羽田 那覇 南極
東京に対する羽田の散布図
羽田の日別平均気温（°C）
東京の日別平均気温（°C）
①整えたグラフをG10からK25に配置されるように調整

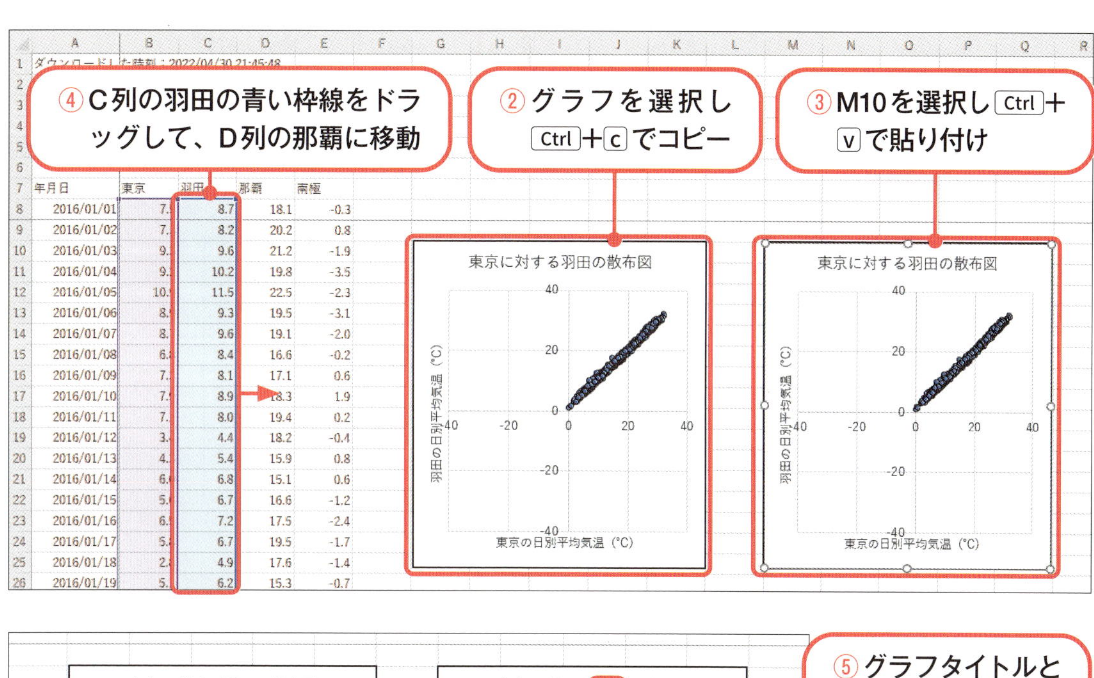
④C列の羽田の青い枠線をドラッグして、D列の那覇に移動
②グラフを選択し Ctrl + c でコピー
③M10を選択し Ctrl + v で貼り付け
東京に対する羽田の散布図
羽田の日別平均気温（°C）
東京の日別平均気温（°C）

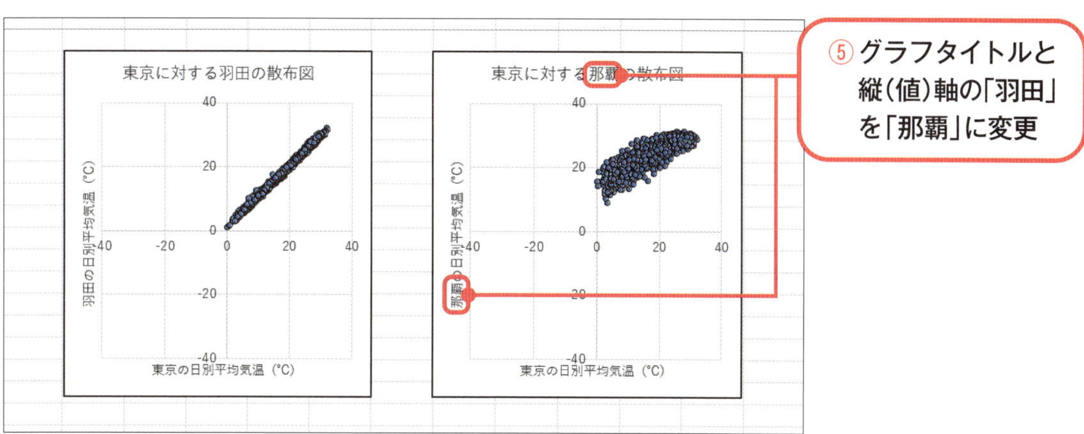
東京に対する羽田の散布図
羽田の日別平均気温（°C）
東京の日別平均気温（°C）
東京に対する那覇の散布図
那覇の日別平均気温（°C）
⑤グラフタイトルと縦（値）軸の「羽田」を「那覇」に変更

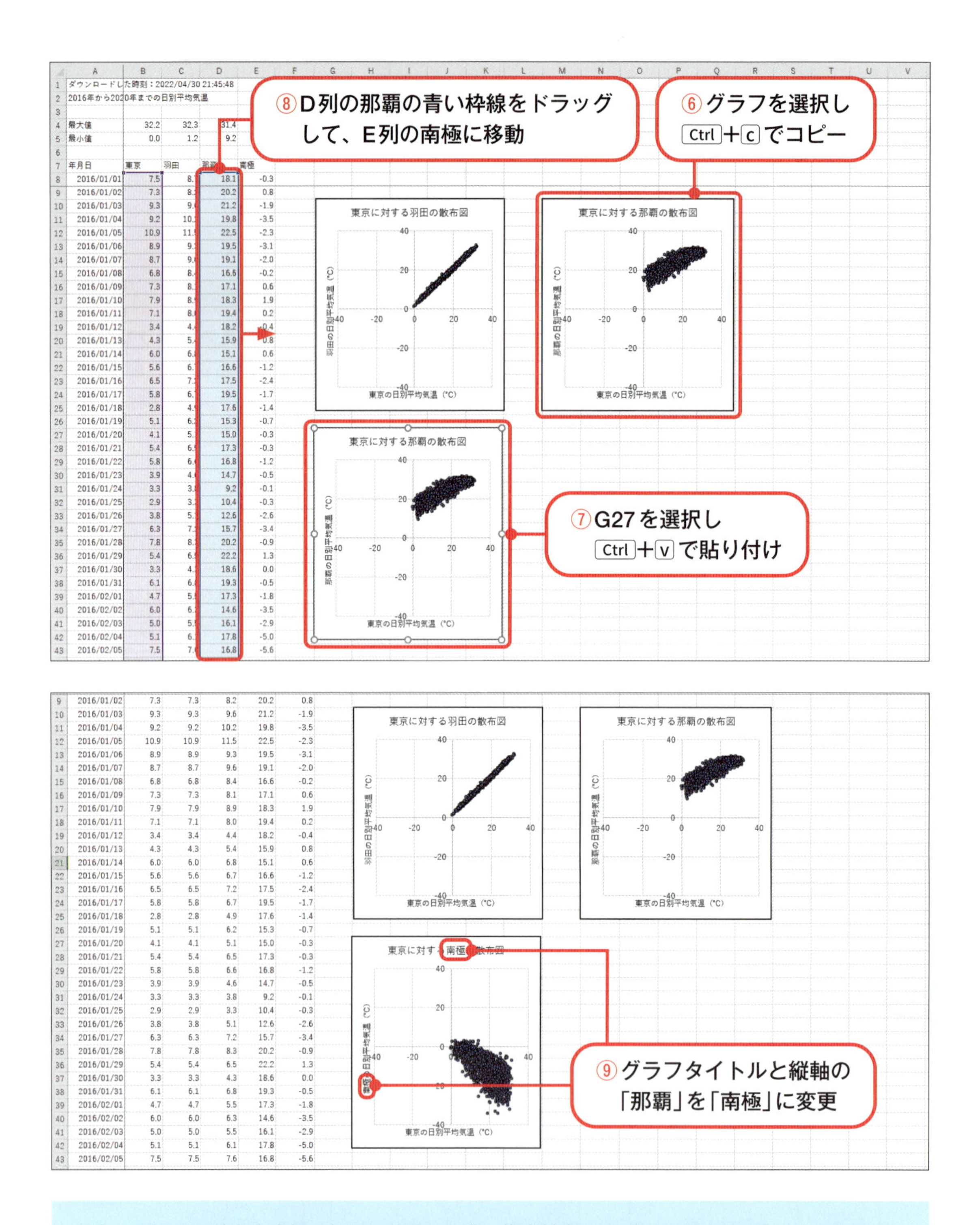

注意　データの範囲を南極の気温に移動した際、縦（値）軸の目盛りの最大値が「20」に変わることがあります。そのときは軸の書式設定から最大値を「40」に変更しましょう。

Step 2 東京の列の複製

①C列を右クリックし「挿入」を選択し1列挿入

②B列を選択し Ctrl + c でコピー

③C列を選択し Ctrl + v で貼り付け

	A	B	C	D	E
1	ダウンロードした時刻：2022/04/30 2 5:48				
2	2016年から2020年までの日別平均気温				
3					
4	最大値	32.2		32.3	31.4
5	最小値	0.0		1.2	9.2

	A	B	C	D	E
1	ダウンロードした時刻：2022/04/30 2 (Ctrl)				
2	2016年から2020年までの日別平均気温				
3					
4	最大値	32.2	32.2	32.3	31.4
5	最小値	0.0	0.0	1.2	9.2

Step 3 東京に対する東京の散布図

東京に対する南極の散布図をコピーし貼り付け、南極の青いデータ範囲を新しく作ったC列の東京に移動しましょう。次にグラフのグラフタイトルと縦軸の「南極」を「東京」に変更しましょう。

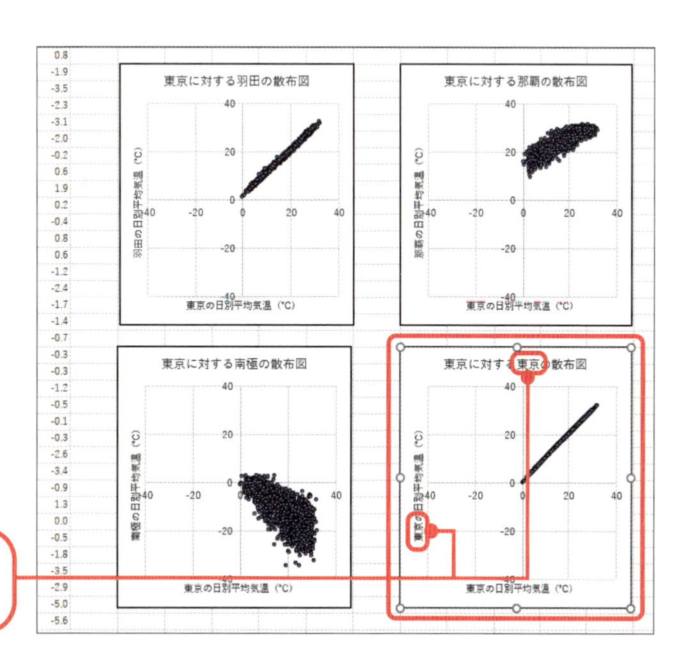

東京に対する羽田の散布図のプロット（点）は、右上がりになっています。また、東京に対する那覇の散布図も、東京に対する東京の散布図もプロットは右上がりとなっています。この右上がりの状態を「正の相関がある」と言います。この場合、どちらか一方の数値が大きくなれば、もう一方の数値も大きくなる傾向があります。反対に、東京に対する南極の散布図は、プロットが右下がりになっています。この場合、どちらか一方の数値が大きくなれば、もう一方の数値は小さくなる傾向があります。この状態を「負の相関がある」と言います。

東京に対する東京の散布図のように、同じデータで散布図を作成するとプロットは直線のようになります。また、この散布図と東京から少し距離が離れている羽田の散布図とを比較すると、プロットのばらつきが少しあります。さらに、東京からかなり距離のある那覇との散布図では、プロットのばらつきがさらに大きくなっています。プロットの分布の広がり方によって、2種類のデータ間の関係性の強さを読み取ることができます。すなわち、プロットが直線に近いほどその関係性が強く、プロットの分布が広いほど、それらの関係性が弱くなると判断します。

2-8-4 相関係数

2-8-3において、2種類のデータを散布図にして、プロットの分布を確認しました。その関係性を数値で表現したものを、相関係数と呼びます。ここでは、相関係数の求め方と相関係数と散布図の関係性を学習します。

Step 1 行の挿入

6行目と7行目を選択して右クリックし、「挿入」を選択して2行挿入しましょう。

Step 2 相関係数の算出

東京と羽田の日別平均気温の相関係数を算出しましょう。

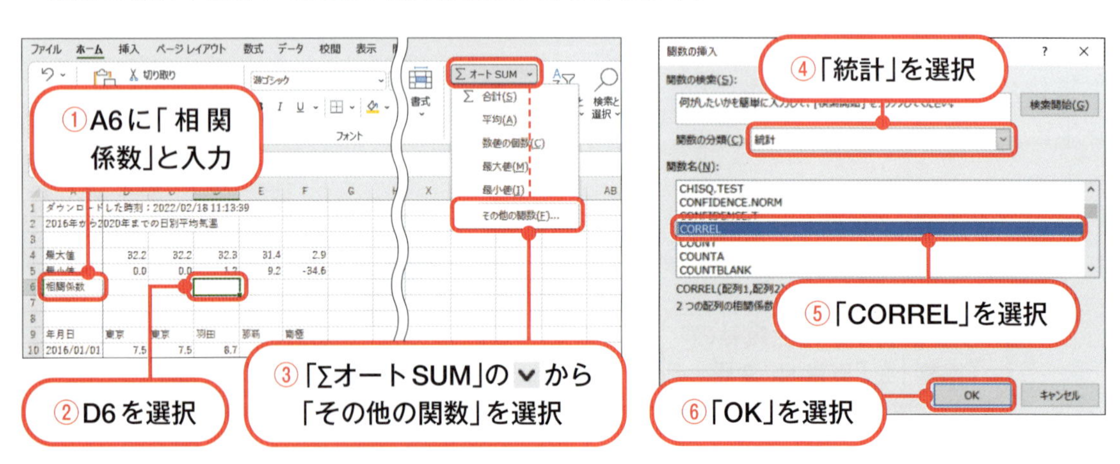

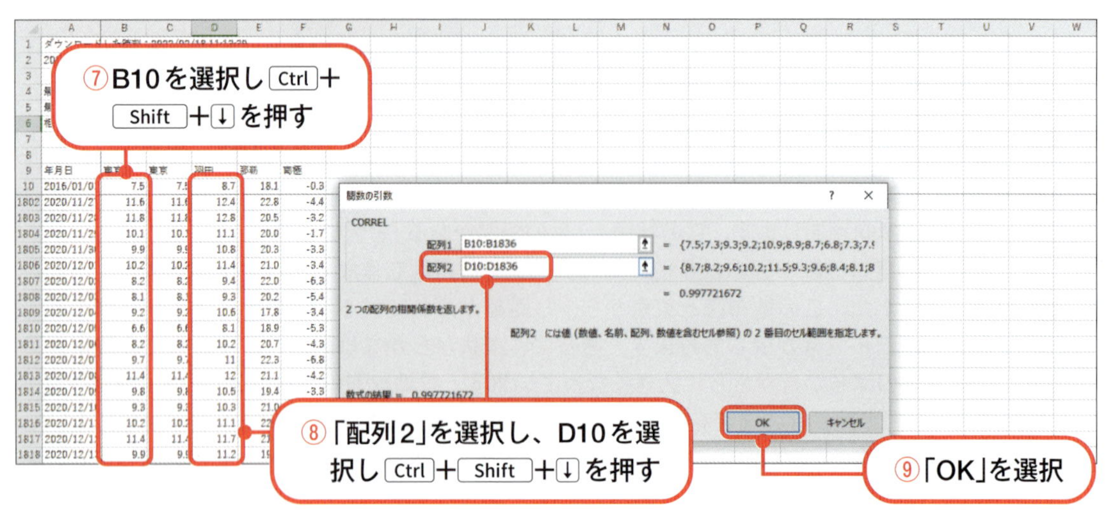

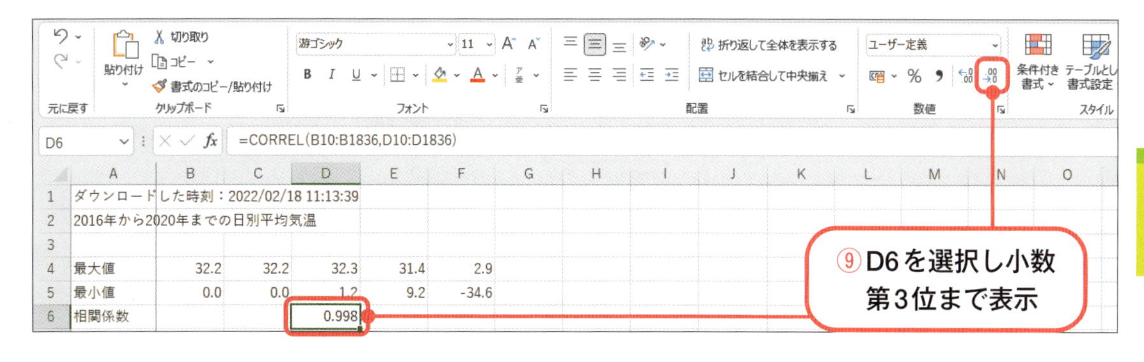

東京と羽田の相関係数が0.998と求まりました。

Step 3 オートフィルを用いた相関係数の算出（失敗例）

D6の関数をE6とF7にオートフィルでコピーしましょう。

	A	B	C	D	E	F
1	ダウンロードした時刻：2022/02/18 11:13:39					
2	2016年から2020年までの日別平均気温					
3						
4	最大値	32.2	32.2	32.3	31.4	2.9
5	最小値	0.0	0.0	1.2	9.2	-34.6
6	相関係数			0.998	[illegible]	-0.767
7						

①D6を選択し、右下の「▪（フィルハンドル）」をクリックして、F6までオートフィル

算出できましたが、正しく計算されているでしょうか？確認しましょう。

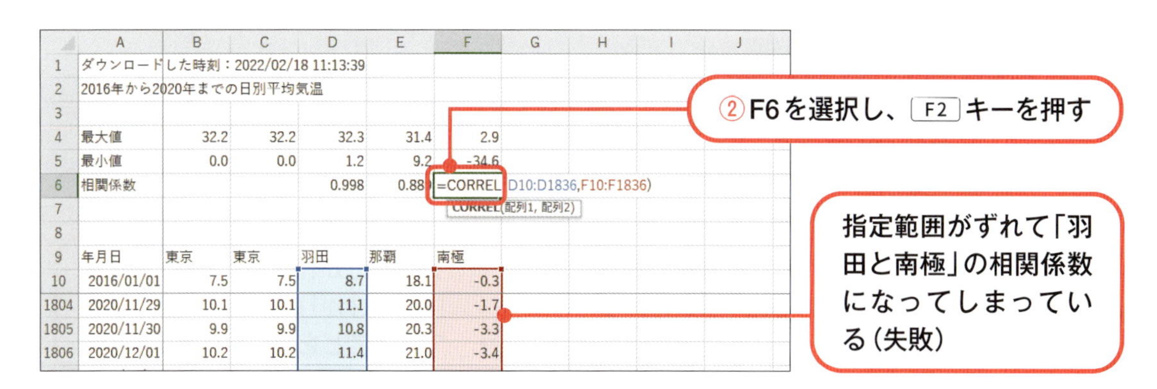

正しく計算されていません。次のStepで正しく計算しましょう。

Step 4 絶対参照によるオートフィルを用いた相関係数の算出

東京とその他の都市の日別平均気温の相関係数を、オートフィルを用いて正しく求めてみましょう。絶対参照を用いると、オートフィルを行っても参照するセル群を固定することができます。

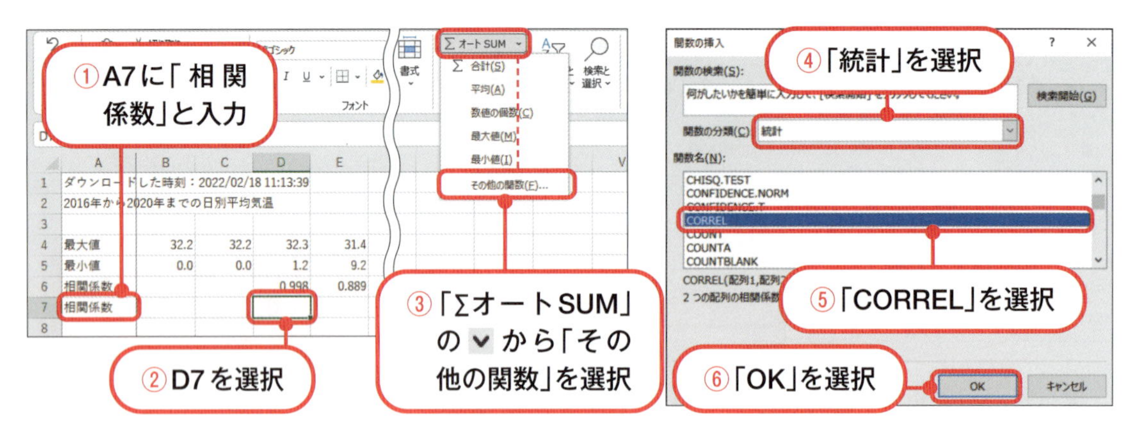

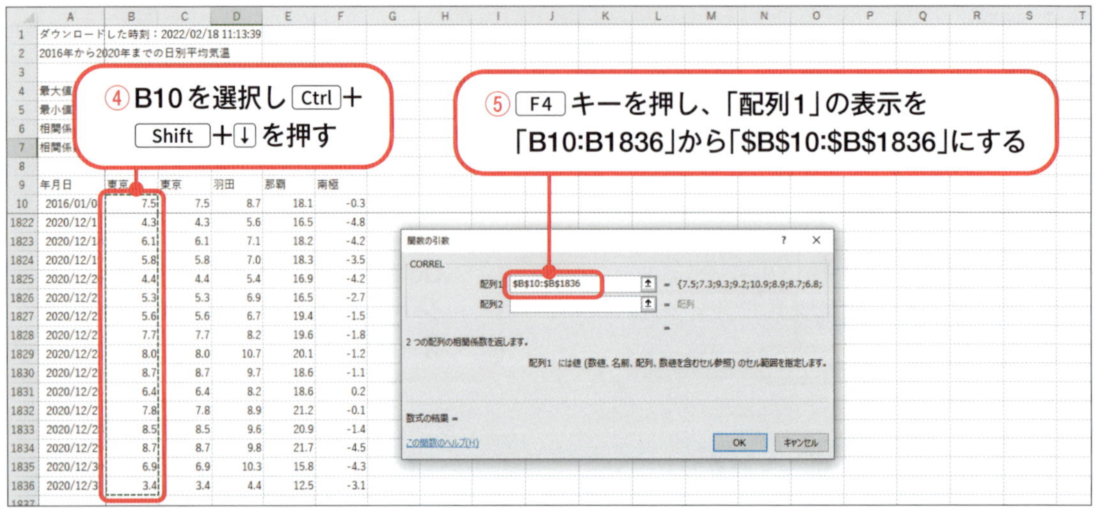

F4 キーを押すことにより、$マークがつきました。これを絶対参照といいます。例えば、「B10」になるとオートフィルをしても、参照されるセルがB列の10行目に固定されるという意味になります。

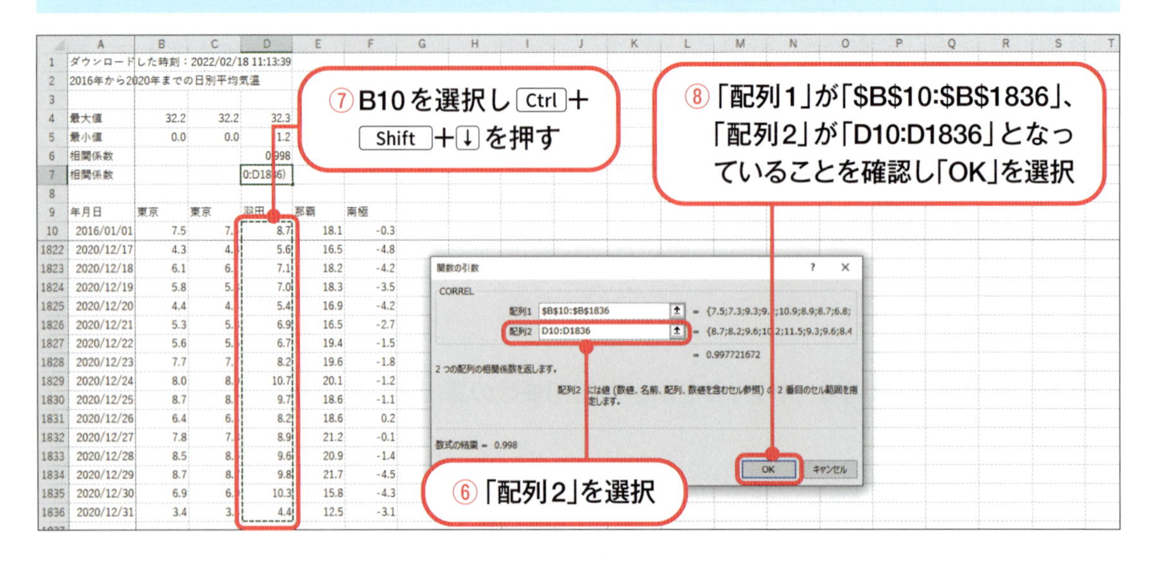

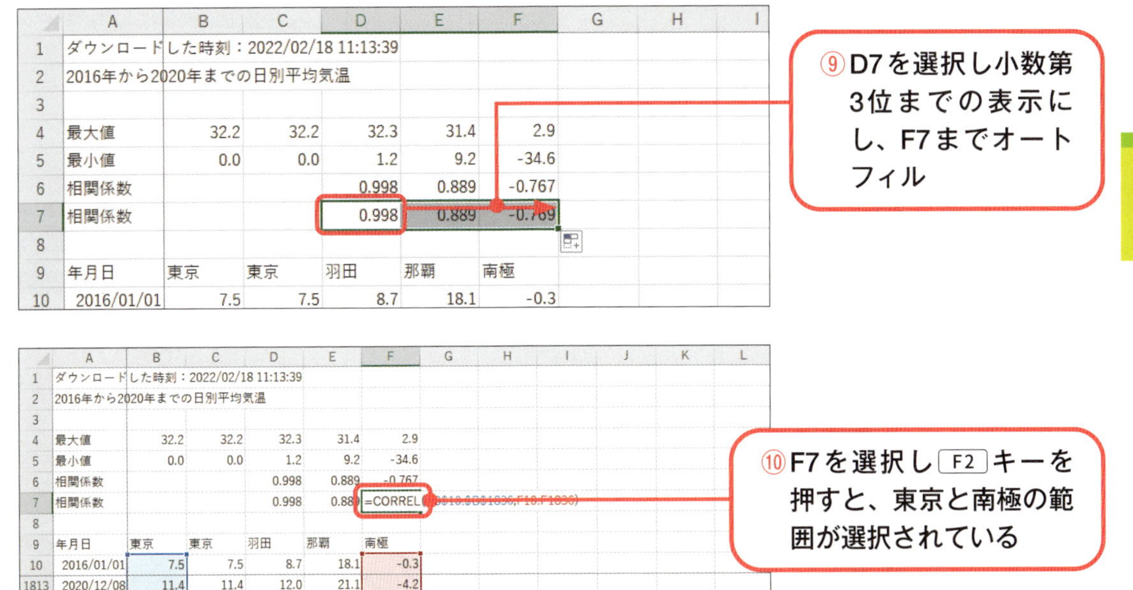

絶対参照を用いることによって、正しく東京との相関が求められたことが確認できました。次に、東京と東京の日別平均気温の相関係数も求めてみます。

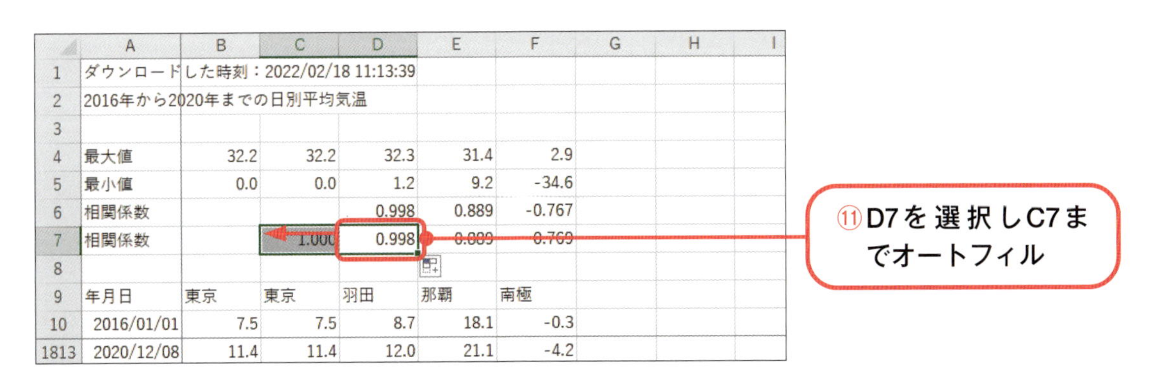

コラム　相関関係・因果関係・疑似相関の違い

相関関係とは、一方の数値が変動すると、他方の数値も変動するという関係性を示します。しかし、相関関係があるからといって必ずしも因果関係（一方の数値の変動が要因となって、その結果として他方の数値が変動する関係）があるわけではないので、注意が必要です。また、疑似相関（2つの変数に直接的な関係がないにもかかわらず、表面上は相関があるように見える関係性）にも注意しましょう。疑似相関は、偶然の場合もありますが、交絡（第3の要因によって影響を受けた2つの変数が相関関係にあるような状況）の場合もあります。例えば、アイスクリームの消費量と日焼け止めの使用量が疑似相関にあるとき、「夏」という第3の要因（交絡因子）が2つ変数に同時に影響することによって、あたかも相関関係があるように見えてしまいます。

前ページで算出した相関係数の値を、それぞれの散布図に対応させると次のようになります。

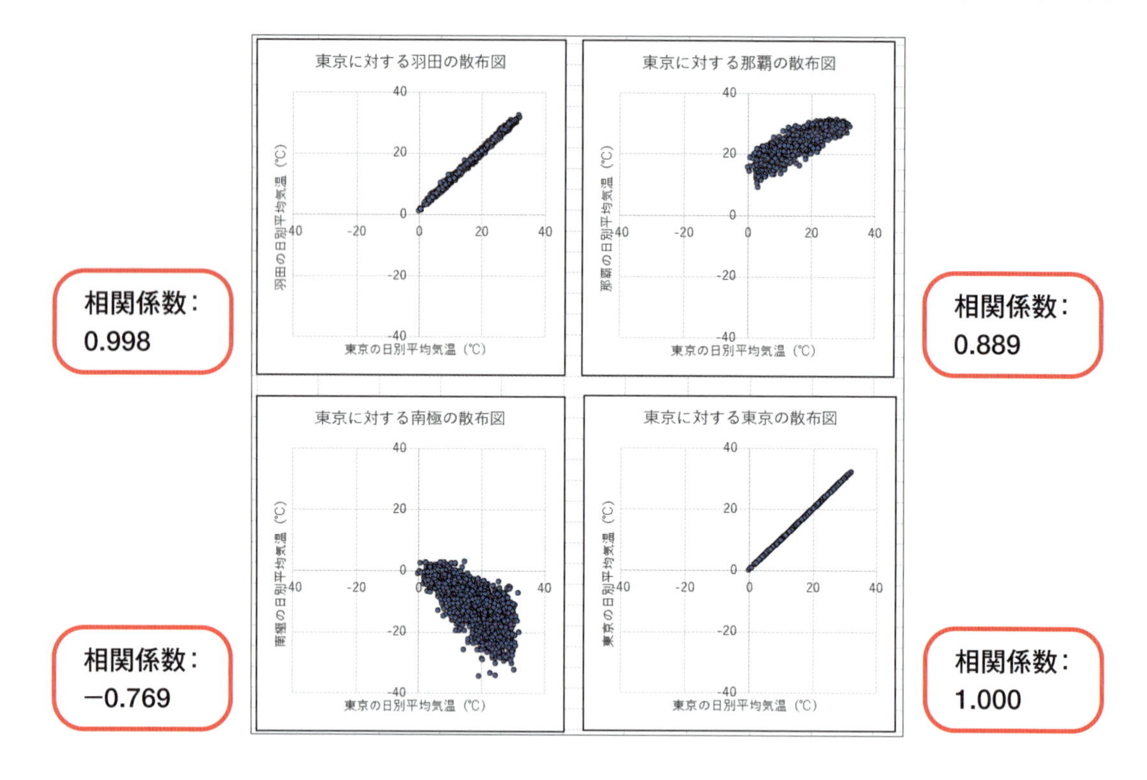

相関係数は、必ず−1から1の間をとります。そして、算出された値は、値に応じて、概ね以下のような意味を持ちます。

相関係数の値	値の意味
0.7 ～ 1.0	強い正の相関がある
0.4 ～ 0.7	正の相関がある
−0.4 ～ 0.4	ほとんど相関がない
−0.7 ～ −0.4	負の相関がある
−1.0 ～ −0.7	強い負の相関がある

算出された値が1に近い程、正の相関が強くなります。つまり、一方の値が大きくなると、他方の値も大きくなる傾向が高いという意味になります。また、東京の気温と東京の気温の相関係数は1.000となっています。このように、同じデータで相関をとると必ず1になります。また、算出された値が−1に近い程、負の相関が強くなります。つまり、一方の値が大きくなると、他方の値が小さくなる傾向が高いという意味になります。

さらに、散布図と相関係数を合わせて確認してみましょう。相関係数が正の値だと、プロットが右上がりになっています。そして、1に近いほど直線に近い形になります。一方、相関係数が負の値の場合は、プロットが右下がりになっています。東京に対する南極の散布図では、他の散布図と比較してプロットがやや広がっているように見えますが、相関係数が−0.769であるため、「強い負の相関がある」ことが分かります。つまり、東京の気温が高いほど、南極の気温が低くなる傾向があると読み取ることができます。

2-9 定性データの扱い方とクロス集計

気温等の数値で表すことのできるデータを定量データ（量的変数）と呼びます。また、天気概況（がいきょう）（晴・曇・雨等）のように、数値で表すことのできないデータを定性データ（質的変数）と呼びます。本節では、天気概況のデータを使用し、定性データの扱い方を学習します。東京の天気概況と平均気温を、Excelのピボットテーブル機能を使用して集計し、クロス集計表の作成とその可視化をします。クロス集計とは、2種類以上のデータをかけ合わせて集計する方法です。

行ラベル	個数 / 年月日
雨	44
快晴	175
晴	243
曇	181
総計	643

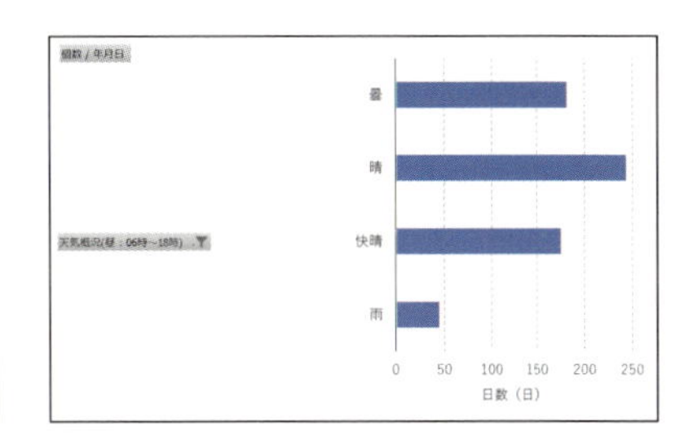

2-9-1 データのダウンロード

Step 1 気象庁のWebサイトにアクセス

Microsoft Edgeを起動し、気象庁のWebサイト「https://www.jma.go.jp」にアクセスしましょう。

Step 2 使用するデータのダウンロード

気象庁のWebサイトの「各種データ・資料」を選択し、「過去の地点気象データ・ダウンロード」から、2016年1月1日から2020年12月31日の5年分の東京の天気概況（昼:06時～18時）と日平均気温をダウンロードしましょう。

注意 異なった地点データ・項目データが入っている場合は、「選択地点・項目をクリア」をクリックしましょう。

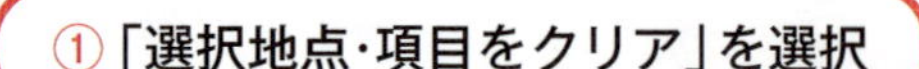

④「日別値」を選択

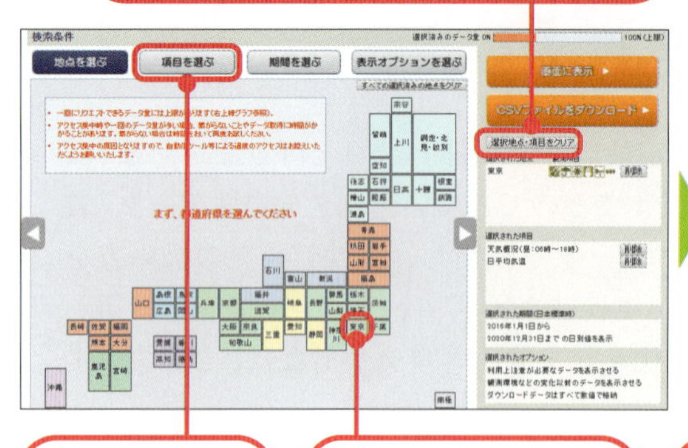

③「項目を選ぶ」を選択

②「東京」の「東京」を選択

⑥「天気概況（昼：06時～18時）」を選択

⑤「雲量/天気」を選択

⑦「気温」を選択

⑨「期間を選ぶ」を選択

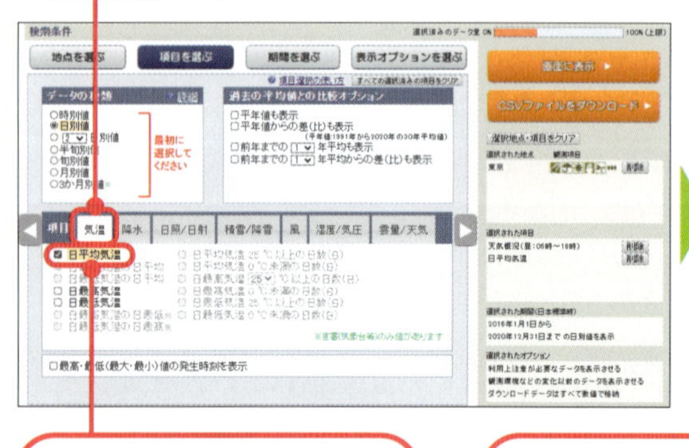

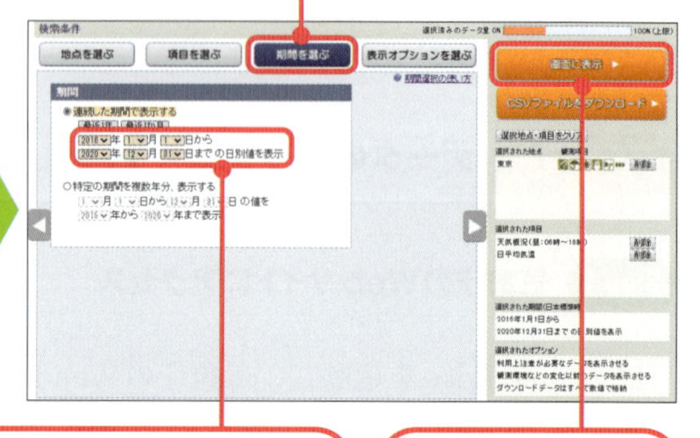

⑧「日平均気温」を選択

⑩「2016年1月1日から2020年12月31日」に設定

⑪「画面に表示」を選択

メニューページに戻る ▸　CSVファイルをダウンロード ▸

年月日	東京	東京
	天気概況(昼:06時〜18時)	平均気温(℃)
2016年1月1日	快晴	7.5
2016年1月2日	晴時々薄曇	7.3
2016年1月3日	晴後時々薄曇	9.3
2016年1月4日	快晴	9.2
2016年1月5日	晴後一時曇	10.9
2016年1月6日	曇	8.9
2016年1月7日	晴時々曇	8.7
2016年1月8日	晴	6.8
2016年1月9日	快晴	7.3
2016年1月10日	快晴	7.9
2016年1月11日	曇一時晴	7.1
2016年1月12日	雨一時みぞれ後時々曇	3.4
2016年1月13日	晴一時薄曇	4.3
2016年1月14日	快晴	6.0
2016年1月15日	晴一時曇	5.6
2016年1月16日	快晴	6.5

⑫「CSVファイルをダウンロード」を選択

2-9-2 作業用フォルダーの作成とファイルの準備

Step 1 作業用フォルダーの作成

本節で学習するファイルを保存するための「2-09」フォルダーを、2-1-1で作成した「データサイエンス」フォルダーの中に作成しましょう。

参考▶ 2-1-1 Step 2 (p.39 ～ p.40)

Step 2 ダウンロードしたファイルの移動とファイル名の変更

2-9-1のStep 2でダウンロードした「data.csv」ファイルを、「ダウンロード」フォルダーから「2-09」フォルダーに移動し、「5年分の天気と日別平均気温.csv」と名前を変更しましょう。

参考▶ 2-2-2 Step 2 ～ Step 3 (p.58 ～ p.59)

Step 3 CSVファイルをExcelブックファイルに変換

Step 2で作成した「5年分の天気と日別平均気温.csv」のファイル形式をExcelブックファイル形式に変換し、「2-09.xlsx」というファイル名で保存しましょう。

参考▶ 2-2-2 Step 4 (p.59 ～ p.60)

2-9-3 クロス集計表とピボットグラフの作成

Step 1 データクリーニング

B6を選択してウィンドウ枠を固定し、必要のない列や行を削除して右図のようにしましょう。

- 品質情報と均質番号の列を削除
- 5行目を削除
- 3行目の東京を削除
- A2に「5年分の東京の天気概況と平均気温」と入力
- 年月日の表示形式を「yyyy/mm/dd」に変更
- 気温を小数第1位まで表示

	A	B	C
1	ダウンロードした時刻：2022/03/15 15:48:39		
2	5年分の東京の天気概況と平均気温		
3			
4	年月日	天気概況(昼：06時～18時)	平均気温(°C)
5	2016/01/01	快晴	7.5
6	2016/01/02	晴時々薄曇	7.3
7	2016/01/03	晴後時々薄曇	9.3
8	2016/01/04	快晴	9.2
9	2016/01/05	晴後一時曇	10.9
10	2016/01/06	曇	8.9
11	2016/01/07	晴時々曇	8.7
12	2016/01/08	晴	6.8
13	2016/01/09	快晴	7.3
14	2016/01/10	快晴	7.9
15	2016/01/11	曇一時晴	7.1
16	2016/01/12	雨一時みぞれ後時々曇	3.4
17	2016/01/13	晴一時薄曇	4.3

Step 2 クロス集計表の作成1

ピボットテーブル機能を使って、東京の天気概況と平均気温から、天気概況毎の日数のクロス集計表を作成しましょう。

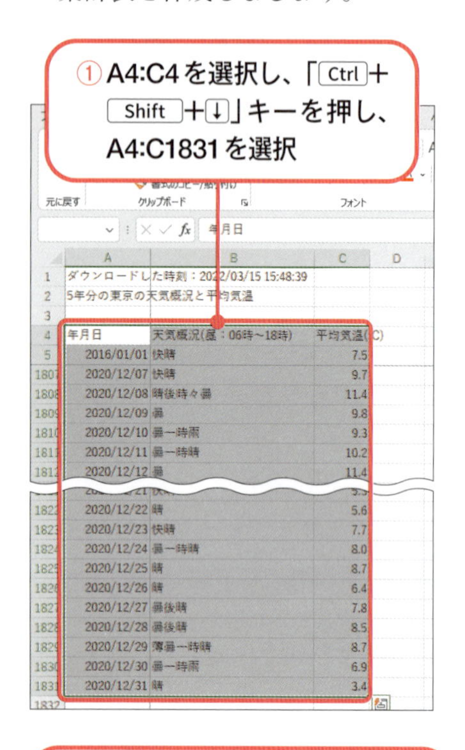

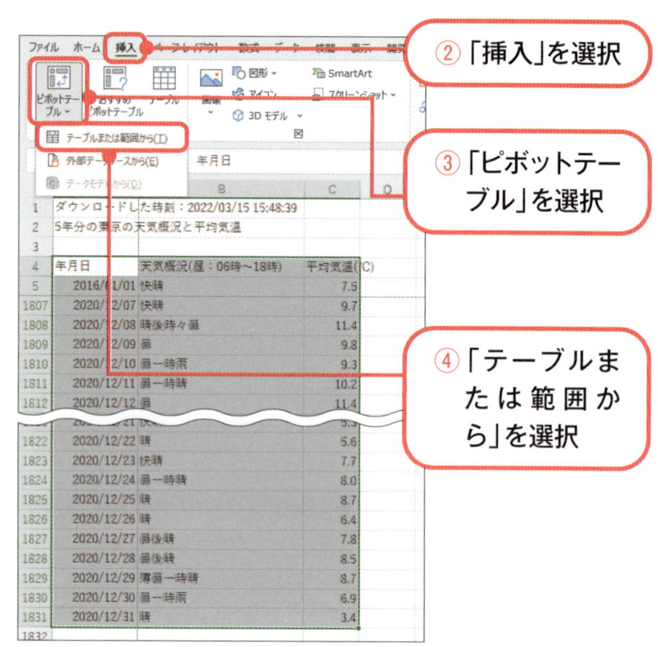

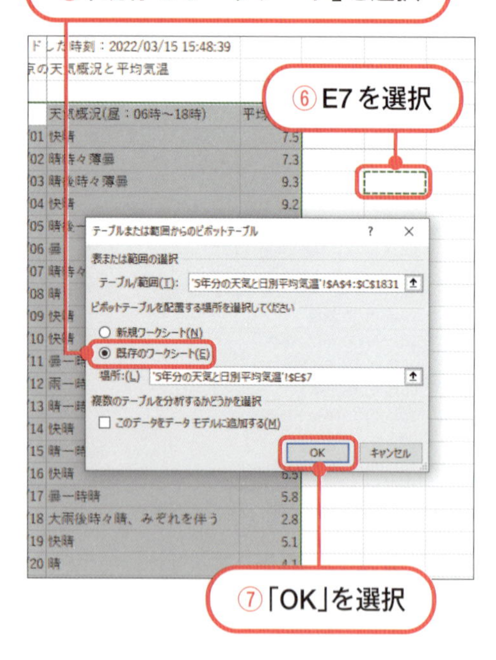

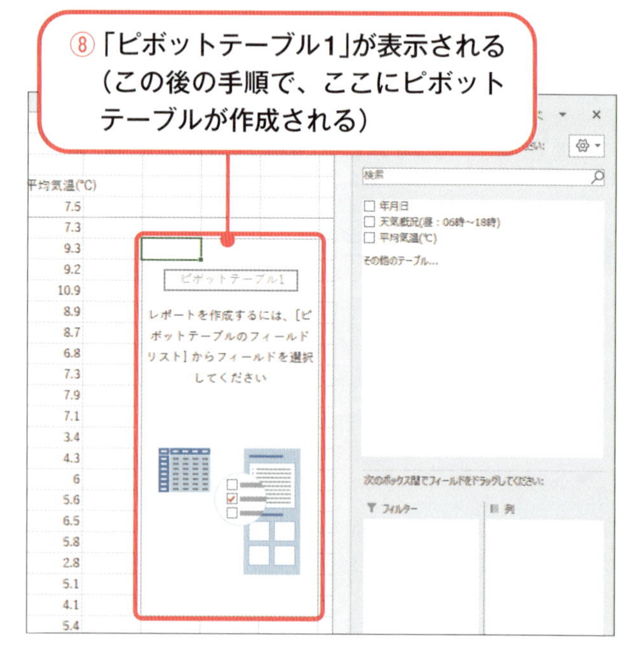

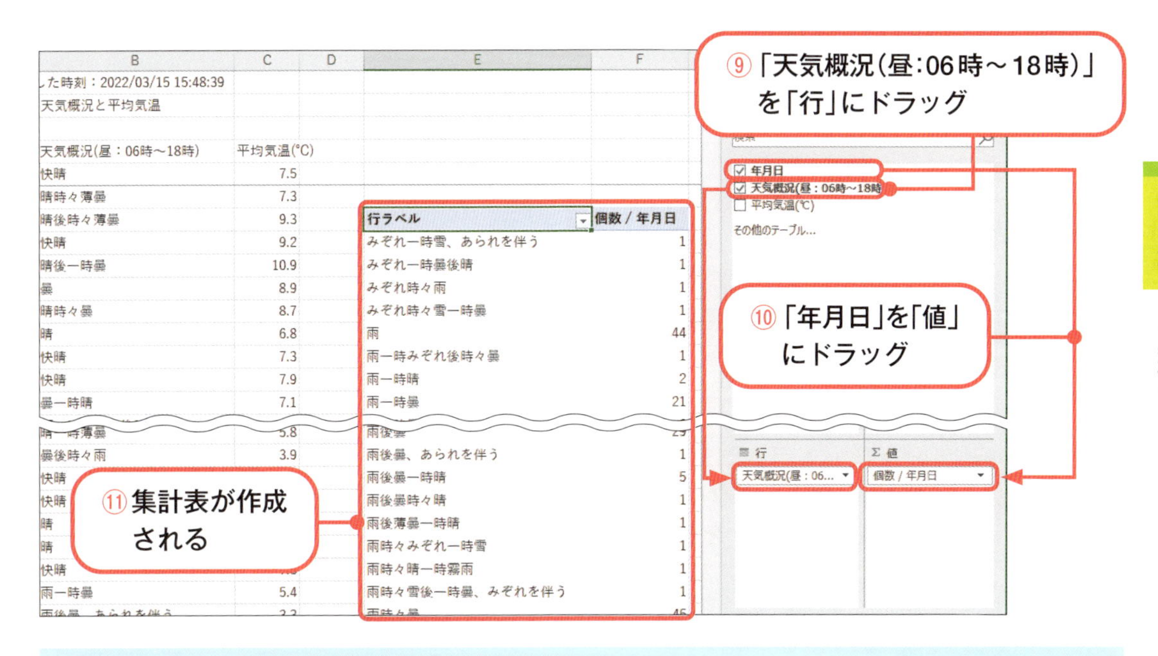

"天気概況" という定性データ(数値で表せないデータ)毎に、何日ずつデータがあったのかを集計することができました。

Step 3 ピボットグラフの作成

作成したクロス集計表を用いて、ピボットグラフを作成して可視化しましょう。

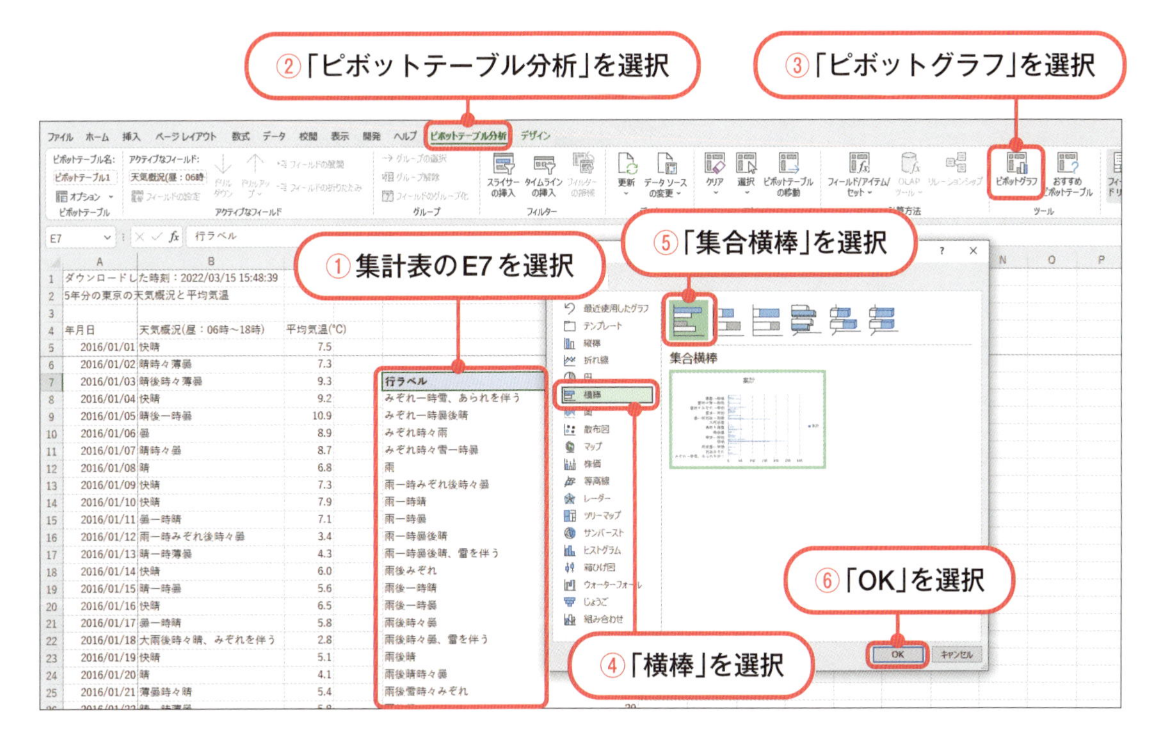

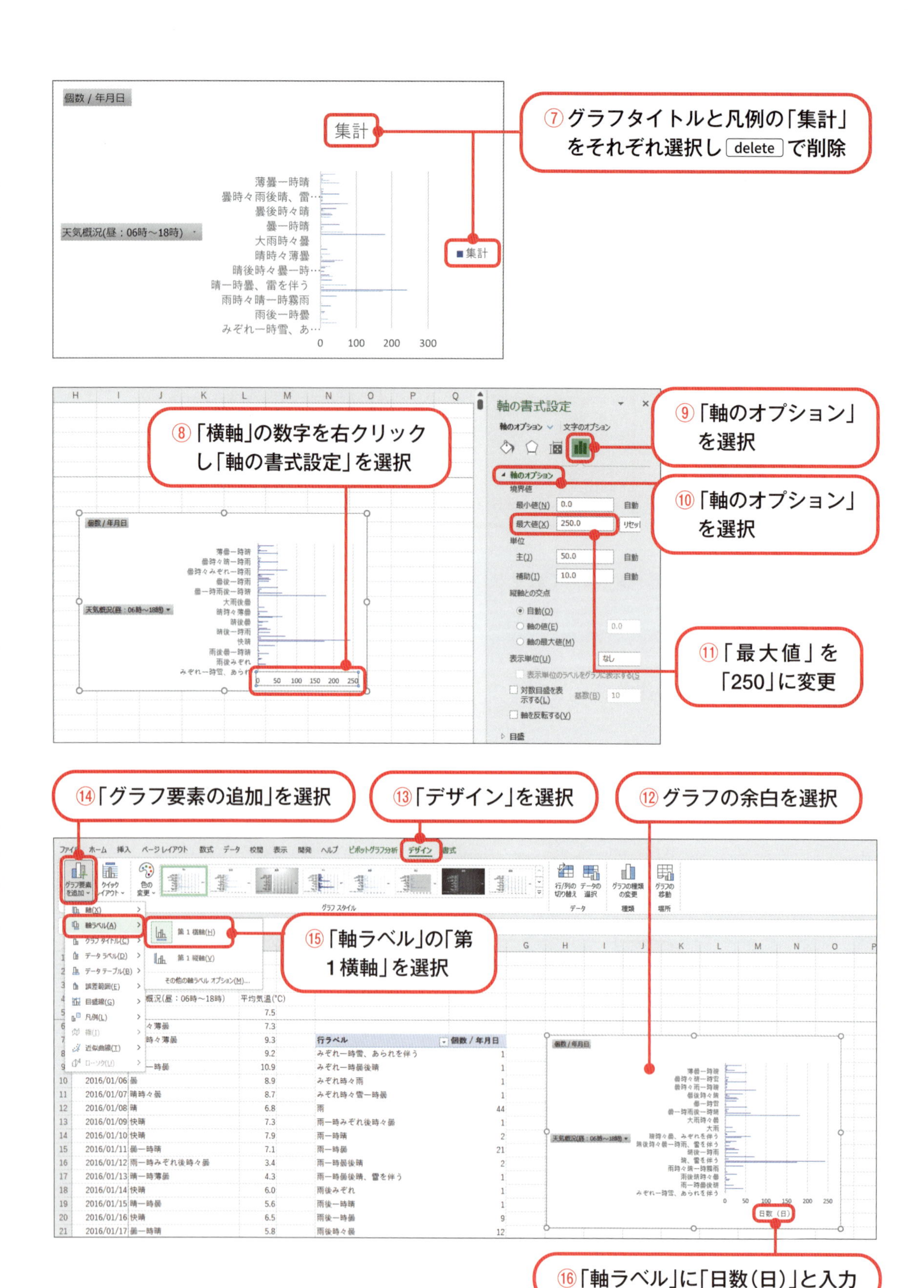

⑦グラフタイトルと凡例の「集計」をそれぞれ選択し delete で削除
⑧「横軸」の数字を右クリックし「軸の書式設定」を選択
⑨「軸のオプション」を選択
⑩「軸のオプション」を選択
⑪「最大値」を「250」に変更
⑫グラフの余白を選択
⑬「デザイン」を選択
⑭「グラフ要素の追加」を選択
⑮「軸ラベル」の「第1横軸」を選択
⑯「軸ラベル」に「日数（日）」と入力

Step 4 ピボットグラフの調整

ピボットグラフを右図のように調整しましょう。

- フォントを「游ゴシック」「11pt」「黒」に変更
- 枠線を「黒」「1.5pt」、縦(値)軸の線を「黒」に変更

縦に伸ばすと横軸の値が−50からの表示になる場合があります。その場合は、横軸を0から250まで50毎の表示に変更しましょう。

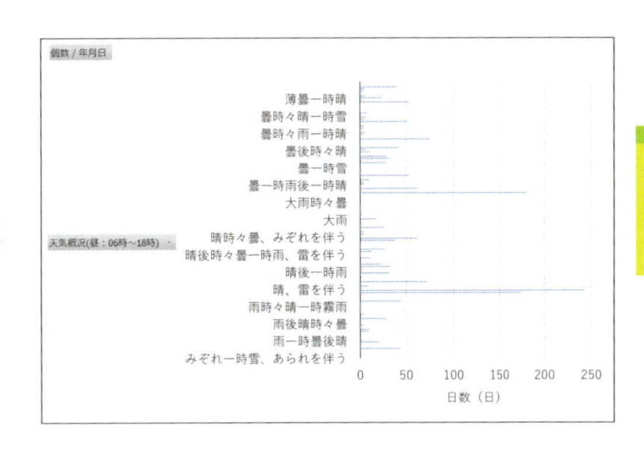

定性データである天気概況の大気の状態が、それぞれ何日ずつあったのかを、グラフを用いて可視化することができました。

Step 5 ピボットテーブルのフィルター処理

ピボットテーブルにもフィルター機能が付いており、指定した条件のデータを抽出することができます。フィルターを使って、クロス集計表に表示する項目を変えてみましょう。ピボットグラフもクロス集計表に合わせて自動的に変更されます。

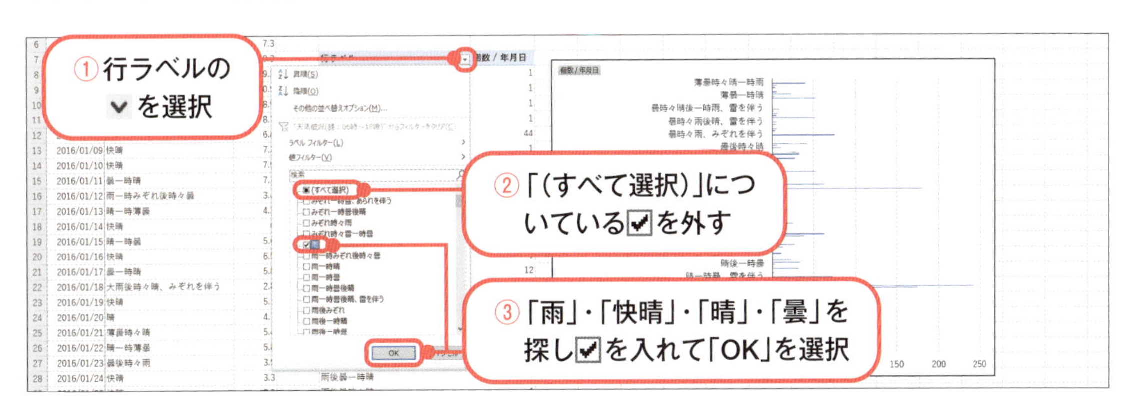

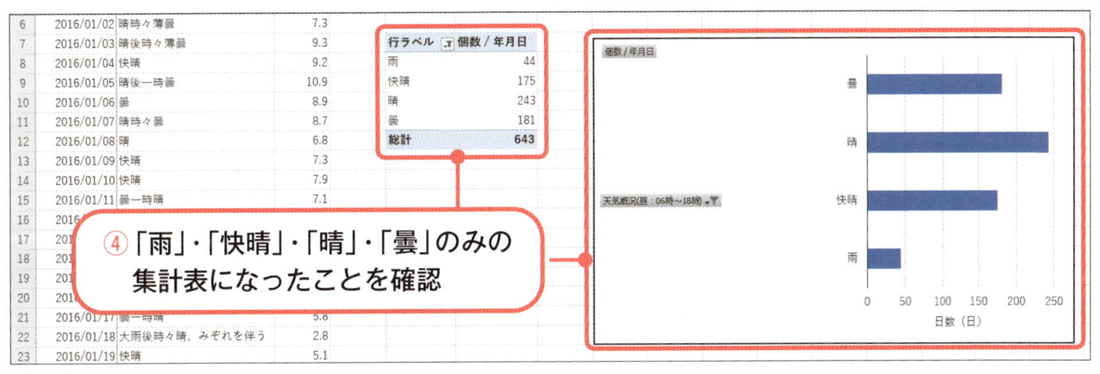

Step 6 天気概況毎の平均気温の最大値・最小値の集計

ピボットテーブル機能を用いると、クロス集計されたデータに対して、様々な計算を行うことができます。ここでは、天気概況毎の平均気温の最大値を集計しましょう。

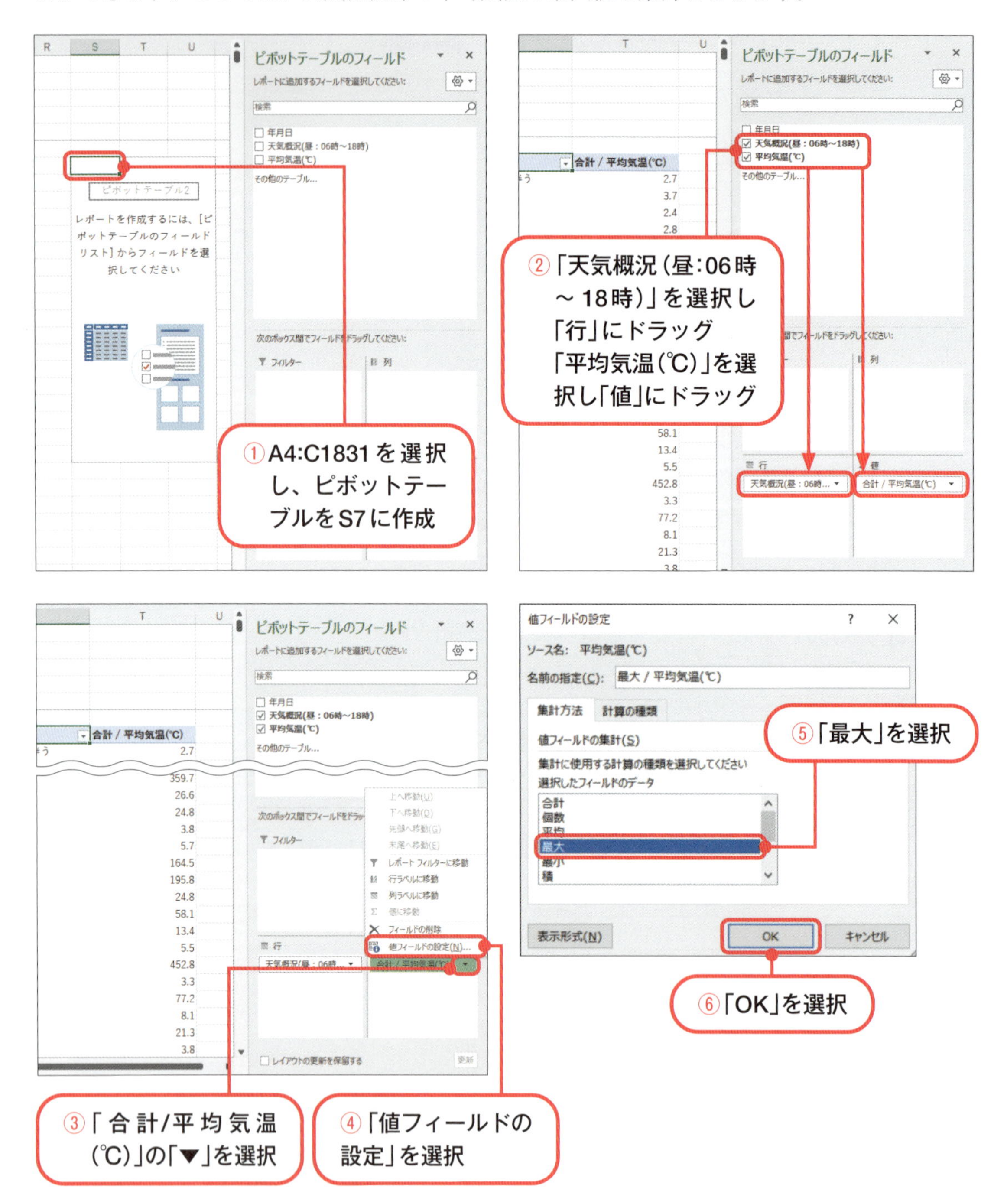

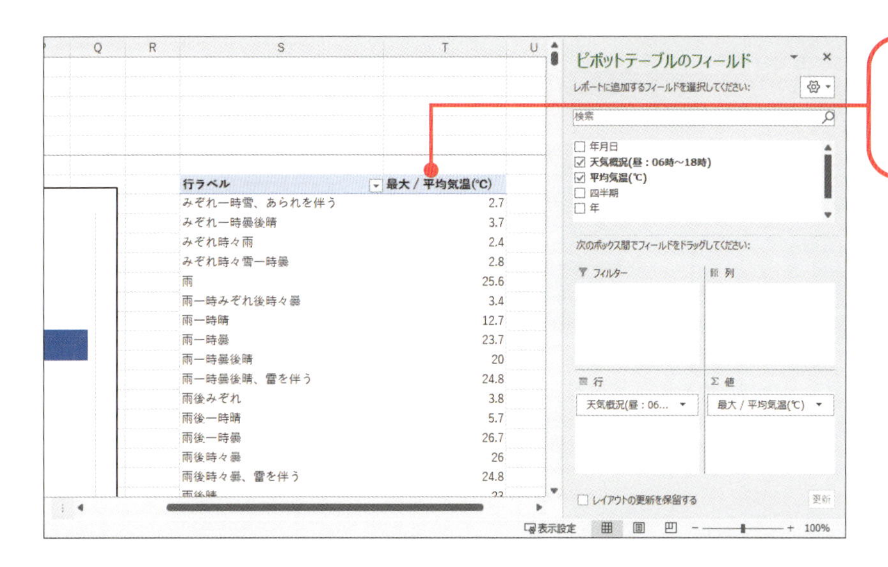

⑤で“最大”を選択せずに“最小”や“平均”を選択すれば、天気概況毎の最小値や平均を求めることができます。

同様にして、新しいピボットテーブルをV7に作成し、天気概況毎の平均気温の最小値を集計しましょう。

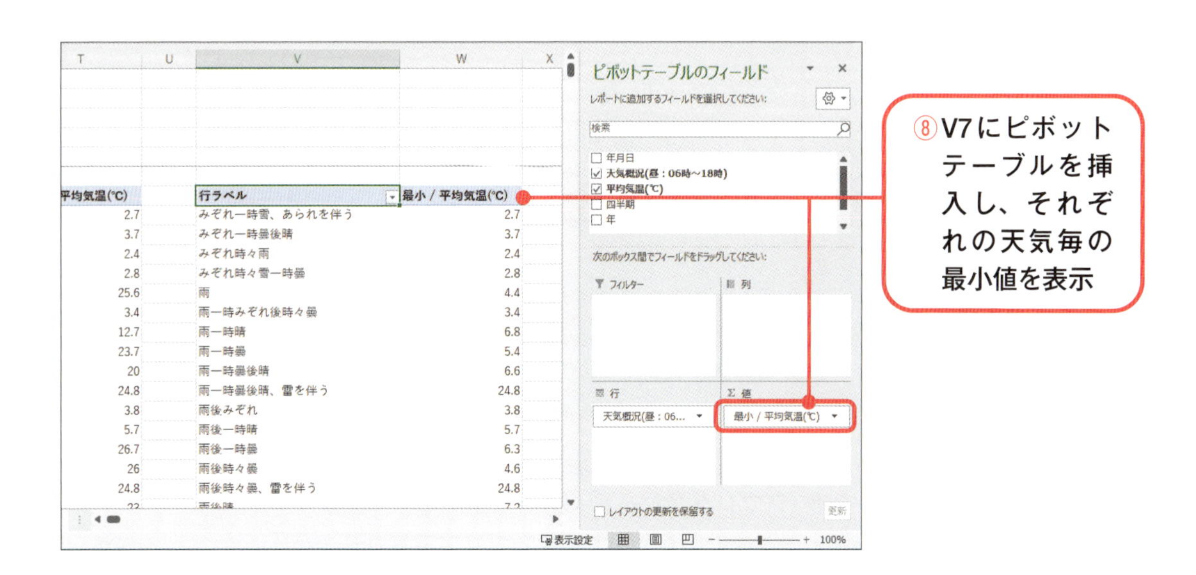

Step 7 クロス集計表の作成２

2-9-3 Step 2で作成した天気概況毎の日数の集計表の列に年月日を追加し、行が天気概況、列が年月日のクロス集計を行いましょう。

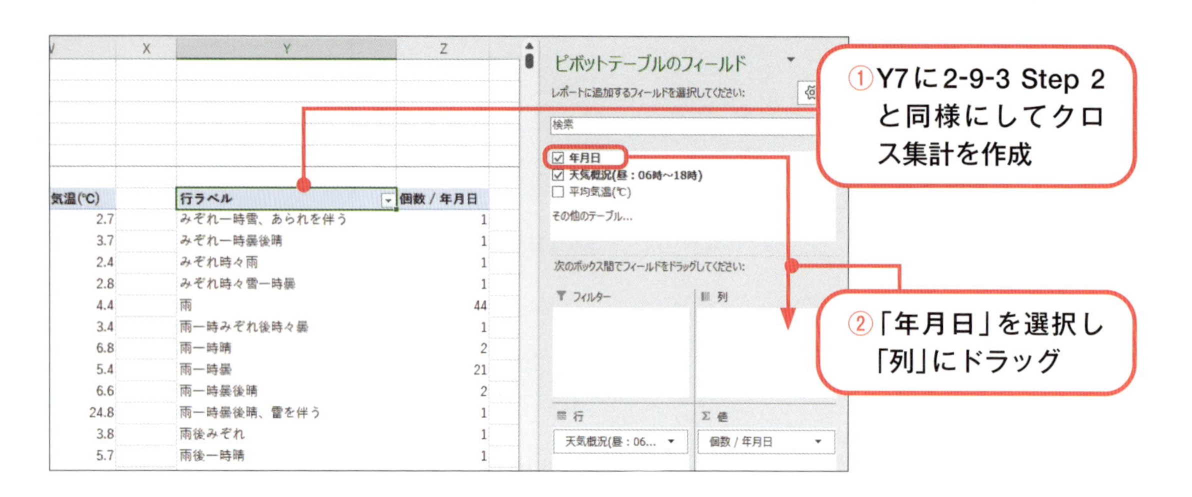

参考▶ 2-9-3 Step 2 (p.158 ~ p.159)

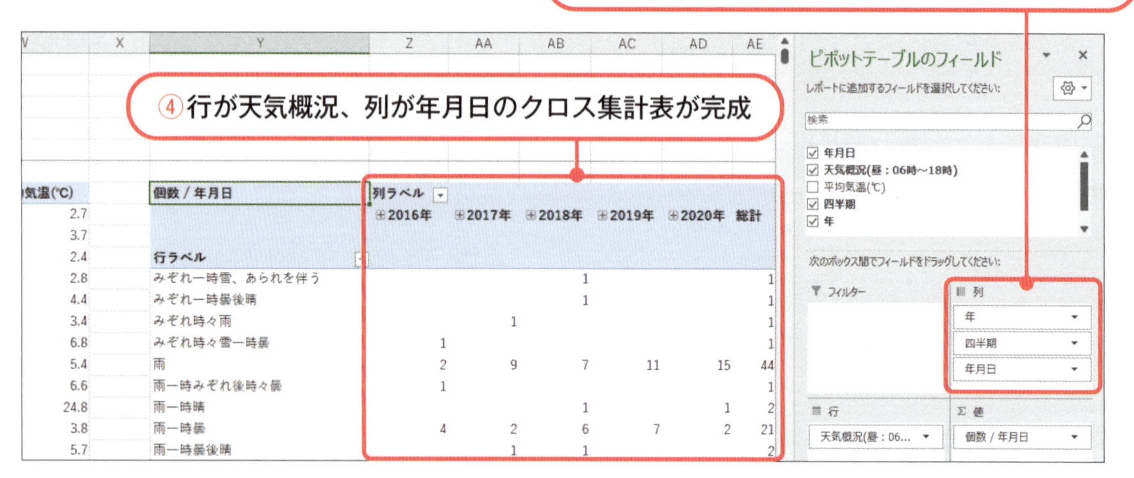

年月日は「年」・「四半期」・「年月日」とグループ化されて集計されました。このようにクロス集計は、行と列の２項目をかけ合わせて整理・集計することができます。数値で表すことのできない定性データであっても、クロス集計表を作成することにより可視化が可能となります。

コラム　データ解析ツール（スプレッドシート・BIツール）

スプレッドシートは、セルにデータを入力し、数式や関数を使用して計算やデータ分析、グラフの作成等を行うことが可能なツールです（例：Microsoft Excel、Google Sheets等）。ただし、大規模データの処理や高度な分析機能に関しては限界があります。

一方、BI（ビジネスインテリジェンス）ツールは、データの収集・統合・分析・可視化を行うための高度なソフトウェアです（例：Microsoft Power BI、Tableau等）。BIツールは高度なデータ可視化機能を備えており、さらに将来のトレンドやパターンを予測すること等も可能です。スプレッドシートと比べると、BIツールは大規模データの処理や高度な分析に強く、企業の意思決定を支援するための強力なツールです。

第3章［心得］

データ・AI 利活用における留意事項

データ・AI は、私たちの生活や社会活動、あるいは企業の成長や社会の発展にとって欠かせないものとなりつつあります。その一方で、使い方を誤ると人や社会に大きな損害を与える恐れがあります。そうならないように、データ・AI を利活用するにあたってのルール作りが進められています。

第３章では、データ・AI を扱う上での課題や配慮すべきこと、合意事項等について学習します。そして、データを守るための原則や方法についても学習します。

3-1 データ・AIを扱う上での留意事項

第1章において、Society 5.0におけるデータ・AIの重要性について学習しました。本節では、データ・AIを扱う際の留意事項や、それらに対する取り組みについて学習します。

3-1-1 倫理的・法的・社会的課題

科学技術やAIの発展に伴い、社会全体で考えなければならない問題が生じています。どのような問題が生じているのか、学習しましょう。

倫理的・法的・社会的課題(ELSI)

科学技術の発展により、私たちの生活は便利になり豊かになっています。しかし、それらが社会に思わぬネガティブな影響を及ぼす場合もあるため、新しい科学技術が倫理的・法的・社会的に受け入れることが可能かどうかを検討する必要があります。例えば、人間のクローン※1を技術的につくることができるとして、「それは許されるのだろうか」という不安があります。そこで近年、科学技術において、**倫理的・法的・社会的課題**(**ELSI**※2:Ethical, Legal and Social Issues)の重要性が高まっています。

※1 用語解説

クローン
遺伝子的に同一である個体の集合のことです。

※2 用語解説

ELSI
Ethical(倫理的)・Legal(法的)・Social(社会的)な課題(Issues)を意味します。「エルシー」と読みます。

AIサービスの責任論

AIを用いた様々な技術やサービスによって、私たちの生活が便利になる一方、AIの判断によってはトラブルに巻き込まれる可能性もあります。例えば、AIが判断をして自動的に運転をする自動車が事故を起こした場合、誰が責任を負うことになるのでしょうか。車に乗っていた人なのでしょうか、それとも車を開発したメーカーなのでしょうか。

AIによる事件や事故を想定した法律が整備されつつありますが、科学技術やAIの急速な進歩に対して法的整備が追いついていないという社会的な課題があります。このようにELSIはAIの分野においても重要なテーマの1つとなっています。

3-1-2 自身に関するデータのコントロール

GDPR

IoTの発展により、知らないうちに私たちの様々な行動が自動的に記録され続け、ビッグデータとして保存されています。例えば、スマートフォンのGPS機能により「いつ、どこに行ったのか」、クレジットカード・QRコード・電子マネー等によるキャッシュレス決済により「いつ、どこで何を買ったのか」、PCやスマートフォンを使って「いつ、どのようなインターネットのサイトにアクセスしたのか」等、気付かないうちに様々な情報が収集され、記録されています。

このような状況では、**プライバシー**や**個人情報**※3を守ることができなくなってしまいます。そこで欧州連合（EU）において、**個人データ**※4を守るためのルールとして**EU一般データ保護規則**（**GDPR**：General Data Protection Regulation）が2018年より施行されました。個人データを保護し、個人が自身に関するデータをコントロールすることを権利として保証した規則が制定されたのです。

忘れられる権利

一度インターネット上に出回った情報を消すことは簡単ではありません。過去に行った不法行為やモラルに反する行為、プライバシーに関する内容がインターネット上に晒されてしまうと、半永久的に誰でもその情報を得ることができます。よって、インターネット上に晒されてしまった人物は、その後の人生における就職活動やコミュニティ活動等の全てにおいて、不利益を被ることになります。そこで、これら自身に関するデータをコントロールしてプライバシーや個人情報を守るために、**忘れられる権利**が提唱されました。

オプトイン・オプトアウト

許可する意思を示す行為を**オプトイン**、拒否する意思を示す行為を**オプトアウト**と呼びます。例えば、広告メールを受信したいときに、広告メールの受信を申し込む手続きがオプトインであり、届いていた広告メールの受信を停止する手続きがオプトアウトになります。

※3 用語解説

個人情報
生存する個人に関する情報で、特定の個人を識別することができるもののことです。名前・住所・マイナンバー等の個人を特定できるデータだけでなく、買い物の履歴・インターネットへのアクセス履歴等も個人情報となります。

※4 用語解説

個人データ
分類・整理された個人情報で、データベースとなったもののことです。

ワンポイント

GDPRはEUで施行されているルールですが、EU外の国の企業が、EU内の企業と取り引きをする際にも適用されます。よって、グローバル社会においては、世界中がGDPRに対応する必要があります。

ワンポイント

忘れられる権利は、表現の自由・知る権利・報道の自由等の権利と、どのようにバランスを取るのかという問題があります。

GDPRの施行により、個人が自身のデータをコントロールすることが権利として保証されましたので、データを収集されることを許可するのか(オプトイン)、収集されないようにするのか(オプトアウト)を考慮することがより重要になりました。

ワンポイント

過去に、事前に許可を取っていないにもかかわらず、ICカードの利用状況データを販売するサービスが開始されました。データは匿名化(次節で学習)を行っていましたが、当時は匿名化とオプトイン・オプトアウトの関係が明確ではありませんでした。

3-1-3 データ倫理

データ倫理

倫理とは、人として行って善いか悪いかを判断する基準となるものです。したがって、**データ倫理**とは、データを取り扱う上で意識すべき善悪の判断基準を意味します。公平性等の観点からデータの**ねつ造・改ざん・盗用**※5は許されない行為です。また、個人情報を含むデータを取り扱う場合は、プライバシー保護への配慮も必要となります。

例えば、入学試験で性別・国籍・年齢等により得点に**バイアス**※6をかけて合否を判断するような行為は、不公平であると共に、データねつ造あるいはデータ改ざんに該当するため行ってはなりません。

※5 用語解説

ねつ造
自己の都合に合わせ存在しないデータを新たに作る行為のことです。

改ざん
恣意的に元のデータを変更・削除する行為のことです。

盗用
無許可で他人のデータを使用する行為のことです。

※6 用語解説

バイアス
バイアスとは偏りのことです。また、誤った見方により収集され、データに偏りがあることを**データバイアス**と呼びます。

Society 5.0におけるデータ倫理の重要性

Society 5.0では、IoTによりデータが自動的に収集されてビッグデータとして蓄積されています。そして、そのビッグデータをAIが自動的に分析をして社会に役立てられ、様々なサービスが提供されます。自動的にデータが収集されているため、プライバシー保護の観点からデータ倫理の重要性が高いことは理解いただけるでしょう。

また、AIを用いてバイアスのあるデータを分析した結果によりサービスが提供されると、結果的に意図しない、質の悪いサービスが提供されてしまうことになります。この観点からもSociety 5.0においては、データ倫理の重要性が高まっていると言えます。

関連用語

アファーマティブ・アクション
データの公平性を考慮した上で、不利益を被っている人に対して特別な機会を提供し、格差是正を積極的に促すことは、アファーマティブ・アクション(積極的格差是正措置)に該当します。

関連用語

アルゴリズムバイアス
データバイアスがあった場合に、AIが偏った結果を出すことを**アルゴリズムバイアス**と呼びます。

3-1-4 人間中心のAI社会原則

AIの進化により人々の暮らしが豊かで便利になっている一方で、「AIが人類の能力を超えてしまうのではないだろうか、AIに仕事を奪われて人間の仕事が無くなってしまうのではないか」等の不安もあります。そこで、AIを活用しつつも人間中心の社会を築いていくため、2019年に「人間中心のAI社会原則」が内閣府で決定されました。

人間中心のAI社会原則は、下図の①～③の基本理念を実現するために、[1]～[7]の基本原則が定められています。

グループワーク

人間中心のAI社会原則の3つの基本理念と7つの基本原則について調べ、発表しましょう。

3-1-5 データ・AI利活用における留意事項

データ・AIの活用は急速に発展し、様々なサービスが出現していますが、利用には注意が必要です。

関連用語

データガバナンス
組織が保有するデータの整備、活用、保護のためのルール、利用手順、組織体制を総合的に定めることをデータガバナンスと呼びます。データの信頼性や一貫性を確保し、適正な利活用を推進する重要な取り組みです。AI時代のデータ活用には不可欠な概念です。

データ・AI活用における負の事例

アメリカのあるIT企業は、機械学習をベースにした人材採用のためのAIを開発していましたが、採用者の選択にアルゴリズムバイアスの影響がありました。最大の問題は、AIの**ブラックボックス問題**※7によって原因究明ができなかったことにあります。

※7 用語解説

ブラックボックス問題
AIがどのように思考して答えを出したのかという過程が人間側には分からない問題のことです。

生成AIの留意事項

生成AIは、実在しない情報やデータをまるで本当のことのように作り出すことがあります。このような現象を**ハルシネーション**と呼びます。生成AIによる**偽情報や有害コンテンツの生成・氾濫**は、社会にとって大きな問題です。したがって、AI技術の進歩と共に、その使用方法や出力内容には細心の注意が必要です。

ディスカッション

AIが引き起こしてしまう問題や失敗について調べ、AIを活用する上で気を付けるべきことについてグループディスカッションしましょう。

3-2 データを守る上での留意事項

Society 5.0の実現に向けて、様々なデータが扱われます。それらのデータの中には機密情報や個人情報等も多く含まれています。本節では、データを守るための原則と方法について学習します。

3-2-1 データを守るための原則

コンピュータやインターネット等を使うときに、大切なデータを守るために必要な対策を取ることを情報セキュリティ対策と呼びます。情報セキュリティとは**情報セキュリティの３要素（機密性・完全性・可用性）**※8を確保することです。AIで様々なデータを扱う場合にも、これら3つの要素を確保することが求められます。

※8 用語解説

情報セキュリティの３要素
機密性・完全性・可用性の3つを、情報セキュリティの3要素と呼びます。**機密性**は、許可された者だけが情報を利用できることを意味します。**完全性**は、情報が改ざんや消去されておらず、正確であることを意味します。**可用性**は、必要なときにいつでも情報を利用できることを意味します。

3-2-2 データを守るための方法

本項では、情報セキュリティにおける機密性を確保し、プライバシーを保護する方法として**暗号化と復号・匿名化・ユーザ認証とアクセス制御**を学習します。

暗号化と復号

インターネットを用いてデータを送受信する際、第三者にデータを盗み

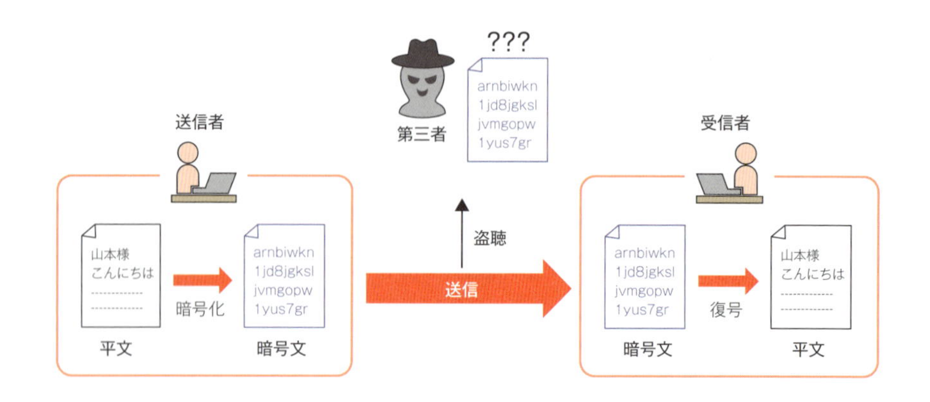

見られる可能性があります。これを防ぐために、**平文**※9を意味のない文字列(暗号文)に変換することを**暗号化**と呼びます。暗号文であれば、第三者に盗み見られたとしても、内容を確認することができません。そして、暗号文を平文に戻すことを**復号**と呼びます。インターネットを用いた通信の多くは、重要な情報や個人情報を含むようなデータがやり取りされているため、第三者に見られないように暗号化されています。

※9 用語解説
平文
暗号化されていないデータのことです。文字データだけでなく、数値データ、画像、音声、動画等のファイルも含まれます。

匿名化

ビッグデータには個人データが多く含まれているため、本人の同意を得ることなくデータを利活用することはできません。しかし、これらビッグデータを利活用することにより、社会をより良くすることができる可能性があります。そこで、特定の個人を識別できないようにデータを加工します。このような処理をして匿名化したデータを**匿名加工情報**と呼びます。匿名加工情報は、一定のルールの下であれば本人の同意を得ることなく使ったり、他の企業に渡したりすることができます。

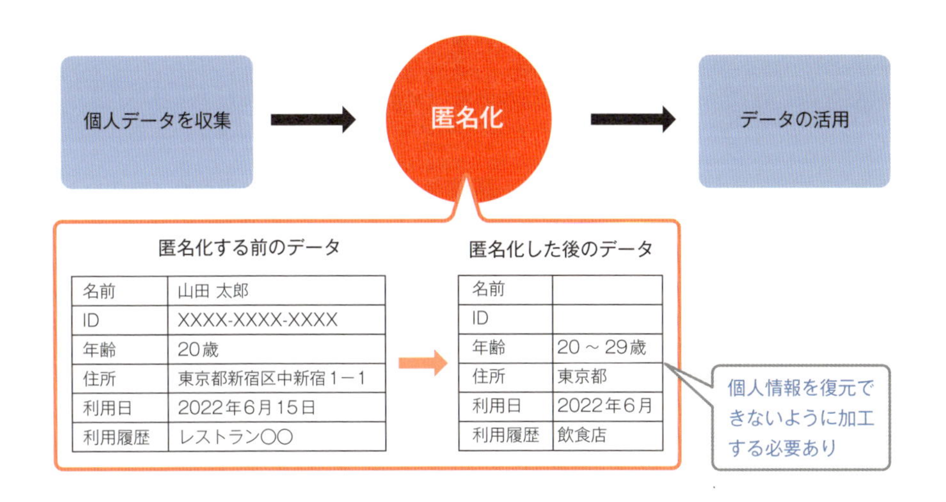

匿名化する前のデータ

名前	山田 太郎
ID	XXXX-XXXX-XXXX
年齢	20歳
住所	東京都新宿区中新宿1－1
利用日	2022年6月15日
利用履歴	レストラン○○

匿名化した後のデータ

名前	
ID	
年齢	20～29歳
住所	東京都
利用日	2022年6月
利用履歴	飲食店

ユーザ認証とアクセス制御

情報セキュリティにおける機密性を確保する方法として、**認証**という方法があります。認証には、**ユーザーID**※10と**パスワード**※11を利用した**知識認証**、指紋や声紋等の身体的な特徴を生かした**生体認証**、一時的なパスワードを利用するワンタイムパスワードや、携帯電話のSMSを利用した**所持認証**があります。これらの認証を組み合わせた**多要素認証**を用いるこ

※10 用語解説
ユーザーID
サービスを利用する人を識別するための文字列のことです。

※11 用語解説
パスワード
サービスを利用する権限を持つことを示すための文字列のことです。

とでセキュリティを高めることもできます。

認証後は**アクセス制御**で不正アクセスを防ぎ、データを守ります。アクセス制御は、認証済みのユーザーが許可された情報のみにアクセスできるように制限する仕組みです。

3-2-3 セキュリティ事故の事例とサイバーセキュリティ

情報が漏えいしたり、データが損失したりするセキュリティの事故が多く発生しています。**情報漏えい**※12やデータの損失は、会社や組織にとって大きな損害となりますので、セキュリティ対策は大変重要です。本項では、情報が漏えいしたセキュリティ事故とその対策について学習します。

セキュリティ事故の事例

原因	状況
不正アクセス	アクセス権限を持たないユーザーがコンピュータに不正に侵入することにより情報が漏えいする。
マルウェア感染	コンピュータウイルス等のマルウェア(悪意を持って作られた不正なプログラム)に感染することにより情報が漏えいする。
誤操作	メールを送るときに間違った相手に送ったりする等、誤操作を行ったことにより情報が漏えいする。
紛失	会社や組織の情報やデータの入ったUSBメモリやPC等を外部に持ち出して紛失することにより情報が漏えいする。
盗難	個人情報を保存した記録媒体等を外部の人間に盗まれることにより情報が漏えいする。また、会社の社員等、内部の人間が悪意を持って個人情報を盗み出して情報が漏えいする。

サイバーセキュリティ

サイバーセキュリティとは、インターネット上の脅威から情報システムやデータを守るための対策です。ウイルス対策、ファイアウォール、多要素認証、データ暗号化等を用いて、個人情報の漏えい、不正アクセス、データの破損や盗難を防ぎます。企業や個人が安心してデジタル技術を利用できるよう、日々進化するサイバー攻撃に対応することが重要です。

※12 用語解説

情報漏えい
情報やデータが外部に流出してしまうことです。

ワンポイント

短いパスワードや単純なパスワードを設定していると不正にアクセスされ、情報漏えいを起こす可能性があるので注意しましょう。

ワンポイント

不正アクセスや盗難等のように**悪意ある情報搾取**の場合だけでなく、紛失のように悪意がなくともセキュリティ事故は発生しますので、注意が必要です。

ディスカッション

どのようなセキュリティ事故が起きているのかを調べ、情報やデータを守るための対策についてグループディスカッションしましょう。
総務省のWebサイト「国民のためのサイバーセキュリティサイト」に、セキュリティ事故の事例や、セキュリティに関する基礎的な知識とその対策方法が紹介されています。参考にしましょう。https://www.soumu.go.jp/main_sosiki/cybersecurity/kokumin/index.html

索引

英数字

ア行

カ行

サ行

タ行

ナ行

ハ行

マ行

ヤ行・ラ行・ワ行

■ 著者紹介

吉岡 剛志（よしおか つよし）

早稲田大学大学院 先進理工学研究科 博士後期課程修了（ナノ理工学専攻）、博士（工学）。早稲田大学助手、早稲田大学助教、高輝度光科学研究センター博士研究員等を経て、現在、帝京平成大学 人文社会学部 経営学科 経営情報コース 准教授。

森倉 悠介（もりくら ゆうすけ）

早稲田大学大学院 基幹理工学研究科 博士後期課程修了（数学応用数理専攻）、博士（工学）。早稲田大学助教等を経て、現在、帝京平成大学 人文社会学部 経営学科 経営情報コース 講師。

小林 領（こばやし りょう）

早稲田大学大学院 基幹理工学研究科 博士後期課程修了（数学応用数理専攻）、博士（工学）。早稲田大学講師等を経て、現在、帝京平成大学 人文社会学部 経営学科 経営情報コース 准教授。

照屋 健作（てるや けんさく）

東京大学大学院 経済学研究科 博士課程単位取得退学（経済理論専攻）。帝京平成大学講師等を経て、現在、帝京平成大学 人文社会学部 経営学科 経営情報コース 准教授。

装丁 ● 小野貴司
本文 ● BUCH+

［改訂新版］
AIデータサイエンスリテラシー入門

2022年10月1日 初 版 第1刷発行
2024年9月28日 第2版 第1刷発行
2025年2月22日 第2版 第2刷発行

著 者 吉岡 剛志、森倉 悠介、小林 領、照屋 健作
発行者 片岡 巌
発行所 株式会社技術評論社
東京都新宿区市谷左内町 21-13
電話 03-3513-6150 販売促進部
03-3267-2270 書籍編集部
印刷／製本 株式会社シナノ

定価はカバーに表示してあります。

ISBN978-4-297-14409-8 C3055
Printed in Japan

本書へのご意見、ご感想は、技術評論社ホームページ（https://gihyo.jp/）または以下の宛先へ書面にてお受けしております。電話でのお問い合わせにはお答えいたしかねますので、あらかじめご了承ください。

〒162-0846
東京都新宿区市谷左内町21-13
株式会社技術評論社書籍編集部
『［改訂新版］AIデータサイエンスリテラシー入門』係

本書のご購入等に関するお問い合わせは下記にて受け付けております。
（株）技術評論社
販売促進部 法人営業担当

〒162-0846
東京都新宿区市谷左内町21-13
TEL：03-3513-6158
FAX：03-3513-6051
Email：houjin@gihyo.co.jp